U0343039

海河流域水资源与水环境综合管理
项目研究成果与应用

环境保护部环境保护对外合作中心
中国灌溉排水发展中心
水利部海河水利委员会

中国环境出版社 · 北京

图书在版编目（CIP）数据

海河流域水资源与水环境综合管理项目研究成果与应用 / 环保部环境保护对外合作中心，中国灌溉排水发展中心，水利部海河水利委员会编著 .—北京：中国环境出版社，2012.10

ISBN 978-7-5111-0618-6

Ⅰ. ①海… Ⅱ. ①环… ②中… ③水… Ⅲ. ①海河－流域－水资源管理－研究②海河－流域－水环境－综合管理－研究 Ⅳ. ① TV213.4 ② X143

中国版本图书馆 CIP 数据核字（2011）第 116937 号

策划编辑 王素娟
责任编辑 俞光旭
文字加工 安子莹
责任校对 扣志红
封面设计 陈 莹
排版制作 杨曙荣

出版发行 中国环境出版社
（100062 北京市东城区广渠门内大街16号）
网 址：http://www.cesp.com.cn
联系电话：010-67112765（编辑管理部）
发行热线：010-67125803 010-67112705
印装质量热线：010-67113404
印 刷 北京盛通印刷股份有限公司
经 销 各地新华书店
版 次 2012年12月第1版
印 次 2012年12月第1次印刷
开 本 787×960 1/16
印 张 15.25
字 数 263千字
定 价 88.00元

编写人员名单

主　编：李　培　韩振中　唐艳冬　刘　斌

张晓岚　李彦东　杨玉川　畅明琦

编写人员（按姓氏笔画为序）：

十伟东　马　明　马济元　马　惟　王　玥　王立明　王立卿　王志良

王忠静　王树谦　王赟凯　车洪军　付　健　付晓亮　卢学强　刘　钰

刘洪先　刘盛彬　孙　韧　孙敏章　朱晓春　朱新军　齐文杰　何　萍

何　浩　何云雅　余向勇　吴炳方　吴晓莆　吴舜泽　宋秋波　张　远

张希三　张俊霞　李　蔚　李　佳　李　伟　李会昌　李建新　李春晖

李永根　李黔湘　杨　倩　沈大军　苏保林　陈　颖　周祖昊　孟宪智

孟海洋　林　超　罗遵兰　郑　军　郑洪起　鱼京善　钟玉秀　徐　毅

徐　磊　徐宗学　徐林波　翁文斌　袁彩凤　顾　涛　贾仰文　高　飞

阎　俪　阎学军　阎娜娜　黄　仁　黄金丽　董汉生　富　国　彭俊岭

程燕平　葛察忠　蒋云中　臧玉祥

技术顾问：

孟　伟　任光照　马　中　许新宜　苏一兵　张国良　夏　青　赵竞成

蒋礼平　Douglas Olson　Edwin Ongley　Clive Lyle　Wim Bastiaanssen

Peter Droogers　Tim Bondelid　Richard Evans

前言

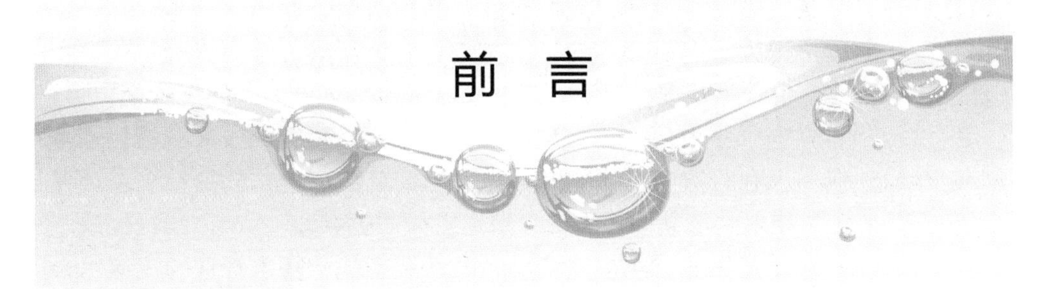

海河流域水资源与水环境问题突出，可持续发展需求迫切。自“九五”规划以来，海河流域一直是国家优先关注、环保部与水利部重点治理的流域，是“三河三湖”水污染重点防治流域之一。为了有效缓解水资源短缺，修复生态环境，减轻流域陆源对渤海污染，真正改善海河流域及渤海水环境质量，在全球环境基金和世界银行的大力支持下，环保部和水利部从2002年开始设计“GEF海河流域水资源与水环境综合管理项目”（以下简称“GEF海河项目”），并于2004年9月共同启动了GEF海河项目，全球环境基金赠款1700万美元，各级财政配套投入1765万美元。该项目实施八年来，在各方共同努力下，全面实现了项目既定目标，在海河流域探索尝试了流域综合管理的创新模式，开创了国内外、跨部门、多学科共同探索实践流域综合管理的创新机制，为国内环保、水利跨部门合作开展流域综合管理工作树立了典范。

回顾GEF海河项目实施，可以概括为这样四个特点，一是环保部、水利部高度重视，提供了强有力的组织保障。环保部、水利部专门成立了GEF海河流域水资源与水环境综合管理项目指导委员会，由分管副部长任指导委员会主任，部相关司局领导、北京市、天津市、河北省环保厅（局）领导为委员会成员。指导委员会全面领导和协调项目的各项工作，为项目成功的实施提供了组织保障。作为漳卫南子流域项目协调领导小组组长单位的环保部污防司、副组长单位的水利部水资源司全程参与了项目实施工作，为漳卫南子流域乃至整体海河项目的成功实施起到了关键指导作用，为后续项目成果推广应用奠定了基础。二是项目聘请了百余名国内外著名的专家学者，组建了技术智库。国内专家来自中国科学院、中国环境科学研究院、环境规划院、清华大学、北京大学、中国农业大学、中国水利水电科学研究院等国内知名研究机构和大学；国外专家来自美国、加拿大、澳大利亚、欧洲等具丰富流域管理经验的专家学者。他们围绕水资源与水环境综合管理规划、知识管理、节水管理、小城镇废污水管理、流域非点源污染防治、监测评价等专题与国内项目实施单位进行了广泛深入的咨询交流与研讨活动，全面提升了项目管理水平和科技含量。三是项目组织管理和项目成果具创新性和实际应用价值。GEF 海河项目开创了国内环保、水利跨部门合作实施项目的先河；项目创建并运行的环保、水利跨部门合作机制树立了国内跨部门合作的典范；在项目推动下，环保部和水利部共同签署的“海河流域数据共享协议”，积极促进了国内流域综合管理工作；首次在流域尺度上开展了基于耗水管理的流域综合管理和与农业部门合作开展的非点源污染防治研究。项目编制完成了 8 项“水资源与水环境综合管理战略研究”、2 项海河流域和漳卫南子流域“水资源与水环境综合管理战略行动计划”、17 项“水资源与水环境综合管理规划”、10 余个“知识管理系统”平台和 6 项“节水、减污示范工程”。这些成果通过国际论文和国际会议的形式已在国内外得到广泛宣传，并引起了国内外同行的高度关注，在各级环保水利部门的实际工作中发挥了积极作用，尤其在环保部、水利部及北京市、天津市、河北省各级政府的“十一五”规划实施和“十二五”规划编制中得到广泛应用。四是通过项目实施，培养了一批与国际接轨的水资源与水污染防治技术专家和项目管理人员，全面提升了项目参与单位的能力建设，为今后全面开展海河流域水资源与水环境综合管理工作奠定了基础。

本书内容是参与 GEF 海河项目实施的数百位科研与项目管理人员辛勤工作的结晶。编写人员仅列举了本书的主要执笔人员，由于客观条件所限，难以包含所有参与项目管理实施和课题研究工作的专家和代表。利用本书出版的机会，特向参与 GEF 海河项目的全球环境基金、世界银行、财政部、环保部、水利部的领导和专家表示衷心感谢，向参与本项目研究的各位专家学者和技术人员表示衷心感谢，向给予本项目支持的国际国内专家学者表示感谢。由于项目引进了国际先进经验和技术，对新技术和方法的研究和应用难免有不足之处，在此，请有关专家学者多批评指正。

编　者

2012 年 10 月

目　录

术语缩写

BCC	流域协调委员会	MOF	财政部
CAS	国家援助战略	MWR	水利部
CDD	社区主导型发展	NPS	非点源污染
CPMO	中央项目办	NHD	（美国）国家水文数据库
CWRAS	中国国家水资源援助战略	O&M	运行和管理
DWEMM	二元水资源水环境管理模型	PCU	项目协调单位
EA	环境评价	PEMSEA	亚洲海洋环境保护与管理合作伙伴
EMP	环境管理计划	PIP	项目实施计划
EPB	环保局	PMO	项目管理办公室
ET	蒸腾蒸发，蒸散，蒸散发量	RBC	河流流域委员会
ESSF	环境社会安全框架	RS	遥感
FECO	外经合作办公室	SA	社会评价
FY	财年	SAP	战略行动计划
GEF	全球环境基金	SEPA	国家环保总局
GIS	地理信息系统	SIDD	自主管理灌排区
GPA	全球行动计划	SNWT	南水北调
HWCC	海河水利委员会	SOA	国家海洋局
HAIHE NHD	海河流域河流编码系统	SS	战略研究
IWEM	水资源与水环境综合管理	TUDEP2	天津城市环境发展二期项目
IWEMP	水资源与水环境综合管理规划	TVE	乡镇企业
KM	知识管理　知识库系统	WCP	节水灌溉
MEP	环保部	WRB	水资源局
MELP	海洋环境保护法	WUA	用水者协会
MIS	管理信息系统	WWTP	污水处理厂
MOA	农业部	YSLME	黄海大海洋生态
MOC	建设部		

第 1 章 项目背景介绍

1.1 渤海湾的现状

1.1.1 自然及社会经济概况

（1）渤海及渤海湾自然概况

渤海是中国东北部的一个近封闭状内陆海。东起辽东半岛南端老铁山，南至山东半岛蓬莱角连线以西水域，沿岸环绕着辽宁、河北、天津和山东 4 个省市。渤海所跨经纬度西起 117°32′E，东至 122°08′E；南始 37°07′N，北至 40°55′N。东北西南向长约 555km，东西向宽约 346km，海域面积约 7.7 万 km^2，海岸线总长度约 3 780km，其中陆地岸线约 3 020km，平均水深约 18m，最大深度约 80m。整个渤海由五部分组成，即北面的辽东湾，西面的渤海湾，南面的莱州湾，中间的中央盆地和东面的渤海海峡。辽东湾面积约 1.8 万 km^2，平均水深 22m，最大深度 32m；渤海湾面积约 1.25 万 km^2，平均水深 20m，洼地水深 26m；莱州湾面积约 0.74 万 km^2，水深较浅，平均深度约 13m；中央盆地为渤海的主体部分，一般水深 20 ～ 25m，最大水深 30m；渤海海峡为渤海与黄海的交界海域，庙岛列岛南北纵列于海峡中、南部，把渤海海峡分成 12 条水道，各水道宽度和深度不一，大体北宽南窄，南浅北深；北部的老铁山水道为最宽最深的水道，最大深度 80m。与海河流域直接相连的是渤海湾及辽东湾的一小部分。渤海海域内有岛屿 406 个，大于 500m^2 的岛屿 268 个，主要岛屿有庙岛列岛、长兴岛、凤鸣岛、蛇岛、西中岛、菊花岛等。渤海有辽阔的浅海、滩涂，沿岸有数十万公顷的低洼盐碱地，是当前海域开发利用最为活跃、最具价值的资源之一。渤海湾大口小，海水交换能力较差。至于渤海水体全部交换一次的时间或周期，有诸多研究和报道，有至少 16 年、40 年或 160 年等不同见解，目前尚无统一定论。

海河流域位于东经 112° ～ 120°、北纬 35° ～ 43°，东临渤海，南界黄河，西靠云中、太岳山，北依蒙古高原。地跨 8 省（自治区、直辖市），包括北京、天津两市全部，河北省绝大部分，山西省东部，河南、山东省北部，以及内蒙古自治区和辽宁省一小部分，总面积 31.8 万 km^2。海河流域的北部和西部为山地和高原，东部和东南部为广阔平原。山地和高原 18.94 万 km^2，占 60%；平原 12.84 万 km^2，占 40%。平原地势自北、西、西南三个方向向渤海湾倾斜。渤海湾三面环陆，是一个半封闭的内海海湾，与外海水交换周期长。海湾作为典型的淤泥质缓坡海岸，波浪潮流作用下污染物沿岸输移趋势明显，而且渤海湾又是渤海中的滞缓区，水体交换能力较弱，不易于陆源污染物的迁移和扩散。海河流域入海河流众多，包括海河、滦河、徒骇马颊河三大水系。其中海河分为海河北系（含蓟运河、潮白河、北运河、永定河四河）、海河南系（含大清河、子牙河、漳卫南运河、黑龙港水系和海河干流）。海河流域河流入海段多为季节性河流，夏季泄洪，冬春季径流小，甚至干涸断流；70% 以上的入海通量集中在夏季（7—9 月）。正常年份年径流量 720 亿 m^3，年入海泥沙 16 亿 t，海水盐度平均为 30.0‰，由于近年人类活动影响，各水系的入海水量及沙量大幅度下降，海区的生态系统退化，服务功能下降。

海河流域控制的岸线占渤海岸线的 40% 左右，海河流域污染物排海直接影响的最主要区域是渤海三湾中的渤海湾，以及辽东湾西部的一小部分，海河流域与渤海及渤海关系见图 1-1。

（2）渤海及渤海湾区域社会经济概况

① 人口增长

海河流域内有北京、天津两个直辖市，以及石家庄、唐山、秦皇岛等 26 座大中城市，是我国的政治、经济和文化的中心地区。2004 年海河流域总人口 13 258 万人，其中城镇人口 4 810 万人，城镇化率 36%，人口密度 414 人 /km^2。海河流域环渤海地区有 5 个城市、共辖 125 县（区、市），2003 年总人口 2 952 万人，约占同年全国总人口数的 2.3%。辖区平均人口密度为 535 人 /km^2，为全国平均人口密度的 3 倍多。其中天津市的人口密度为环渤海辖区城市之首。

② 经济地位

海河流域是我国经济较发达地区、重要的工业基地和高新技术产业基地，在国家经济发展中具有重要战略地位。环渤海地区是指环绕着渤海全部及黄海的部分沿岸地区所组成的广大经济区域，是中国北部沿海的黄金海岸。最近国务院提出要加快环渤海地区的开发、开放，将这一地区列为全国开放开发的重点区域之一，提出把天津滨海新区纳入国家总体发展战略布局。环渤海地区如今已成为中国北方经济发展的“引擎”，被经济学家誉为继珠江三角洲、长江三

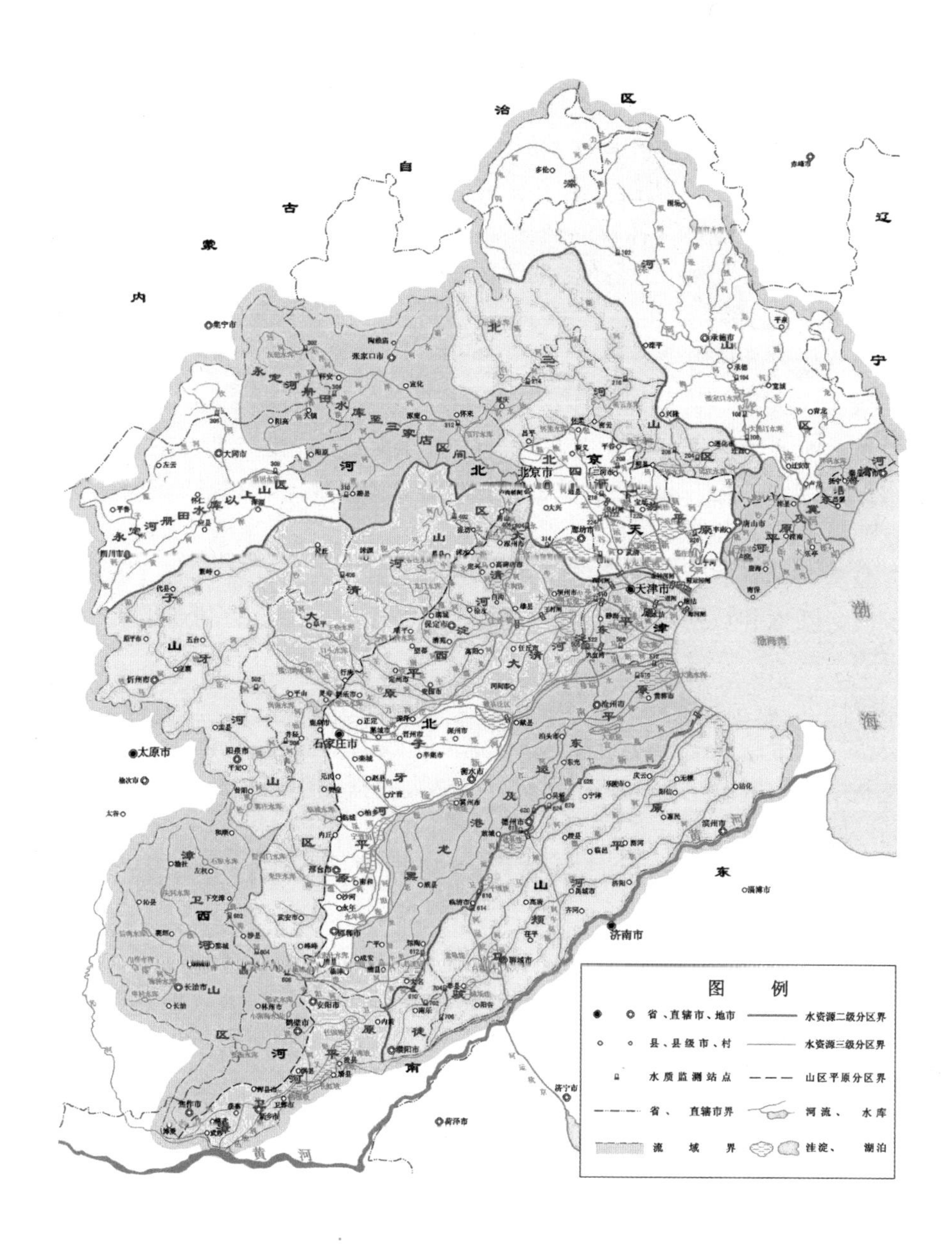

图 1-1　海河流域与渤海及渤海湾关系示意图

（图片来源：海河流域水资源保护局，2004）

角洲之后的中国经济第三个“增长极”。海河流域是我国粮食生产基地之一。海河流域2004年有耕地面积15 693万亩（1亩=1/15公顷）。主要粮食作物有小麦、大麦、玉米、高粱、水稻、豆类等，经济作物以棉花、油料、麻类、甜菜、烟叶为主。海河流域沿海地区具有发展渔业生产和滩涂养殖的有利条件。20世纪90年代以来，农业生产结构发生了变化。在粮食增产的同时，油料、果品、水产品、肉、禽蛋、鲜奶等林牧渔业产品取得了较大的增长幅度，大中城市周边的传统农业逐步向为城市服务的高附加值现代农业发展。

③ 自然资源开发利用

渤海具有大量基岩港湾岸段，水深较大，宜建港岸段70余处，部分岸段可建万吨级深水大港。目前建成和在建港66处，其中渔港48处，是我国港口密集度最高的地区，重点港口有大连港、秦皇岛港、天津港、烟台港、营口港等，吞吐量占全国主要港口的45%以上。据统计，渤海可利用海岸线长度300km，可建万吨级以上深水大港岸段20余处。

渤海湾区域石油天然气资源富集，是我国第二大产油区。油气资源主要分布在滨海、陆域和近海大陆架。流域内拥有华北、大港、胜利油田的全部和中原油田的一部分，蕴藏量约15亿t，年开采量3 600万t。

渤海盐度高，含盐度大于30，蒸降比一般大于3，滩涂广阔，坡度小，有卤水资源，适于盐业发展。渤海沿岸共有16个盐田区，盐场面积1 600多km^2，可开发利用的盐田面积2 500km^2，是我国最大的盐业生产基地。

渤海地区矿产资源丰富，种类繁多，煤、石油、天然气、铁、铝、石膏、石墨、海盐等蕴藏量在全国均名列前茅。特别是煤，据不完全统计，蕴藏量达2 026亿t，约占全国的45%，年开发量2.8亿t，约占全国的20%。

渤海有生物600余种，其中浮游植物120余种，年初级生产力112mg/m^2，浮游动物100多种，潮间带底栖植物100多种，潮间带底栖动物140多种，潮下带浅海底栖动物200多种，游泳动物120多种。渤海海域的渔业鱼类5科27种，拥有对虾、海参、鲍鱼等海珍品，渤海海域均为捕捞区。渤海沿岸主要养殖品种为海带、紫菜、贝类及对虾、海参、鲍鱼等海珍品。

渤海周边地区景观和旅游资源极为丰富多姿，具有“滩、海、景、特、稀、古”等特点，是集山海风光与文化古迹的旅游胜地。比较著名的景观有古长城、土水城、秦始皇行宫遗址等，同时以沿岸优美的海滨浴场而闻名。全区共有旅游区20个，比较著名的有北戴河滨海旅游区、山海关旅游区、大笔架山旅游区、兴城旅游区等景观旅游区。

④ 社会发展及人类活动影响对渤海及渤海湾的环境压力

改革开放以来，港口建设、大规模岸边养殖、挖沙、筑堤、围垦、石油开采等导致海岸线的较大变化，对海岸生物产生了较大影响，形成对生境及生态系统的较大改变。20世纪70年代，由于沿海渔业队盲目发展捕捞船只和网具，捕捞量和捕捞强度超过了资源更新能力，使资源得不到恢复，致使许多经济鱼类产量逐年下降。这种重捕轻养、酷捞滥捕的现象破坏了海洋生物资源的生态平衡，导致了主要经济鱼类，尤其是底层鱼类资源的减少，以致传统的经济鱼类形不成渔汛。20世纪80年代，渔业资源进一步恶化，海洋捕获量明显下降。总之，目前天津海域主要经济鱼类资源已严重衰退，原有四大渔汛不复存在。目前的禁渔措施及增殖放养的规模尚不能达到生态恢复的目的。

1.1.2 渤海及渤海湾海域环境概况

渤海是一个半封闭的陆缘浅海，随着沿岸区域经济、社会活动和海运事业的发展，渤海及其海岸带区域的开发活动越来越活跃。一方面是生态资源的大量开发利用，另一方面是大量污染物与废水的排放，干扰了生物过程的自然变化趋势，同时，由于渤海及渤海湾水体交换能力差，自净能力和纳污能力比较低，致使与社会经济发展和人民生活及人体健康密切相关的渤海海域海洋环境持续恶化。海河及环渤海其他流域内大量的污水和各种有害物质进入海洋，导致海域富营养程度高、赤潮频繁发生、生态失衡、生境破坏和生物多样性降低、生物资源衰退、对海洋生物和生态系统的压力越来越大，严重制约了区域经济的可持续性发展。

（1）渤海非污染损害状态及变化趋势

对海域非污染损害分析显示，海洋非污染损害因子包括入海水量、入海沙量、海岸带开发、过度捕捞等人类活动。

① 20世纪60年代以来入海径流量整体上呈锐减趋势；海河流域水资源利用率超过100%（外流域调水及海水淡化水量超过入海径流量）；随着河流入海径流量的减少，河流的输沙量也相应减少。

② 入海淡水净通量减少导致渤海湾的平均盐度抬高，半个世纪以来整个渤海平均盐度升高近2度；渤海湾盐度升高最大，渤海湾的老黄河口附近海域盐度升高近10度。渤海空间结构发生了根本性的变化，渤海内区盐度已高于海峡口区盐度。

③ 在人类活动影响下，超过了一半的滩涂转成了低功能景观类型，潟湖在

不同程度上改变了其自然演变规律，甚至人类活动直接决定了潟湖的发展方向及存在或陆化消亡。

④ 渤海渔业种类和多样性降低。过度捕捞、入海径流量的减少、盐度升高和环境污染是造成渤海渔业资源衰退的重要因素；渔业资源衰减的主要特征是高经济型底层鱼类的资源量大减，在总渔获量中所占的比重下降，优势种或主要捕捞对象小型化、低龄化和低值化。

（2）渤海污染损害状态及变化趋势

① 污染物入海通量：渤海污染物入海通量主要取决于入海河流为主的陆源排放。自20世纪70年代末至21世纪初，渤海DIN入海通量整体上表现出先增加、后降低、再增加的变化趋势，主要来源于黄河和辽河流域，两者合计高达72%左右；渤海TDP入海通量整体上表现出先逐渐增加、再缓慢降低的变化趋势，主要来源于黄河和辽河流域，两者合计高达78%左右。渤海COD入海通量整体上表现出先增加、后降低的变化趋势，主要来源于黄河和滦河流域，两者合计达61%左右。渤海石油烃入海通量整体上表现出先降低、后增加、再降低的变化趋势。渤海Hg、Pb、Cd入海通量整体上都表现出先增加、后降低的变化趋势。

② 水质灾害：渤海湾海域主要以氮、磷、油类污染较为严重，油类污染区域主要分布在大沽口天津港附近海域，以及海湾中部靠近海上石油钻井平台的海域。2003年渤海湾发生富营养化的水域占到全部监测海域的45%，发生富营养化的海域主要受到陆源排污的影响。近些年来，渤海海域赤潮发生的次数呈逐年递增，危害范围不断扩大；溢油事件屡有发生，溢油率是总运载数的0.2%。

自20世纪90年代初至21世纪初，渤海表层海水中DIN和PO_4-P浓度整体上呈现出由莱州湾、渤海湾和辽东湾等沿岸水域向中央海盆中部水域递减的分布特征。渤海湾近岸海域由于陆源排污以及海产养殖业的发展已经受到了相当程度的污染，造成河口地区一些具有经济价值的鱼类、虾类基本绝迹，渤海湾的底栖生物明显减少，浮游生物也变成以耐污性较强的种群为主，海洋生态环境日益恶化。渤海湾承接沿海诸河流的污水，无机氮、无机磷等指标严重超标，以入海河口和近海污染最为严重，导致渤海湾赤潮频发。此外，渤海水质变坏对旅游业也产生不利影响。近年来，渤海湾水质由于入海径流量的减少导致污染物入海通量受限而较为稳定，恶化趋势受到一定制约。

③ 污染控制效果：进入21世纪以后，由于海河、辽河等流域污染控制规划的实施，渤海"碧海行动计划"的启动，渤海环境污染的上升趋势得到了遏制，

尽管污染海域面积仍然较大，但非清洁海域面积未再上升。大面积超标的主要污染物质为无机氮、活性磷酸盐；超标面积较小的污染物为化学需氧量、石油类等。超标面积很小的局部污染物为重金属等。

（3）渤海海域生态状态及变化趋势

对海域生态现状及趋势进行的分析和评价表明：

① 海域叶绿素（chl-a）含量升高；浮游植物的生物多样性降低；比较耐污的种类成为优势种；浮游植物群落结构发生变化，渤海海水温度逐渐上升造成有些暖水性浮游植物成为优势种，盐度逐渐上升造成有些外洋性植物成为优势种，SiO_3-Si/DIN 比值逐渐减少造成甲藻优势种有所增多，而 DIN 持续处于高浓度水平造成嗜氮性浮游植物优势种有所增多。

② 海域浮游动物的种类增加；优势种发生变化，浮游动物优势种的变化可能是与饵料组成（浮游植物种类组成）变化有关；20 世纪 50 年代与 80 年代种类变化不明显，2003 年与 20 世纪 80 年代相比，种类略有增加。

③ 海域底栖动物在种类组成和丰度上，多毛类占优势，而在生物量和生产量上软体动物占优势；种类组成变化明显，多毛类增加，软体动物和甲壳类减少；海洋底栖动物的生物量减少，其可能与入海径流量的减少有关。

1.2　海河流域的基本状况

1.2.1　水量

海河流域地处温带半湿润、半干旱大陆性季风气候区。冬季寒冷少雪，盛行北风和西北风；春季气温回升快，风速大，干旱多风沙；夏季湿润，降雨多，多东南风；秋季秋高气爽，降雨量少。

自 20 世纪 50 年代以来，海河流域降水量和水资源量总体上处于逐步减少的趋势。受气候变化影响，流域平均降水量从 1956—1979 年年均 560mm 下降到 1980—2000 年的 501mm，1980—2000 年的平均降水量比 1956—1979 年减少 10.5%，而 2001—2007 年的年均降水量仅为 478mm，2001—2007 年的年均降水量比 1956—1979 年减少 14.6%。其中，2004 年的年均降水量为 538mm，比多年平均（1956—2000 年）降水多 0.6%，属正常年份。

流域平均地表水资源量从 1956—1979 年平均 288 亿 m^3 下降到 2001—2007 年平均 106 亿 m^3，流域平均水资源总量从 421 亿 m^3 下降到 245 亿 m^3。究其原因主要是由于下垫面变化和降水双重影响的结果。一方面由于地下水的过量开采，造成地下水位大幅度下降，土壤非饱和带增厚，降水更多地补充土壤水消耗，使地表产水能力下降；加上山区水土保持和梯田建设，造成植被覆盖度提高和蓄水能力加强，使海河流域出现了在相同降水条件下，现状下垫面产流能力明显减少的现象。另一方面，进入20世纪80年代以来，流域出现枯水年数大大增加，1980—2000年的21年间，有17年流域平均降水量低于多年平均值，2001—2007年7年平均只有106亿m^3，仅为1956—2000年平均地表水资源量的49%。按1956—2000年系列成果分析，这7年均为枯水年。2004年海河流域地表水资源量为137.90亿m^3，属于枯水年份。

海河流域入海水量变化较大，总体上呈递减趋势。丰水的20世纪50年代平均为241亿m^3，枯水的80年代只有22.2亿m^3。2001—2007年平均入海水量只有16.76亿m^3。2004年的入海水量为33.7亿m^3。

海河流域1980—2000年平均浅层地下水资源量为235亿m^3。其中，山丘区地下水资源量为108亿m^3，平原及山间盆地地下水资源量为160亿m^3（其中平原141亿m^3，山间盆地19.5亿m^3），山丘区与平原、山间盆地间的重复计算量为33.5亿m^3。海河流域1980—2000年平均浅层地下水资源量与1956—1979年平均浅层地下水资源量相比减少了12.6%，其中山丘区减少13.3%，平原及山间盆地减少10%。一方面是1980年以后降水量和地表水体补给量减少，另一方面是地下水埋深增加，达到了不利于地下水补给的深度，而使地下水补给量减少。

综上所述，海河流域的降水、地表水资源量、地下水资源量、水资源总量总体上呈下降趋势，主要是降水和下垫面变化影响的结果。根据科技部、中国气象局和中国科学院2003年联合发布的《气候变化国家评估报告》指出，未来我国的气候变暖趋势将进一步加剧，预测2040年前华北地区年平均降水量的趋势性变化幅度在[–1%，3%]以内，在本规划期内的降水量趋势性变化很小，但产生极端天气气候事件的可能性增大。气候和下垫面变化导致的水资源量减少进一步加剧了水资源的供需矛盾，极端天气气候事件造成洪、涝、旱灾等自然灾害发生的可能性增大。

新中国成立以来，经过60年的开发建设，海河流域已初步构建成由当地地表水、地下水、引黄水和非常规水源相结合的供水工程体系，现状总供水能力达到492亿m^3，有力地支撑了流域经济社会的持续发展。

当地地表水工程体系以36座大型水库和18处大型引水工程为骨干，以中小型水库及引水工程为补充，以输水渠道为配水网络，形成了以京津石等大中城市和太行山、燕山山前平原粮食主产区为主要供水目标的城乡供水系统，年供水能力达到 139 亿 m^3。现状当地地表水工程主要有以密云、官厅水库和京密引水渠、永定河引水渠为骨干的北京供水系统，以潘家口、大黑汀水库和引滦入津、引滦入唐渠道为骨干的天津、唐山和滦下灌区供水系统，以桃林口水库和引青济秦渠道为骨干的秦皇岛供水系统，以岗南、黄壁庄水库和引岗入石渠道、石津干渠为骨干的石家庄和石津灌区供水系统等。

地下水工程体系主要是地下水开采深、浅井，已遍布海河流域所有可开采地区。现有各类水井 136 万眼，其中井深小于 120 m 的浅井 122 万眼，井深大于 120m 的深井 14 万眼，年供水能力达到 285 亿 m^3。地下水是多数大中城市的主要供水水源，以地下水为主要水源的城市有北京、石家庄、保定、廊坊、邢台、衡水、大同、安阳、新乡、焦作等，也是其他城市的重要辅助和应急水源。地下水是平原农村生活和灌溉的主要水源，在浅层地下水为咸水区的中东部平原，农村生活和基本灌溉主要依靠深层承压水。

引黄工程体系以潘庄干渠、位山干渠、人民胜利渠、引黄济冀等 27 处大中型引黄工程为骨干。引黄水是鲁北、豫北平原及河北沧州、衡水等地灌溉和城市主要供水水源。海河流域已建成了年供水能力达 58 亿 m^3。引黄水还是天津城市及白洋淀等湿地的主要应急供水水源。以引黄水为主要供水水源的城市有德州、聊城、滨州、沧州等，作为辅助供水水源的城市有新乡、衡水等。

目前，海河流域初步构建了地表水、地下水、引黄水和非常规水源相结合的供水工程体系。全流域 2004 年总供水能力达到 368.01 亿 m^3，其中当地地表水工程供水能力为 118.23 亿 m^3，地下水供水能力为 246.97 亿 m^3，引黄工程供水能力 42.31 亿 m^3，非常规水源供水能力 2.82 亿 m^3。南水北调东线和中线的骨干及配套工程及万家寨引黄北干线工程正在加紧建设。从 1980—2007 年流域各种工程年均供水量约 400 亿 m^3，有效地保障了流域经济社会发展对水的需求。

蒸腾蒸发（ET）反映自然和人类活动影响下的水分散失，由植被截流蒸发量、植被蒸腾量、土壤蒸发量和水面蒸发量组成。蒸腾蒸发反映水的绝对消耗，是评价和监测水平衡的重要指标，受气象、降雨、土地利用和用水管理等多种因素影响，是区域节水水平的重要指标之一。水平衡的主要元素包括降雨、地表水（径流）、地下水、蒸腾蒸发。

从流域水循环角度看，水资源消耗分为两部分，一部分为消耗水量，为不可恢复的水资源，主要为蒸腾蒸发消耗；另一部分水量可以继续参与水循环，如灌溉的回归水，经处理的污水等，为可重复使用的水量。从水文学水量平衡的角度出发，在保证流域入海水量等生态需水的前提下，降低流域蒸腾蒸发消耗才是实现流域水资源平衡的唯一途径。因此，以“蒸腾蒸发耗水”为核心的水资源管理理念是从水资源消耗的效率出发，立足于水循环全过程，注重水循环过程中各个环节中的用水量消耗效率，尽量减少无效消耗，提高有效消耗，使区域有限的水资源利用效率最大化。在水循环过程中，蒸腾蒸发量作为水循环大系统的主要消耗项，对水资源的利用效用方面起着决定性的作用，只有重视水循环过程中的每一个环节，充分考虑水循环的每一个分过程——大气过程、地表过程、土壤过程以及地下过程的消耗转化，才能实现水资源管理的目标。

1.2.2 水质

（1）流域内水污染的来源、特征

海河流域的水污染主要是由于工矿企业的废水和城镇生活污水携带大量污染物进入河流水体造成。全流域废污水排放总量为 47.5 亿 t，其中工业和建筑业废污水排放量为 26.3 亿 t，占 55.4%；城镇居民生活污水排放量、第三产业污水排放量分别占 28.2%、16.4%。氨氮（NH_3-N）、BOD_5、石油类、高锰酸钾指数、挥发酚是海河水系最主要的污染物，2005 年这 5 类污染物分担率超过了 90% 以上。

根据环境统计数据，2007 年统计了流域 7 741 个重点污染企业排污状况，工业废水排放总量达 24.37×10^8t，COD 排放 64.11×10^4t，NH_3-N 排放 5.12×10^4t。2005 年统计了 6 950 个重点污染企业，工业废水排放总量 25.55×10^8t，COD 68.66×10^4t，NH_3-N 7.32×10^4t。2007 年比 2005 年的污染物排放量略有减少。

行业集中性污染特点十分突出。重点污染行业是造成流域污染的直接原因，造纸行业和化工行业作为海河流域两个最大的污染行业，是流域主要污染物（COD、NH_3-N）和废水排放量的最主要贡献者。2007 年造纸和化工行业两者的产值占 16.3%，COD 和 NH_3-N 分别占 56.8% 和 61.1%（图 1-2）。

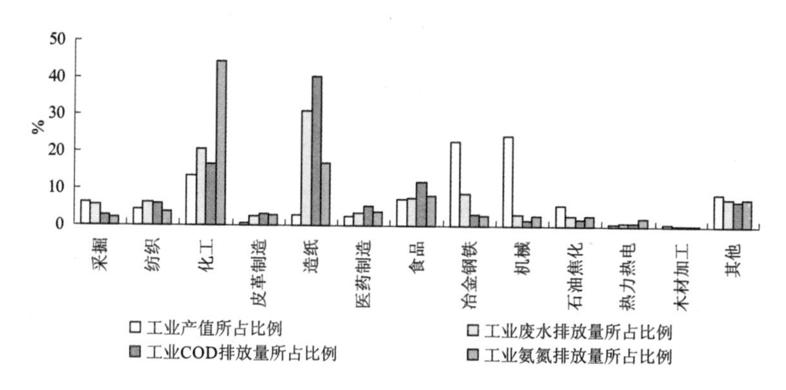

图 1-2　2007 年海河流域各行业工业产值及废水、污染物所占比例

工业污染物负荷的空间分布也表现出明显的差异。COD 主要排放地区为河北省、河南省和山东省，NH_3-N 排放主要地区为河北省、河南省。31 个城市中，沧州、保定、天津、新乡、德州市等属于排污大户。通过分析废水产生系数、水循环利用率、单位产值污染物系数等工业污染特征值指标，发现海河流域平均单位 GDP 工业 COD 排放量低于同期全国水平，平均单位 GDP 工业 NH_3-N 排放量与同期全国水平相当。河南省、山东省的单位 GDP 污染物排放量均高于全国同期水平，污染物排放控制水平有待提高。

（2）水质现状

2007 年全年期流域评价河长 11 819.3km，受污染（水质劣于III类）的河长 8 597.4 km，占评价河长的 72.7%。2006—2008 年劣Ⅴ类功能区的比例逐年下降，由 33.8% 下降到 25.3%，但流域功能区达标率仍低于 50%。除了常规的污染物外，六氯苯和 DDT 等持久性有机污染物也开始显现，水环境污染状况局部得到改善，但整体状况不容乐观。

海河流域包括北京、天津、河北、山西、河南、山东、辽宁、内蒙古 8 个省（自治区、直辖市），跨省界断面的污染控制是海河流域的关键。根据 2002—2007 年的监测数据，省界断面的水质达标率在 30% 左右。

（3）污染物削减潜力较大

海河流域的污水处理率、回用率虽然有所增加。但是污水处理厂的运行率仍有待提高。2005 年有 92 家污水处理厂，实际污水处理量 17.4×10^8t，污水处理率 52.1%；再生水回用率为 5.1%。2007 年有 172 家污水处理厂，实际污水处理量为 26.3×10^8t，污水处理率为 69.94%，再生水回用率 11.06%。至 2007 年海河流域城镇污水处理设施建设项目完成比例达到 43.8%，全流域内 31 个城市中，7个城市已经提前完成“十一五”规划的城镇污水处理设施建设项目。

2007年城市生活污水处理率69%，只有8.1%的污水处理厂运行达到设计处理规模，31%的污水处理厂COD出水浓度未达到一级B标准，49%的城市污水处理厂COD出水浓度未达到一级A标准。各地区处理能力的差距比较大。

《海河流域水污染防治“十一五”规划》中计划城镇污水处理设施建设项目234个，新增处理规模为784.9 t/d，投资213.53亿元。其中优先项目107个，处理规模438.6万t/d，投资约109.98亿元；备选项目127个，处理规模346.3万t/d，投资约103.55亿元。项目建成并全部正常运行，运行负荷率达到75%以上，将新增COD削减能力约40万t/a，氨氮削减能力约为3万t/a，可实现对2010年城镇生活水污染物的控制，同时为“十二五”期间水污染物削减奠定基础。到2020年，预计海河流域城市生活污水产生量为50×10^{8} t/a，如果“十一五”规划的新增污水处理设施全部建设、运行到位，2020年海河流域将实现城市污水100%处理。

依据《全国“十一五”城镇污水处理及再生利用设施建设规划》的规定，北方地区缺水城市的再生水利用率需要达到污水处理量的20%以上，如果海河流域再生水回用量达到污水处理量20%～40%，再生水回用量分别是6.87亿～12.74亿t。因此，城镇污水削减污染物的潜力较大。

1.2.3 蒸腾蒸发

蒸腾蒸发量，也称蒸散发量（Evapotranspiration，ET），是蒸发（Evaporation）和蒸腾（Transpiration）量的总称。它由植被截流蒸发量、植被蒸腾量、土壤蒸发量和水面蒸发量构成，涉及水循环过程、能量循环过程和物质循环过程，并伴随着物理反应、化学反应和生物反应。一方面蒸腾蒸发通过改变不同含水子系统内水量的组成直接影响产汇流过程，进而影响陆地表面降水的重新分配。另一方面，蒸腾蒸发通过影响进入陆地表面的太阳净辐射的分配比率（主要体现在土壤热通量、返回大气的显热通量和因蒸发进入到大气的潜热通量之间分配关系）来影响区域的生态地理环境状况和水分条件。由此可见，蒸腾蒸发作为区域水量平衡和能量平衡的主要成分，不仅在水循环和能量循环过程中具有极其重要的作用，而且也是生态过程与水文过程的重要纽带。因此，开展以蒸腾蒸发为核心的水资源管理的研究，对区域社会人水和谐发展具有重要的意义。有关蒸腾蒸发在水循环和能量循环过程中的作用可由图1-3给出直观的体现。

GEF海河流域水资源与水环境综合管理项目（以下简称“GEF海河项目”），

提出的所谓“ET 管理”，就是以耗水量控制为基础的水资源管理，是资源性缺水地区水管理的必然趋势。在 GEF 海河项目中，世界银行将 ET 管理作为项目的核心，主要是针对海河流域长期超采地下水、入渤海水量大幅度减少的现状提出的水管理理念的转变，这一理念同水利部提出的由“供水管理”向“需水管理”转变的要求不谋而合。

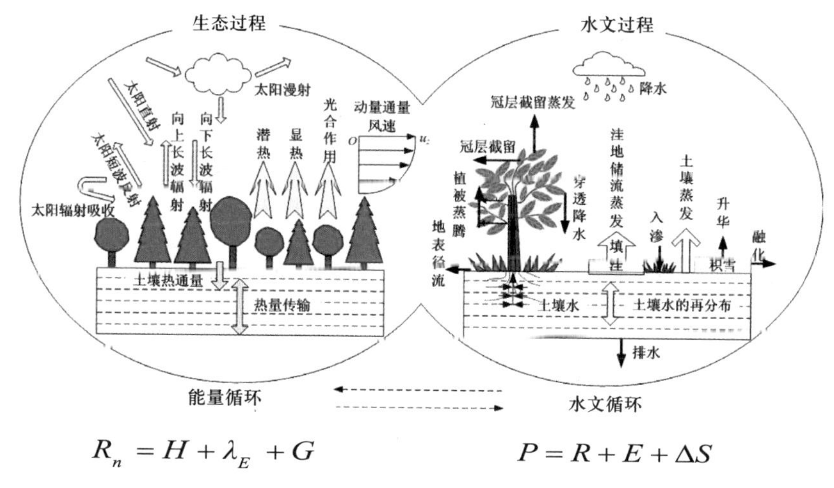

$$R_n = H + \lambda_E + G \qquad P = R + E + \Delta S$$

图 1-3　区域 / 流域水循环和能量循环的相互作用

注：图中符号的含义，在能量循环过程中：R_n、H、λ_E 和 G 分别为区域 / 流域平均净辐射量、显热通量、潜热通量和土壤热通量；在水文循环过程中：P、E、R 和 ΔS 分别为区域 / 流域多年平均降水量、蒸腾蒸发量、平均径流量和流域水蓄变量。

蒸腾蒸发管理的理念是从 2001—2005 年实施的利用世界银行贷款发展节水灌溉项目（WCP）中的“真实节水”概念发展而来的。海河流域属资源性缺水地区，为解决这一地区的水资源供需矛盾，国家和地方政府投入了大量资金发展农业节水灌溉，但是，随着节水灌溉面积的扩大和灌溉水利用效率的提高，海河流域地下水超采的局面并没有得到明显改善，由此可以认识到，通过工程措施提高水的利用率所产生的节水效果主要是减少了取用水量，属工程性节水，而在海河流域这样的资源性缺水地区，更应当关注的是资源性节水，也就是世界银行提出的“真实节水”，所谓“真实节水”就是减少无效或低效耗水，提高单方水的产出效益，使区域蒸腾蒸发控制在满足水资源可持续利用并保持生态环境良性变化的范围内。

蒸腾蒸发管理在我国的水资源管理实践中并不是一个全新的概念，长期以来我国农业灌溉用水量就是以农作物的蒸腾蒸发为基础确定的。1980 年代中期在汇总全国 300 多个灌溉试验站蒸腾蒸发监测数据的基础上，出版了《全国主要农作物需水量等值线图集》和《中国主要作物需水量与灌溉》等专著，为指导灌区灌溉制度和配水方案的确定提供了依据。但目前我国的蒸腾蒸发管理大多还仅用于灌溉用水的管理中，有一定的局限性，这是由于受到蒸腾蒸发监测方法和手段的制约，以往的蒸腾蒸发监测以单点和单一作物为主，确定区域蒸腾蒸发的方法有两种：一是将小尺度点上的实测数据用内插、外推等方法扩展到大尺度范围，二是在测定大尺度区域降雨、径流等来水和去水量的基础上用水量平衡方程反求蒸腾蒸发。这两种方法都有局限性，第一种方法在由点到面的外推过程中存在很大的盲目性和不确定性，因为人工监测蒸腾蒸发需要的人力和设备投资较大，所以蒸腾蒸发监测点数量一般很少，而且大多设在灌溉试验站的农田里，缺少城市和生态环境的蒸腾蒸发监测数据，也缺少多种作物套种等复合植被的蒸腾蒸发监测数据。第二种方法用水量平衡方程反求只能得到较大尺度的综合蒸腾蒸发总量，难以解决蒸腾蒸发在小尺度的空间分布问题。

随着卫星遥感技术的发展，利用遥感数据和模型反演区域 ET 技术应运而生，并成为当前国内外的研究热点。遥感监测 ET 技术的应用使测定各种尺度的蒸腾蒸发和空间分布成为可能，为大范围的 ET 管理提供了监测手段。遥感监测以像元为基础，能够将作物蒸散量在空间上的差别监测出来。利用遥感技术监测蒸腾蒸发技术克服了人工测量 ET 工作量大和以点代面的缺陷，能提供不同土地使用类型和不同作物类型的蒸腾蒸发信息。遥感监测 ET 技术的应用，为大范围的蒸腾蒸发管理提供了有效监测手段，尤其是在水平衡分析、用水定额管理、地下水管理、节水效果分析等方面遥感监测蒸腾蒸发技术可发挥重要作用。

在流域范围内全面实施蒸腾蒸发管理是一项新技术，目前国内外都没有成功的经验，其中有许多关键性的技术问题需要在实践中研究解决、逐步完善。在流域范围内实施蒸腾蒸发管理需要重点解决的关键技术问题有以下几方面：① 遥感监测蒸腾蒸发数据的精度；② 不同尺度蒸腾蒸发监测数据的验证与耦合；③ 可控蒸腾蒸发与不可控蒸腾蒸发的区分；④ 建立蒸腾蒸发与可调控的用水指标间的关系；⑤ 不同地区、不同阶段目标蒸腾蒸发的确定。GEF 海河项目通过一些科学研究单位的联合攻关，在解决上述关键技术问题上取得了可喜的成果。

1.3 海河流域社会、经济与民生状况

海河流域行政区划包括北京、天津、河北、山西、河南、山东、内蒙古、辽宁8个省（直辖市、自治区），涉及2个直辖市和33个地级市（盟），256个县（市、区），目前流域内有建制市57个，包括北京、天津、秦皇岛、唐山、承德、张家口、廊坊、保定、石家庄、邢台、邯郸、衡水、沧州、大同、朔州、忻州、阳泉、长治、安阳、新乡、鹤壁、焦作、濮阳、德州、聊城、滨州等26个地级以上大中城市和31个县级市。

2005年海河流域总人口1.34亿，与1980年相比增长了38%，流域总人口占全国总人口的10.2%，其中城镇人口5 023万，农村人口8 396万。城镇化率为37.4%，其中北京市达80.5%。流域平均人口密度419人/km²，其中平原区747人/km²，山丘区（含山间盆地平原）183人/km²。流域内各省、自治区、直辖市2005年人口状况见表1-1。

表1-1 2005年海河流域人口状况

行政区	总人口/万人	城镇人口/万人	农村人口/万人	城镇化率/%	人口密度/（人/km²）
北京	1 538	1 238	300	80.5	915
天津	1 044	667	377	63.9	876
河北	6 775	1 803	4 972	26.6	395
山西	1 172	489	683	41.7	198
河南	1 240	442	798	35.6	809
山东	1 523	359	1 164	23.6	492
内蒙古	104	22	82	21.2	83
辽宁	23	3	20	13.0	135
流域合计	13 419	5 023	8 396	37.4	419

海河流域是我国重要的工业基地和高新技术产业基地，在国家经济发展中具有重要战略地位。主要行业有冶金、电力、化工、机械、电子、煤炭等，形成了以京津唐以及京广、京沪铁路沿线城市为中心的工业生产布局。电子信息、生物技术、新能源、新材料为代表的高新技术产业发展迅速，已在流域经济中占有重要地位。海河流域2005年国内生产总值（GDP）25 750亿元，与1980年相比增长了15倍，年均增长率达到11.8%。海河流域GDP占全国的14.1%；人均国内生产总值1.92万元，是全国平均水平的1.38倍。但流域内各地区经济发展很不平衡，北京市人均GDP 4.43万元，天津市人均GDP 3.51万元，达到中等发达国家水平；河北、山西、河南、山东、内蒙古等省区人均GDP只有1

万多元。平原区经济发达，GDP 占了全流域的 82%，而山丘区 GDP 只占 18%。

海河流域土地、光热资源丰富，适于农作物生长，是我国主要粮食生产基地之一。2005 年流域耕地面积 15 981 万亩，占流域总面积的 33%。有效灌溉面积 11 314 万亩，实际灌溉面积 9 543 万亩，有效灌溉率 60%。主要粮食作物有小麦、大麦、玉米、高粱、水稻、豆类等，经济作物以棉花、油料、麻类、烟叶为主。粮食总产量 4 762 万 t，占全国的 11.6%；人均粮食占有量 355 kg，平均亩产 350 kg。太行山山前平原和徒骇马颊河平原是主要农业区，粮食产量占全流域的 70%。沿海地区具有发展渔业生产和滩涂养殖的有利条件。农业生产结构中，油料、果品、水产品、肉、禽蛋、鲜奶等林牧渔业产品增长幅度较大，大中城市周边农业转向为城市服务的高附加值农业。

海河流域 2005 年经济发展情况见表 1-2。

表 1-2　2005 年海河流域经济发展指标

行政区	GDP/亿元	工业增加值/亿元	耕地面积/万亩	粮食产量/万 t	人均 GDP/元	人均粮食产量/kg
北京	6 814	1 782	351	94	44 304	61
天津	3 665	1 885	622	137	35 105	131
河北	9 943	4 463	9 078	2 599	14 676	384
山西	1 500	572	2 071	392	12 799	334
河南	1 627	881	1 071	485	13 121	391
山东	2 076	899	2 317	1 000	13 631	657
内蒙古	113	33	445	47	10 865	452
辽宁	12	2	26	8	5 217	348
流域合计	25 750	10 517	15 981	4 762	19 189	355

1.4　海河流域水资源与水环境综合管理的机构设置与法律框架

1.4.1　流域综合管理状况

（1）现行政策情况

目前海河流域水资源与水环境综合管理层面已经出台如下政策：

① 水资源宏观管理和配置

实行水资源规划制度，按照水资源供需协调、综合平衡、保护生态、厉行节约、合理开源的原则，对流域水资源开发利用进行全面统筹，编制水资源配置方案和河流水量分配方案；实行取水许可和水资源有偿使用制度，加强取水许可管理，实行水资源有偿使用，计量收费；加强水资源论证，严格建设项目取水水源、取水合理性、退（排）水情况及其对水环境和其他用水户权益影响的论证工作；完善流域水量分配方案及旱情紧急情况下水量调度预案，完善年度水量分配方案和调度计划。

② 水资源保护和管理

实行水资源保护规划制度，加强水功能区划管理，明确水环境保护目标及水体纳污能力；实行用水总量控制与定额管理相结合制度，制订年度用水计划，实行总量控制；对用水单位实行定额计划用水管理，超定额用水累进加价制度；实行江河、湖泊水功能区划制度，核定水域纳污能力，提出水域限制排污总量意见；实行饮用水水源保护区制度，依法划定饮用水水源保护区范围，明确 、二类保护区对建设项目的相应要求，建立相应的生态保护补偿机制；建立水质监测与通报制度，建立水功能区管理信息系统，并定期公布水功能区质量状况，保障群众知情权；建立排污口设置与排污总量控制制度，严格排污口设置的申请与审查程序，有效控制污染物排放。

③ 水污染防治和水环境管理

实行环境保护目标责任制和考核评价制度，明确环境保护责任者和责任范围；实行水污染防治规划制度，作为水污染防治的基本依据，并加强对规划实施的监督检查；实行排污许可制度和排污申报登记制度，对排污单位进行严格管理，严格排污申报、排污量核定、许可证发放、实际排污量检查和超证排污处理的工作程序；实行排污收费制度，体现污染者付费原则，对直接向水体排污的，按照排污的种类、数量收取排污费或超标排污费；实行水环境质量监测和水污染物排放监测制度，明确水环境监测规范，设立监测网络，统一信息发布；实行水环境影响评价制度，加强建设项目环境影响评价分级审批；实行“三同时”制度，严格对建设项目防治污染设施初步设计、试运行、竣工验收等全过程的环境影响报告书的编制与审核；实行限期治理制度，明确对超标排放或者超过重点水污染物排放总量控制指标的单位的罚款等行政处罚规定；实行生产工艺和设备淘汰制度，明确淘汰设备及工艺的名录和期限，加强对各生产者、销售者、进口者和使用者在规定的期限内停止生产、销售、进口和使用的监督；实行重点水污染物排放总量控制制度，在省级辖区内明确实施总量削减和控制的重点水污染物，逐级落实控制指标；实行突发水污染事件应急处理制度，明确突发事件处置预定方案、应急事件快速反应机制和必要的物资储备；实行环境信息公开制度，推行政务公开，推进环境保护政策法规、项目审批、案件处理等政务的公告公示，依法推进企业环境信息公开。

（2）现行法规框架

① 国家级

包括《中华人民共和国水法》《中华人民共和国环境保护法》等8项法律，《中华人民共和国水文条例》等15项行政法规，《国务院办公厅转发环保总局等部门关于加强重点湖泊水环境保护工作意见的通知》等6项国务院规范性文件，《水量分配暂行办法》等28项国务院部门规章，《水功能区管理办法》等38项部门规范性文件。

② 流域级

包括《海委行政执法责任制规定》《关于实行海委系统水利工程建设项目责任书制度的通知》等16项规范性文件。

③ 地区级

涉及海河流域水资源和水环境管理的地方行政法规50余项，地方政府部门规章58项，地方规范性文件84项。

（3）现行机构设置

① 国家级

主要包括水利部和环境保护部，前者负责水资源开发利用、节约保护和管理，实行“流域管理与行政区域管理相结合”；后者负责水环境质量管理和水污染防治，在横向实行“环保部门统一监督管理与有关部门分工负责”的管理体制，纵向实行“各级地方政府对环境质量负责”的分级负责管理体制。此外，还涉及国家海洋局、国家海事局、国家渔业局。

② 流域级

主要涉及海河水利委员会、华北环境保护督察中心及地方政府。其中，海河水利委员会下辖规划计划处、水政水资源处、建设与管理处、水土保持处、防汛抗旱办公室5个内设机构，海河水利委员会漳卫南运河管理局、海河水利委员会海河下游管理局、海河水利委员会漳河上游管理局、海河水利委员会水文局、海河水利委员会海河流域水土保持监测中心站5个事业单位，以及作为单列机构的海河流域水资源保护局（副局级）和作为直属单位的引滦工程管理局，依法行使流域性立法和执法、流域规划的编制和管理、流域水资源统一管理等职能。华北环境保护督查中心是环境保护部派出的执法监督机构，受环保部委托，在所管辖省份负责监督地方对国家环境政策、规划、法规、标准执行情况，承办跨省区域、流域、海域重大环境纠纷的协调处理工作等。地方人民政府有关部门负责起草有关水管理方面的地方性法规和规章草案，提出水利中长期发展规划及年度计划，负责统一管理区域水资源，负责本区域计划用水、节约用水的管理等。

③ 地方层面

主要涉及地方水利、环保、国土、建设、交通、农业等部门，这些部门按照“三定”方案规定在水资源和水环境管理方面各自履行相应的管理职责。海河流域一些地区的地方政府以推动城市水务一体化管理作为水资源管理体制改革的突破口，开展了城市水务局建设，取得了显著的改革成效。

1.4.2　现行管理模式存在的问题分析

目前，尽管水利部与环境保护部通过积极努力，形成了一定的政策法规基础，搭建了相应的机构平台，但仍然缺乏较为完善的政策扶持、法规保障与组织机构支持，在一定程度上影响了海河流域水资源和水环境的管理效率以及综合管理效果。

（1）政策方面

① 取水、耗用水、排水管理缺乏有机结合，难以保证向下游退水量和退水水质，且污染源管理与水体保护缺乏有效衔接。

② 水资源与水环境监测网络建设缺乏统筹规划，站点布局不合理，监测方法和适用标准不一致，信息缺乏综合统筹。

③ 流域管理薄弱造成现行涉水规划在流域管理与行政区域管理上存在规划重叠、矛盾和盲区，缺乏实施保障及跨行政边界的管理政策，有效性不足。

④ 缺乏有针对性和可操作性强的监管政策、责任追究政策、行政监管机制以及社会监督机制。

（2）法规层面

① 缺乏针对水资源与水环境综合管理规划（IWEMPs）的规定。《中华人民共和国水法》（以下简称《水法》）和《中华人民共和国水污染防治法》（以下简称《水污染防治法》）缺乏对流域水资源和水环境综合管理规划的规定，IWEMP 法律地位不明确。

② 缺乏基于蒸腾蒸发水量分配总量控制的规定。现行法律法规中，水量分配仅对水资源可利用总量或地下水可开采量向行政区域的逐级分配，没有将蒸腾蒸发理念纳入流域的水量分配中。

③ 缺乏流域水资源保护和水污染防治统一监管主体的法律规定。现行《水

法》对水资源的流域管理主要体现在水量管理上，水资源保护的监督管理权并不完整，也没有法律法规明确对水资源保护和水污染防治实行统一的管理体制。

④ 水资源保护和水污染防治的衔接亟待加强。现行法律没有确立流域水资源保护规划与水污染防治规划的关系，在入河排污口的总量控制、规划的环境影响评价、陆源污染的控制制度等方面表现得尤为明显。

⑤ 取水许可和排污许可缺乏衔接。取水许可证只考虑退水地点、退水方式、退水量，审批时没有考虑退水水质；排污许可证是根据总量控制实施方案，通过审核本行政区域内向该水体排污的单位的重点污染物排放量进行发放。

⑥ 流域地下水保护的规定缺乏可操作性。流域管理机构缺乏对地下水取水的宏观调控权，无法从流域水资源优化配置的角度实施流域地表水和地下水的统一调配。

⑦ 水资源监测相关规定存在交叉。水利、环保、国土、农业等部门根据各自工作需要开展监测工作，但部门间缺乏资源共享、数据共用、站点布局统一规划的有效机制，造成监测机构和站点重复建设、信息采集方法和发布标准不一致。

⑧ 省界水体水质监督管理规定亟待落实。2008 年修订的《水污染防治法》赋予了流域水资源保护机构省界水体水质监督管理权，弥补了现行《水法》在这方面的缺失，但这些规定亟待落实。

（3）机构设置层面

① 国家层面资源环境管理部门间协调配合机制缺失。水利部和环境保护部缺乏有效的协调和配合机制，环保部门在编制区域水污染防治规划、污染物排放总量控制计划和发放排污许可证时很少考虑水利部门提出的水域限制排污意见，工作内容不衔接，造成水资源管理和水环境管理严重脱节。

② 流域级水资源和水环境综合管理体制构架不完善，主要表现在：

- 流域管理机构的决策和协调效力不足。第一，流域管理机构是国务院水行政主管部门的派出机构，只能负责水利部的授权事务，管理事务有局限性；第二，流域管理机构长期定位于事业单位，其决策层中没有流域内各行政区域代表和利益相关者代表参加，在权力级别和组织层级上低于省级行政区，决策和协调能力明显不足；第三，流域管理机构的自身管理能力还比较薄弱。
- 流域水环境管理以行政区域管理为主，流域层面缺乏统筹规划和协调、监管。海河流域水资源保护局只负责流域江河湖库水质监测、水质公报发布、水资源保护规划等，对流域水资源保护的执法权和监督权还不完备；而华北环保督察中心仅有环境保护的督察职责，在流域层面的决策和协调能力明显不足。

◆ 流域层面水利和环保缺乏沟通和协商平台。海河流域水资源保护局目前已由水利部和环境保护部的双重领导改为由水利部单方面领导，失去了与环保部门的正式联系渠道，无法建立流域水资源保护和水污染防治联动机制，难以实现流域水资源与水环境的综合管理。

③ 环保体制不能适应水资源与水环境综合管理新形势需要。地方环保部门虽然实行双重领导，但以地方领导为主，有很强的依附性，环保部门难以对同级人民政府的管理行为实施监督，执法不力、监管不力。

④ 公众参与流域水资源与水环境综合管理决策的机制没有建立。海河流域“自上而下”和“自下而上”相结合的管理措施没有落实，公众难以参与到流域水资源与水环境综合管理决策当中。

⑤ 流域管理机构与地方政府水行政主管部门的职责权限尚不够明晰，流域管理与行政区域管理结合点和结合方式不清。

⑥ 一些地区尚未实现区域内涉水行政事务一体化管理，造成水源地不管供水、供水不管排水、排水不管回用，加大了流域水资源与水环境综合管理的难度。

1.4.3 原因分析

海河流域水资源与水环境综合管理，是以海河流域为单元，统筹考虑流域内水资源和水环境，建立解决冲突的综合管理机制，强调基础信息的综合性和决策手段的系统化，综合统筹安排流域内水资源管理、水污染防治、水环境保护管理活动的过程。由于目前我国的水资源与水环境实行分部门管理，水资源管理部门负责水资源管理和保护，环境保护部门负责水污染防治和环境保护。而从根本上来讲，水资源保护与水污染防治的目标是统一的，相互间需要很好地协调，不能截然分开。目前来看，水利部与环境保护部在水资源保护与水污染防治方面缺乏充分沟通与协调，更多地强调本部门的立场，以确保自身权利不丧失，直接导致水资源保护与水污染防治没有实现有效统筹。表现在如下方面：

（1）在立法与政策层面上

由于两个部门沟通、协调不够，直接导致水量和水质统筹管理、污染源管理与水体保护的关联等方面缺乏明确的政策规定，水资源论证、取水许可管理、水功能区监督管理与环境影响评价、排污许可管理之间缺乏很好衔接等。此外，水利部与环境保护部已作出的规划、政策等，也并不完善。如流域规划本身缺少跨省水量分配方案、流域上下游生态补偿机制等可操作性措施，对行政区域的水资源开发利用、节约保护与配置管理的指导和约束作用不强，而行政区域规划未能很好地处理流域管理与行政区域管理的关系，忽视了流域水生态系统的整体性，行政区域涉水规划之间又存在重叠和矛盾问题，以及存在规划盲区。上述原因直接造成海河流域水资源与水环境综合管理效率不高。

（2）在机构设置层面上

按照我国现行法律规定，在资源环境管理权的分配上，资源、环境管理各部门实施分工合作。在海河流域水资源和水环境管理中，虽然有关管理部门各有分工，但由于职能界定不清，水资源保护与水污染防治协调机制尚未建立，相关涉水法律法规间缺乏很好的衔接，导致海河流域水资源和水环境管理出现了一些问题，影响了海河流域水资源管理和保护工作的顺利开展。

1.4.4 政策、法规、机构设置对于海河流域水资源与水环境综合管理的影响

机构设置是海河流域水资源与水环境综合管理（IWEM）相应的政策、法规在组织层面的具体体现。一方面，机构的设置必须遵循一定的政府治理需求，客观上需要有政策引导，受法规约束与激励。另一方面，政策、法规的实现必须要依赖于客体才能得到贯彻落实，客观上要求政府设置相应的机构、规定相应的职能、核定相应的人员予以配套。因此，海河流域水资源与水环境综合管理的政策、法规与机构设置，其实质是相同的，即为了体现水利部或环境保护部在海河流域的治理思路。然而，目前海河流域水资源与水环境综合管理中，在政策、法规制定上，大多还立足于从水利部或者环境保护部自身利益，并没有体现出一种综合治理的思路。因而相应的机构设置也表现出两个部门之间协调机制缺失、综合管理架构不完善等问题。因此，为了切实增强海河流域水资源与水环境综合管理的成效，必须要将改革机构设置和完善政策、法规放在同等重要的地位，以推进机构改革来促成政策、法规的进一步健全完善。

1.5 海河流域的规划体系

海河流域与水有关的规划分为三个层次，即综合性规划、专业性规划和专项规划。其中，综合性规划是为解决流域全局性问题而做的规划，主要有：《海

河流域综合规划》、“海河流域水利发展五年规划”等，综合性规划里包含了与水有关的各方面内容，如水资源利用、水资源保护、水生态修复、水土保持、防洪减灾、岸线利用、水利信息化、综合管理等；专业性规划是在综合规划指导下为解决流域某一方面的问题而做的规划，主要有：《海河流域水资源综合规划》、“海河流域水污染防治五年规划”、《海河流域防洪规划》《海河流域生态环境恢复水资源保障规划》等；专项规划是在流域综合和专业规划指导下为解决某一时间段内某一方面的问题或局部地区／河系／河段某一方面的问题而做的规划，主要有：《海河流域近期防洪建设的若干意见》《21世纪初期（2001—2005年）首都水资源可持续利用规划》《南水北调工程总体规划》、局部河系／河段的“综合治理规划”等。

（1）规划开展的程序

国务院水行政（环境）主管部门根据国务院的规划同意书向各流域机构下达规划任务，流域机构组织流域内各省（自治区、直辖市）水行政（环境）主管部门开展具体规划工作并形成流域性规划报告上报，国务院水行政（环境）主管部门审查通过后报国务院批复。

（2）规划指导思想

以科学发展观为统领，按照构建社会主义和谐社会的要求，围绕建设资源节约型、环境友好型社会的目标，贯彻落实中央水利工作方针和可持续发展的治水思路，以促进人与自然和谐相处、维护河流健康和水资源可持续利用为主线，全面规划、统筹兼顾、标本兼治、综合治理。通过水资源的合理开发、有效保护、综合管理，实现兴利除害相结合、开源节流并重、防洪抗旱并举，推动流域水利发展与改革，促进流域内经济发展方式的转变，提高水利的社会管理和公共服务水平，支撑经济社会又好又快发展。

（3）规划原则

① 坚持以人为本、人与自然和谐的原则。重点解决好与人民群众切身利益密切相关的水问题，按照民生水利的要求，遵循自然规律和社会发展规律，促进人与自然和谐相处，维护河流健康。

② 坚持水利发展与经济社会发展相协调的原则。水利发展要考虑发挥对经济社会发展的支撑和保障作用，经济社会发展也要考虑水资源承载能力和水环境承载能力。统筹安排水利建设，正确处理资源、环境、经济发展之间的关系，保障流域社会协调发展。

③ 坚持全面规划、突出重点的原则。统筹解决水资源管理、水生态保护、

洪水灾害防治以及流域管理方面存在的问题，正确处理治理、开发和保护的关系，重点安排水生态修复和水资源利用对策措施。

④ 坚持继承与发展、衔接与协调的原则。充分吸收流域治理、开发、保护、管理方面的经验，坚持依法治水、科学治水，注重治理创新。妥善协调流域与区域、上下游、左右岸以及行业间的关系，实现水利可持续发展。

⑤ 坚持流域综合管理的原则，进一步理顺流域的水利管理体制和机制，建立健全水利管理制度，重视流域的社会管理，提高水利社会管理和公共服务水平，建立民主协商型的现代流域水利管理制度。

（4）规划目标

①总体目标：通过建立完善的城乡供水保障体系、水生态环境保护与修复保障体系、防洪减灾保障体系、流域综合管理体系，正确处理经济社会发展、流域治理和生态环境保护的关系，着力解决流域突出的水问题，保障饮水安全、供水安全、生态安全、防洪安全，以水资源的可持续利用支撑流域经济社会的可持续发展。

②河道外用水总量控制目标：2020 年用水总量控制在 495 亿 m^3，2030 年控制在 505 亿 m^3。

③供水安全保障目标：2020 年新增供水能力 82 亿 m^3，重点地区供水安全得到保障，城乡供水保障能力得到显著提高；2030 年，新增供水能力 132 亿 m^3，城乡抗御干旱的能力显著提高，供水安全得到有效保障，建成完善的流域城乡供水安全保障体系。

④节水目标：2020 年，城镇生活节水器具普及率和工业用水重复利用率分别达到 95% 和 87%，灌溉水利用系数达到 0.73，万元 GDP 用水量降至 69m^3，万元工业增加值用水量降至 29m^3，全流域的蒸腾蒸发量为 1 819 亿 m^3；2030 年，城镇生活节水器具普及率和工业用水重复利用率分别达到 99% 和 90%，灌溉水利用系数达到 0.75，万元 GDP 用水量降至 38m^3，万元工业增加值用水量降至 17m^3，全流域的蒸腾蒸发量为 1 827 亿 m^3。

⑤地表水资源保护目标：2020 年，流域城市供水水源地水质全面达标，COD 入河总量控制在 53 万 t，氨氮入河总量控制在 5 万 t，水功能区水质达标率达到 63%，建成比较完善的流域水资源保护监测体系；2030 年，COD 入河总量控制在 31 万 t，氨氮入河总量控制在 1.5 万 t，水功能区水质达标率达到 100%。

⑥地下水资源保护目标：2020 年，将浅层地下水年超采量减少 50% 以上，

2030 年浅层地下水基本达到采补平衡。水质不劣于现状水质。逐步遏制超采区地下水水位持续、快速下降的趋势，并使因超采地下水引发的海水入侵、咸水入侵、地面塌陷、泉水流量衰减及地下水污染等生态与环境问题逐步得到控制。

⑦水生态保护与修复目标：建立生态环境用水保障制度，山区重点河流生态水量不低于 10 亿 m^3，平原主要河流生态水量不少于 28 亿 m^3。2020 年，入海水量不少于 60 亿 m^3，平原地下水超采量控制在 40 亿 m^3 以下；2030 年，入海水量不少于 65 亿 m^3，平原地下水总体实现采补平衡。

⑧水土保持目标：2020 年，新增水土流失治理面积 6 万 km^2，治理程度达到 70% 以上，初步建成比较完善的水土保持预防监督和动态监测体系；2030 年，新增水土流失治理面积 2 万 km^2，治理程度达到 90% 以上，全面建成水土保持预防监督和动态监测体系。

⑨防洪减灾目标：2020 年，流域 I 、II 级堤防全部达标，重点蓄滞洪区能安全启用，流域中下游地区和重要城市达到国家规定的防洪标准；2030 年，防洪保护对象全面达到规定的防洪标准，建成完善的现代化防洪减灾体系。

海河流域综合规划控制性指标见表 1-3。

表 1-3　海河流域综合规划控制性指标

分类	控制性指标	2007 年现状	2020 年	2030 年
水资源开发利用	用水总量 / 亿 m^3	403	495	505
	地表水资源开发利用率 /%	67	≤ 60	≤ 60
	地下水开采量 / 亿 m^3	268	≤ 212	173
纳污能力	COD 入河总量 / 万 t	105	≤ 53	≤ 31
	氨氮入河总量 / 万 t	11	≤ 5	≤ 1.5
	水功能区达标率 /%	24	≥ 63	100
河流生态	山区 15 条河流生态水量 / 亿 m^3	11.95	≥ 10	≥ 10
	平原 24 条河流生态水量 / 亿 m^3	33	≥ 28	≥ 28
	平原 13 个湿地生态水量 / 亿 m^3	—	≥ 10	≥ 10
节水与蒸腾蒸发	万元 GDP 用水量 /m^3	161	≤ 69	≤ 38
	灌溉水利用系数	0.64	≥ 0.73	≥ 0.75
	蒸发蒸腾量 / 亿 m^3	1 795	≤ 1 819	≤ 1 827
防洪	中小洪水损失率 /%	2.0	0.3	0.2
	设计标准洪水损失率 /%	3.9	0.6	0.4
	超标准洪水损失率 /%	7.8	0.9	0.6

第2章　项目主要内容与技术路线

2.1　全球环境基金（GEF）海河项目简介

渤海是世界上具有重要生态意义并受到严重威胁的水体之一，它为中国、日本、韩国、朝鲜提供了重要的渔业资源，具有全球性意义。海河流域是中国的心脏地区，也是中国重要的工农业基地。包括北京、天津、河北等8个省（直辖市），有1.22亿人口，占全国国民生产总值的12%。流域面积31.8万km^2。海河流域是中国水资源短缺及水污染严重的流域之一，是渤海污染物的主要来源。流域和海洋的水质恶化是海河流域目前面临的主要水资源问题，因此，改善水资源及水环境管理，包括加强水资源需求管理，改善海河流域水环境质量，提高水资源利用效率和使用效率是海河流域的当务之急。

"GEF海河流域水资源与水环境综合管理项目"是财政部、水利部、环境保护部通过世界银行申请全球环境基金的赠款项目，具体是OP10：基于污染物的业务规划。OP10是国际水域方面唯一不要求项目涉及多国合作的项目。在世行和我国有关部门的共同努力下，GEF秘书处于2002年8月批准了海河流域水资源与水环境综合管理PDF-B项目建议书，并同意提供35万美元赠款用于资助该项目前期准备工作，使GEF海河项目的前期准备工作得以全面展开。2003年12月6日顺利通过了世界银行评估团的正式评估，2004年4月15日GEF理事会批准中国海河流域水资源与水环境综合管理项目，2004年9月22日该项目正式生效并全面实施。

GEF海河项目赠款总额为1 700万美元，国内各级财政配套资金为1 632万美元。本项目由财政部牵头，水利部、环境保护部组织海委、漳卫南运河子流域、天津市、北京市、河北省及有关县（市、区）水利、环保部门具体实施。GEF海河项目的核心是需要最大限度的横向和纵向的结合与合作。横向结合包括跨部门的合作，如水利和环保部门之间，以及包括农业和建设等部门之间相互协调；纵向结合包括中央级和海河流域管理机构、漳卫南运河管理局之间，以及天津市和北京市/河北省重点项目县（市、区）之间的直接联系和全面合作。水利部门和环保部门互相协调，采取统一行动，同时建设和农业部门也积极参与。

2.2 全球环境基金（GEF）海河项目目标

2.2.1 项目范围

项目范围为整个海河流域，即东经 112° ～ 120°，北纬 35° ～ 43°，总面积 31.8 万 km^2。包括北京、天津两市全部，河北省绝大部分，山西省东部，河南、山东省北部，以及内蒙古自治区和辽宁省各一小部分。其中，项目在北京市、河北省、天津市、山西省、河南省、山东省的 16 个重点项目县（区、市）开展了水资源与水环境综合管理试点示范工作。

2.2.2 项目总体目标

GEF 海河项目的总体目标：推进海河流域水资源与水环境综合管理，实现水资源合理配置，提高水资源利用效率和效益，修复生态环境，有效缓解水资源短缺，减轻流域陆源对渤海污染，真正改善海河流域及渤海水环境质量。

2.2.3 项目具体目标

GEF 海河项目的具体目标共包括以下 7 个方面：

① 促进并建立适合海河流域特点的水资源与水环境综合管理体系，包括以水资源可利用量和水环境容量为基础的水资源综合利用以及基于水权理论的管理体系，实施水污染物总量控制，建立上下游补偿政策，促进需求管理的水价政策，实施排污许可，加强地下水管理，强化节水和污水回用等内容。

② 确定重点区域水资源综合利用以及水污染控制模式和示范方案，包括鼓励产业结构调整措施，小城市污水处理厂示范，污水处理后回用，农业结构调整和地下水可持续利用管理。

③ 加强海河流域知识管理（KM）开发能力建设，建立海河流域遥感监测蒸腾蒸发系统中心，并在全流域实施蒸腾蒸发管理。

④ 开展国家级、海河流域级以及北京市级 8 项战略研究，为加强海河流域水资源与水环境综合管理提供对策支持。

⑤ 针对北京市和河北省的重点县（区），天津市及其所有县（区）进行水资源与水环境管理规划示范试点。

⑥ 天津市滨海新区小城镇的市政污水处理厂建设和运营模式探讨。

⑦ 支持国家或流域级、子流域级和省（市）级水资源与水环境综合管理政策法规和机构体制框架建设。

2.3　项目总体技术框架

图 2-1 中描述了 GEF 海河项目的各项产出与彼此之间的关系。

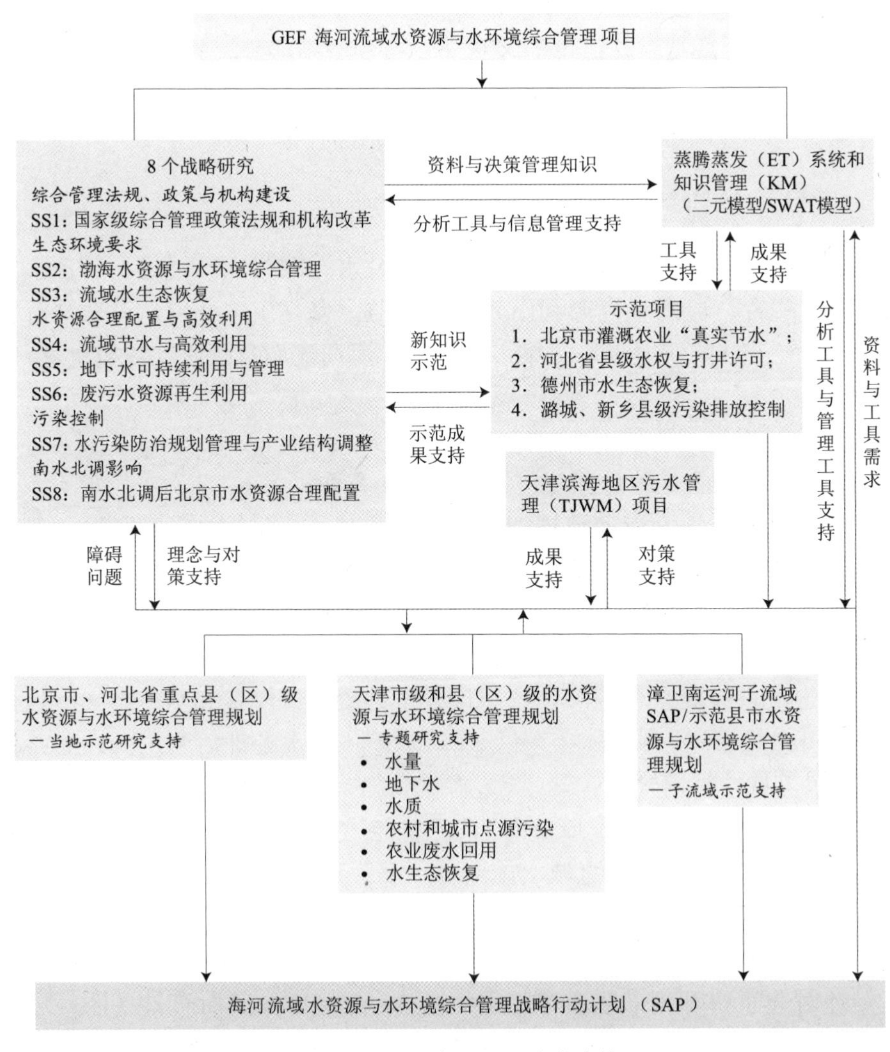

图 2-1　GEF 海河项目技术路线

2.4　管理组织

实行流域和区域水资源与水环境的综合管理，是本项目提出的新理念，是本项目组成的主要内容，它要求对水量和水质进行统一管理。为此，本项目支持在地方、省市级、流域级设置新的水资源与水环境管理的机构，并对各级组织提供政策支持。

（1）市县级：各级政府建立由多家单位组成的水资源与水环境管理的协调机构，成立项目办公室。

（2）子流域级：成立漳卫南运河子流域项目办公室。

（3）流域级：成立海河流域级项目办公室。

（4）中央级：成立高级的由多部门组成的协调委员会，成立中央项目办（水利部、环保部）。

参加项目实施的部门如下：水利部、环保部、建设部、国家海洋局、农业部、财政部、北京市、天津市、河北省、海河水利委员会。项目的执行机构是中央级的水利部和环保部，北京市、天津市和河北省级机构。具体组织关系图见图 2-2。

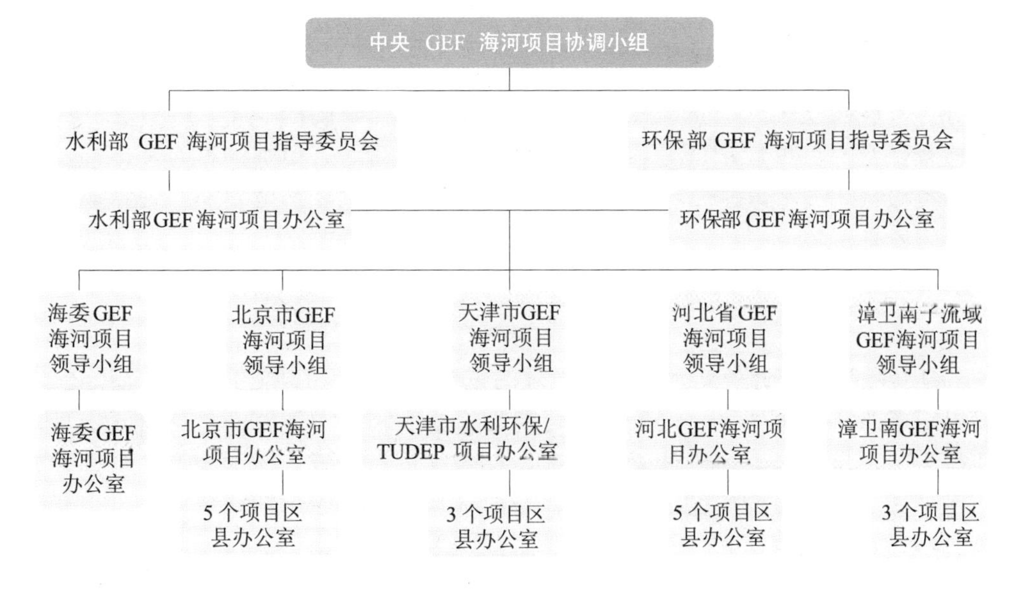

图 2-2　GEF 海河项目管理结构

2.5 技术咨询

为了确保项目顺利实施和质量标准，达到进度和质量上的要求，由世界银行提名并商环保部、水利部 GEF 海河项目办后，聘请国际咨询专家若干人。这些国际咨询专家在水质、水量管理、水资源和水环境规划以及知识管理（KM）、遥感 ET 管理技术方面具有丰富的经验，各位国际咨询专家一年来中国 1 ～ 2 次，每次用 2 ～ 6 周时间审查项目的执行情况以及对项目的技术内容提供技术指导、咨询服务和提出详细建议。

水利部、环保部 GEF 海河项目办分别内设了水利、环保专家工作组（以下简称“专家组”），具体负责 GEF 海河项目中的全面技术管理工作。由水利部和环保部 GEF 海河项目办专家组共同组成中央联合专家组（以下简称“联合专家组”）。根据联合专家组的分工，水利、环保专家组实行专人分管 1 ～ 2 个子项目技术工作。主要负责指导和审查各项目工作单位所承担的 GEF 海河项目背景材料、项目建议书或工作大纲、项目实施计划及有关技术报告的编写及其他技术工作，并负责对各项目技术承担单位进行技术指导、协调，向各项目技术承担单位提供技术培训和咨询服务，对项目技术成果进行审查验收。

为切实加强对 GEF 海河项目的检查和监督，根据项目法律文本要求，中央项目办还成立了中央独立专家组，由水利、环保资深专家组成，中央独立专家组每年开展两次独立检查，在技术领域履行国内检查团的职责，准备独立的技术检查报告，对项目管理、项目协调以及一体化活动有效性的审查和评估，提供中央项目协调小组、环保部和水利部 GEF 海河项目指导委员会以及世界银行检查团检查核备。

2.6 质量保证与执行管理

开展项目监测评价是加强项目管理的重要内容。GEF 海河项目在立项之初，就组织了监测评价体系，以确保项目的实施进度和效果能够满足项目既定目标的需求。项目的监测评价体系既包括项目各级自上而下、横向综合的管理体系和自下而上的逐级汇报制度，也包括对项目具体实施内容和各种定性、定量实施效果的综合指标技术体系；同时，通过对项目的监测与评价，在项目期结束后还可以帮助项目水资源与水环境综合管理机制可持续地运行。

2.6.1　项目监测评价的管理体系

GEF 海河项目监测评价工作的管理基本组成结构包括：GEF 海河项目中央项目办监测评价组（由环保部、水利部各自选派专家组成）、海委 GEF 项目办监测评价工作小组、漳卫南运河子流域 GEF 项目办监测评价工作小组、北京市 GEF 项目办监测评价工作小组、河北省 GEF 项目办监测评价工作小组、天津市 GEF 项目水利—环保监测评价工作小组、天津市建委 TUDEP 项目监测评价工作小组等。各级项目办统一由中央项目办监测评价组负责日常技术指导，并在 16 个重点项目县（市、区）下设监测评价管理员，负责收集、整理来自项目县（市、区）的监测评价基本数据与资料。其具体组织关系图如图 2-3 所示。

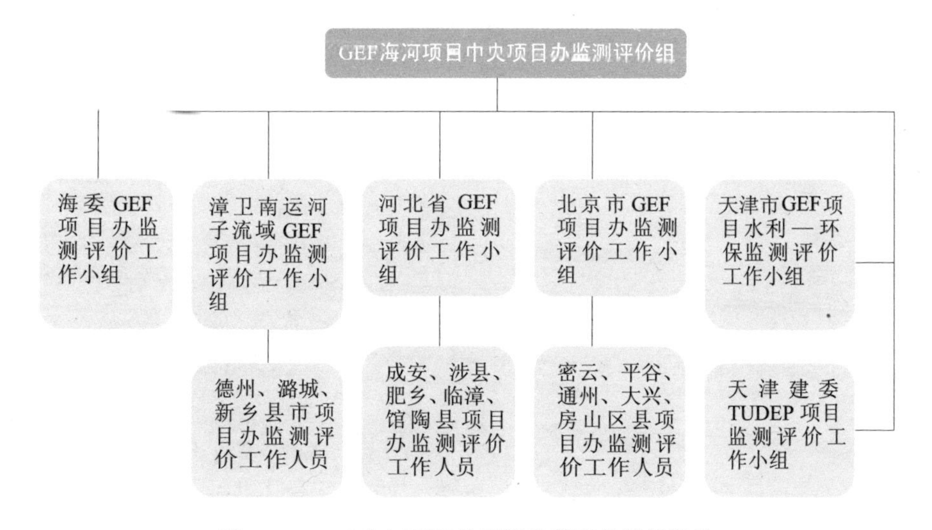

图 2-3　GEF 海河项目监测评价管理的组织结构

GEF 海河项目管理体系是通过定期的汇报制度来实现对项目内容的及时跟踪、监测和评价的。报告内容既包括项目监测评价指标相关的内容，也包括监测评价本身的日常工作；并且不同的监测评价组织，需要提交的报告内容也不同。监测评价汇报制度的具体内容参见表 2-1。

总体而言，中央项目办监测评价组主要负责项目监测评价总体技术内容的把握，所有技术报告的汇总和日常工作内容的记录等；各级子项目办监测评价小组负责具体指标内容监测数据的收集、信息的整理。同时，项目监测评价的各项产出还能为项目执行机构的项目管理、项目知识管理系统、项目 IWEMP/SAP 规划内容的编制等提供一些基本的数据。

表 2-1　GEF 海河项目监测评价报告计划

报告名称	提交单位							提交方式
	中央项目办	海委	漳卫南子流域	河北	北京	天津水利 / 环保	天津建委 TUDEP	
基线调查工作大纲	√							监测评价组织成立后提交
基线调查报告	√	√	√	√	√	√	√	项目启动后一次性提交
项目监测评价指标体系	√							基线调查后提交
监测评价实施方案		√	√	√	√	√	√	基线调查后提交
年度报告模板	√							提交第一年监测评价报告前提交
年度报告	√	√	√	√	√	√	√	每年 7 月底前
中期调整报告	√							项目中期调整评估前
工作月报	√							每个月上旬
会议纪要	√							每次工作会议后 5 个工作日内
终期报告模板	√							项目终期报告准备工作前提交
终期报告	√	√	√	√	√	√	√	项目结束前一次性提交

2.6.2　项目监测评价的技术指标体系

项目的监测评价指标体系是基于项目立项之初，项目评估文件（PAD）最基本的四个“影响 / 产出指标”开发的。项目“影响 / 产出指标”内容高度综合，很难直接反映项目具体产出。因此，项目实施过程中，需要逐一分解这些“影响 / 产出指标”，制订出与之对应的、具有可操作和直接监测评价的基层指标。这些基层指标被称为“执行指标”（Performance Indicators）。执行指标是一个完整的体系，可以依据项目内容的设置而分为不同层次，并且具有可操作性和代表性，能够用于直观反映出项目的执行进度和实施效果。执行指标一般分为两类：影响指标（Impact Indicator）和过程指标（Process Indicator）。

影响指标是用以反映项目的实施，对水资源与水环境综合管理带来的改善效果，主要通过一系列定性或定量的监测数据来反映；过程指标主要反映海河项目具体实施过程中项目各组成部分内容的完成情况，一般采用完成情况的百分比来表示。影响指标的相关监测内容在2.8节和7.1节有具体涉及，本节不再赘述。

GEF海河项目监测评价指标体系的基本编制依据为项目逻辑框架，核心内容为“关键运行指标”，它们是本项目执行指标体系的根本。图2-4展示了依据项目逻辑框架提供的影响指标体系的分解流程。

根据GEF海河项目《赠款协议》《项目协议》有关内容，以及项目中期计划调整后新增项目内容，项目主要包括以下4个方面的实施内容：

（1）水资源与水环境的综合管理

具体内容包括：基线调查、水资源与水环境综合管理规划的制定与协调机制的建立、8个战略研究、2个战略行动计划的编制、示范项目和专题研究。

（2）知识管理系统

具体内容包括：海河流域知识管理系统平台的开发、建立与运行，遥感监测ET管理系统的建立、监测与持续运行，模型管理工具在项目区县的推广与可持续应用（SWAT模型、二元核心模型、地下水模型、ET管理模型等）。

（3）天津市滨海地区污水管理

具体内容包括：为天津市城市环境发展二期项目（TUDEP2）有关内容提供技术支持与咨询，并将有关内容纳入天津市水资源与水环境综合管理规划（IWEMP）。

（4）项目的管理、监测评价与培训

具体内容包括：国内外专家参加的项目技术专家团队的技术援助和咨询活动的国内外培训、考察活动、项目监测评价和各级项目办运行管理等。

2.7　能力建设

GEF海河项目能力建设包括了国内外咨询、技术援助、运行管理和培训、考察。项目管理建设由水利部、环保部GEF海河项目办共同组织协调，采取统一行动，在各个环节都进行了严格的项目和资金管理。为了保证GEF海河项目技术理念顺利得到贯彻落实，同时确保项目高效与高质量地执行，中央项目办成立了国际咨询专家组、中央独立专家组、中央联合专家组，在项目技术指导、咨询、检查、审查中发挥了积极有效的作用。同时也选择了卫星遥感监测ET技术、

GEF 操作规划成果/影响指标

在海河流域和中国其他流域普及应用降低渤海污染物排放的有效方法

将试点县区排入渤海的污染负荷量降低10% （基线： COD 164 000t/a； NH_3-N 19 000 t/a）

以安全的方式处理大沽排污河中2 200 000 m^3 污染物

每年将天津至少一个小城镇排入渤海的COD和 NH_3-N分别降低10 000 t 和500 t

全球目标成果/影响指标

建立县级机构间合作委员会，改善了水资源的统一管理和合作，在上级部门的支持下（地市/省/直辖市/海河流域/漳卫南运河子流域/MWR 和 SEPA），污染防治工作得到了加强

在上级部门支持下（地市/省/直辖市/海河流域/漳卫南运河子流域/ MWR 和 SEPA），IWEMP 实施单位已采用了水资源管理和水污染防治改进方法（包括 ET 和 KM，水权和取水许可管理和排污控制）

试点县（市、区）每年将减少 10%的用于灌溉目的的地下水超采量（基线：4.2×10^8 m^3/a）

将试点县区和沿海区县减少废物水排放，每年降低 10%（基线：COD 164 000 t/a; NH_3-N 19 000 t/a）

处理大沽排污河中2 200 000 m^3 污染沉降物，实现一次性减少10 000 t 油，2 000 t锌和5 000 t总氮

减少入渤海的排污量，天津至少一个小城镇每年减少10 000 t的COD和500 t的 NH_3-N污染

天津沿海县（区）已实施了小城镇废污水管理，包括污水收集，工业预处理，废污水处理和废污水回用

中央级影响指标

建立起跨部门的流域级水资源水环境综合管理机制，并可持续地运转

至 2020 年，地表水可利用水资源量，在满足可持续发展前提下，保证生活、生产、生态用水，改变海河流域及渤海的生态质量

项目期内，实现综合 ET 减少任务量的 10%

项目期内，为实现地下水采补平衡的长期目标，达到减少 10%的地下水超采量

项目期内，入河排污量削减任务量的 10%

天津滨海小城镇污水管理影响指标

大沽河清淤（清除220万 m^3 污染底泥），一次性减少 10 000 t 石油，2 000 t 锌和 5 000 t 总氮

减少向渤海的污染排放（每年至少一个小城镇减少 10 000 t COD 和 500 t NH_3-N）

天津滨海地区小城镇污水管理措施有效实施（废污水收集、工业污水处理、污水回用等）

天津示范县(区)、滨海区减少 10%的排污量

（子）流域级、地方级影响指标

指标 01

指标 02

指标 03

……

图 2-4 GEF 海河项目监测评价影响指标的制订与分解流程

知识管理的数据库设计和应用、污染物控制和水资源及水环境综合管理规划等相关领域最优秀的国际专家组成了国际咨询专家小组。通过国内外专家开展技术援助和咨询服务活动，极大地提高了项目实施的有效性和技术管理水平，培养了一大批掌握了解流域水资源与水环境综合管理先进理念和技术方法的人才。

各级 GEF 海河项目办从硬件和软件建设两方面，加强自身能力建设。在硬件方面：配备了先进的计算机及电子附属设备，充分利用了网络系统进行数据传输；在软件方面，建立了项目管理信息系统（MIS），加强了监测评价工作。同时也加强了投资计划、采购计划、咨询服务合同、提款报账支付管理等制度的制定和实施管理。

2.7.1　制定项目管理规章制度

项目实施以来，中央项目办（CPMO）高度重视各级项目办的机构能力建设。通过“自上而下”在各个层次建立了以项目指导委员会或领导协调小组为领导、各级项目办为执行机构、各级联合专家组为技术指导的项目管理机构。中央项目办先后制定和实施了八项规章制度和管理办法，从而确保项目和资金管理的各项工作能够得到科学和规范的管理。

2.7.2　建立部门间合作机制

水利部、环保部 GEF 海河项目办共同研究制定并顺利实施了《GEF 海河项目部门合作机制》。在项目实施过程中，对合作机制进行了及时的更新和完善，使其最大限度地进行横向和纵向的结合。横向结合包括跨部门的合作，纵向结合包括水利部、环保部到流域机构、省（直辖市）、县（市、区）各级项目办间的结合。

2.7.3　加强国内外技术咨询服务管理工作

为了保证 GEF 海河项目各项技术理念顺利得到贯彻落实，建立水资源与水环境综合管理机制；开发知识管理系统；引进遥感监测 ET 先进技术，各级项目办高度重视国内外专家技术咨询服务工作，主要体现在：① 成立了中央独立专家组、各级项目办联合专家组，并制定颁发了《GEF 海河项目技术管理工作细则》，根据项目实施过程中的实际发生情况，对专家组进行了及时的调整和充实，并按照专业进行了合理分工，逐一落实责任制。同时，为了保证项目的整体性，先后组织各项目技术承担单位成立了项目综合技术工作组、知识管理技术组、蒸腾蒸发管理工作小组、漳卫南子流域技术工作组，加强了项目的技术互动和交流协调工作，中央联合专家组的水利、环保专家在项目的技术指导、咨询、审查中发挥了积极有效的作用。② 成立了国际咨询专家组，每年定期两次访华，就项目的知识管理数据库设计和应用、卫星遥感监测蒸腾蒸发技术、污染源控制、地下水管理、水资源与水环境综合管理规划等技术方面有关问题提供技术援助和咨询服务。同时，国际咨询专家引进国际上先进技术和方法，并有着丰富的流域水资源与水环境综合管理经验，对项目的顺利实施起到了积极的推动作用。

2.7.4 开发应用管理信息系统

GEF 海河项目开发了项目管理信息系统、GEF 海河项目专项网站，这对项目实施过程实现了基于合同的进度监测和管理工作，及时发布项目动态信息，发挥了重要作用。本项目制定了《GEF 海河项目信息管理系统管理办法》，实现了 GEF 海河项目信息月报和半年进度报告审查制度，为项目提供了高效的管理平台和监测手段，提高了工作效率和项目管理水平。GEF 海河项目专项网站已经成为项目实施动态、基础资料信息、招标采购信息发布、项目技术成果检索、项目宣传推广等诸多功能为一体的综合性专业网站，为 GEF 海河项目有效管理和加强宣传推广工作提供了一个很好的展示平台。

2.7.5 项目培训考察

自 GEF 海河项目实施以来，在中央项目办的统一组织指导下，各级项目办组织了大量的有针对性的专题技术培训及国内外考察活动。其目的是使各级项目办的管理工作人员、政府官员以及专家能够深入项目，了解项目的任务、目标和设计理念，以及衔接每个不同的项目目标，形成一体化的整合系统并加以执行实施。项目技术培训提高了项目负责官员及技术人员在水资源与水环境综合管理方面的能力。项目考察活动开阔了项目负责官员及技术人员的视野，增长了知识，并相互交流了经验做法。

（1）技术培训

①对象：项目管理单位负责人、管理工作人员、项目责任人和技术负责人。

②目的：培养一批既懂专业知识，又熟悉世行项目管理的各级业务骨干。

③内容：项目管理信息系统应用及计算机运用、监测与评价、遥感监测 ET 技术、知识管理技术、财务管理、会计核算、报账支付、招标采购、地下水管理、非点源污染和生态修复规划方法、社区主导型发展（CDD）和农民用水者协会（WUAs）建设、年度计划编制和管理、中期计划调整、项目完工报告编制等相关内容。

④地点：国外选择世界银行管理机构所在地或国外类似项目实施地；国内

选择项目所在地或已有世界银行贷款项目实施地。

（2）技术考察

①对象：项目管理单位负责人、管理工作人员、项目责任人和技术负责人。

②目的：学习并借鉴国外先进的水资源与水环境综合管理方法和经验。

③内容：高效节水、水污染治理、污水处理回用、地下水管理、生态保护、知识管理、蒸腾蒸发应用等水资源和水环境综合管理方面的国际先进经验、方法。

④地点：水资源和水环境综合管理先进的国家、地区的有关部门。

2.7.6 项目监测评价

水利部、环保部GEF海河项目办组织成立了中央项目办监测评价工作组和各级项目办监测评价工作小组。由中央联合专家组水利、环保专家牵头，联合技术承担单位一起编制完成了项目监测评价工作指南、监测评价工作方案、监测评价报告编制大纲、监测评价指标体系和监测评价方法等相关工作任务。

2.7.7 项目管理和办公设备

各级项目办按照项目实施计划和年度计划，均顺利完成各年份的项目运行管理工作以及办公设备采购工作，为项目的顺利实施，取得预期项目成果发挥了重要作用。

2.8 基线调查

2.8.1 基线调查的意义与范围

基线调查是项目监测评价体系建立之初的首要任务，对于项目最终实施成效的评估作用非常关键。基线调查的内容不仅要满足项目目标涉及的减少蒸腾蒸发、“真实”节水、地下水超采削减、污染物排放控制、水资源利用、天津滨海新区小城镇污水治理工程，以及水资源与水环境的综合管理机制建设等指标的监测评价需要。同时，基线调查的结果还为项目县（市、区）水资源与水环境综合管理规划、流域（子流域）战略行动计划的编制、战略研究和部分专题研究、知识管理系统开发建设等提供部分基础数据。因此，基线调查内容的技术路线设计比项目监测评价常规监测内容要更加详细、全面。基线调查报告需体现或满足以下要求：

① 反映水资源与水环境综合管理战略行动计划和综合管理规划的理念和总

体设计；

② 作为项目渐进式发展、过程的监测评价和可持续性监测评价工作的结合，基线调查应与战略行动计划和水资源与水环境综合管理规划设计的监测评价指标和监测站点基本融合；

③ 基线数据既是项目实现绩效的评估基础，又是优选海河流域水资源与水环境综合管理措施和工程项目的依据，还是使用数学模型进行情景分析和方案对比的基础信息。

为此，基于流域级、子流域级、市级、区县级战略行动计划或水资源与水环境综合管理规划对定量监测信息的不同精度要求，针对社会—经济基线，ET基线，水资源利用基线，农业地下水开采量基线，污染物入河排放量基线，入渤海或出境下泄水量—水质基线，分别进行了具体的技术规定。同时，对基线数据的基准年明确为2004年。在保持与全国水资源综合规划调查数据基本一致的条件下，允许对不同年份数据进行分析加工，保证其代表性，视同2004年基线数据。要求具体开展基线调查的范围为16个项目县（市、区）和天津市、天津市建委TUDEP2相关工程内容、海河流域级和漳卫南运河子流域级；中央项目办监测评价组负责对所有提交上来的基线调查报告进行审核、汇总。

2.8.2 基线调查的内容

基线调查工作之初，中央项目办监测评价组就编制了《GFE海河流域水资源与水环境综合管理项目基线调查工作大纲》，对基线调查的工作进行了整体安排。工作大纲编制完成后，由中央项目办统一安排，召开了由各级项目办监测评价组有关人员参加的技术培训会，对基线调查的具体内容进行了详细介绍，对报表的填报、数据的统计方法、图表的制作要求、各项工作的衔接等都做了详细规定。其后，各级项目办监测评价组依据“工作大纲”内容，各自设计了本级别的基线调查具体工作实施方案。

基线调查的基本数据来源见表2-2。

表 2-2 GEF 海河项目基本数据来源情况

范 围	数据来源
流域级	参考了全国水资源综合规划海河流域数据，以水资源公报、环境公报、区域统计年鉴数据为基础；蒸腾蒸发基线以 1km×1km 分辨率遥感卫片解析数据为主
子流域级	参考“全国水资源综合规划”中海河流域和漳卫南运河子流域相关数据，补充了重要控制点数据和主要城镇数据，以水资源公报、环境公报、地方统计年鉴为基础；蒸腾蒸发基线以 1km×1km 分辨率遥感卫片解析数据为主
天津市	以全国水资源综合规划数据为依据，补充了天津市区县调查数据，补充必要的实测数据，并参考水资源公报、环境公报，蒸腾蒸发基线以 1km×1km 分辨率遥感卫片解析数据为主
重点区县	使用本区域调查、实测数据，同时与全国水资源综合规划中，海河流域水资源、水环境重要节点控制数据相协调，蒸腾蒸发基线以 30m×30m 分辨率遥感卫片解析数据为主

调查内容和重点调查项目主要如下文所列：

（1）调查区社会—经济基线数据

内容包括：人口、国民经济总产值（GDP）、人均社会 / 生活用水量、农田灌溉用水量、农田灌溉亩均用水量、工业用水量、万元产值增加值用水量、工业万元增加值用水量、灌溉水利用系数、渠系水利用系数、工业用水重复利用率、城市管网漏失率。

提交的相关分布图、统计报表内容有：项目区地表水（河流、湖泊、湿地）水工程（水库、灌溉渠、干渠等），水源保护区、出入境控制水文监测断面分布图（1∶250 000）；项目区土壤类型、土地利用、降雨量等值线分布图，不同作物类型及种植面积分布图（1∶250 000）；项目区地下水浅层与深层分布、超采区分布，地下水埋深变化图（1∶250 000）。

（2）ET 基线数据

调查内容包括：以水资源分区为基本分区，在不同分区单元内填报 ET 基线数据，并将其标注在 1 ∶ 250 000 的土地利用图上，同时统计：土地总面积、耕地与非耕地面积、城镇 ET、农村 ET、用水定额等数据。

提交的统计报表内容有：河北、北京 ET 地面验证的 ET 实测数据，与蒸腾蒸发分配相对应的每一种作物对应面积、化肥农药施用量，项目内多年平均降水量，不同频率典型降水量及其月雨量。

（3）生产、生活、生态用水数据

调查内容为：按照水资源分区，分别统计汇总——水资源总量、地表水资源总量、地表水与地下水非重复计算量、生态环境用水量、地下水可开采量、河道外用水总量、水资源可利用总量、生活用水量、生产用水量、生态用水量。

提交的统计报表内容有：研究区水资源概况、研究区水资源开发利用状况统计表。同时，填报的数据做到与水资源综合规划调查数据或水系控制点数据保持一致。

（4）农业地下水开采基线

调查内容为：分浅层地下水和深层地下水调查地下水可利用量、地下水开采量、地下水超采量、超采区面积及分布、累计超采量。并在 1∶250 000 地图上分浅层、深层分别进行标注，并标注监测井的位置。

提交的统计报表内容有：项目区县地下水超采量统计、项目区县地下水监测井历年平均埋深变化统计、项目区县地下水污染情况统计。

（5）污染物入河排放量

调查内容为项目区县枯水期工业、城市、农村排污量调查和入河排污量。重点调查项目包括：污染物排放总量（包括日均排放污水量、日均 COD 排放量、日均 NH_3-N 排放量），重点工业污染源名单中主要工业企业污染物排放总量（日均排放污水量、日均 COD 排放量、日均 NH_3-N 排放量），城镇污染物排放总量（日均排放污水量、日均 COD 排放量、日均 NH_3-N 排放量），农村污染物排放总量（日均排放污水量、日均 COD 排放量、日均 NH_3-N 排放量），入河污染物排放总量（日均排放污水量、日均 COD 排放量、日均 NH_3-N 排放量），项目区域水域允许纳污能力（COD 允许纳污能力总量、NH_3-N 允许纳污能力总量），超过纳污能力水域（分别统计 COD 和 NH_3-N 超标情况）。其中，水体纳污能力的计算是依据项目区水功能区划中对水体的要求得到的。

提交的统计报表内容包括入河排污口基本数据统计表。其中，对入河排污口名称、位置、所属水资源分区等都进行了明确说明；并按入河排污口陆上汇流区域填写入河污染物排放量，入河排污口所在水域相应水质控制断面的水质监测值和该断面超标因子及超标倍数。水域最高使用功能，指一级水功能区功能，涉及二级水功能区的，在水功能区和水环境功能区中选最高使用功能，并选取相应的水质类别。入河排污口数量覆盖到本项目区 80% 以上的入河污染物排放总量。入河排污口所在水域应覆盖本项目区全部水功能区或水环境功能区。

（6）入渤海或出境下泄水量、水质基线

调查内容为实际监测数据，调查区域需提供入渤海或出境断面名称坐标，控制汇流区域分布图，丰、平、枯水期流量水质数据统计分析；水质调查内容选取了总氮、总磷、COD、NH_3-N。提交的统一报表内容为汛期入渤海 / 出境流量及污染物动态统计。

天津市建委 TUDEP2 项目涉及指标作为要求进行基线调查的内容之一，因为与其余项目内容完全不同，由天津市建委 TUDEP2 项目办组织技术承担单位进行了专门的基线调查，并单独提交基线调查报告，报告内容为“大沽河底泥与入河排污口口门调查”。

2.8.3　基线调查报告的编制

基线调查“工作大纲”对基线报告内容的组织也提出了建议，后续各级项目办的基线调查报告基本按照工作大纲中提供的结构对数据和报告内容进行组织。一般地，基线调查报告包含了以下基本内容：

第一部分　基线调查的目的意义和主要内容

1.1 调查资料来源及可靠性、适用性分析

1.2 监测站点设置及必要性说明（附站点设置图和坐标、监测频率、功能说明）

包括蒸腾蒸发监测、地表水水量水质监测、地下水水量水质监测、入河排污量监测和入渤海或出境断面水量、水质监测，优先原则见监测评价工作大纲

1.3 与战略行动计划、水资源与水环境综合管理规划监测评价点结合的可能性

1.4 为使用数学模型提供基础资料的考虑

第二部分　基线数据及地理信息图

2.1 蒸腾蒸发

2.2 生产、生活、生态用水量

2.3 农业地下水开采量

2.4 污染物入河排污量

2.5 入渤海或出境下泄水量、水质

2.6 附专业地图若干

第三部分　基线数据特征分析

3.1 节水指标分析

3.2 减污指标分析

3.3 综合蒸腾蒸发真实节水的导向作用

3.4 社会经济指标提高潜力分析

第3章 关键技术方法与技术创新

3.1 GEF海河项目新技术概述

GEF海河项目采用了水资源与水环境综合管理、基于蒸腾蒸发耗水控制的水资源管理理念，运用知识管理、河流编码、遥感监测蒸腾蒸发、水循环模拟等关键技术，为水资源与水环境综合管理提供技术支撑，主要有以下4个方面突出内容。

（1）引入了水资源与水环境综合管理方式

在GEF海河项目中引入了综合管理的方式，而非继续使用传统的、各自分开的线性管理和单纯的自上而下方向的管理（命令与控制型）。这种综合型的体制管理促成了水利部、环保部、农业部和建设部之间的横向合作，以及这些机构相对应的各省或者市级机构之间的合作；在行政层面的纵向合作，体现了国家级、海河流域级、漳卫南子流域级、省/市级、县（市、区）级以及村级用水者协会之间的持续沟通与互动。综合管理体现在建立了横向和纵向的项目协调机制，在海河流域和漳卫南子流域形成了联合决策会议制度，县（市、区）级成立了跨部门决策委员会，以应对水资源与水环境综合管理中的各种重要问题。

（2）引入遥感监测蒸腾蒸发技术并应用于水资源节水管理

本项目引入了国际上先进的遥感监测蒸腾蒸发技术，在海河水利委员会建立了遥感监测蒸腾蒸发系统中心，在北京市水务局建立了遥感监测蒸腾蒸发管理分中心。遥感监测蒸腾蒸发技术具有传统蒸腾蒸发观测方法无法比拟的优势，即空间上的连续性与时间上的可延续性，这使得遥感监测蒸腾蒸发技术既可以实现宏观大范围（流域尺度）观测，又可以获取微观（点数据）蒸腾蒸发数据，这为以蒸腾蒸发管理为中心的水资源管理提供了有效监测手段。

蒸腾蒸发是水资源最主要的消耗量，对于资源型缺水地区，要实现水资源可持续利用，应该减少无效蒸腾蒸发，提高水分生产率，提高单位蒸腾蒸发的产量或产值。在流域与区域水资源管理中以蒸腾蒸发管理为中心，关键是根据流域降水、经济发展与生态环境要求等因素确定流域允许消耗的目标蒸腾蒸发值，并将其分配到流域内的不同省（自治区、直辖市）、县（市、区）行政管理区域，通过行政、技术、经济、法律等手段，使流域内各不同区域的蒸腾蒸发值，调整到与可利用的水资源量相适应，并取得最优的经济、社会和环境效益。建立基于蒸腾蒸发控制的水权管理制度，按照各地区的蒸腾蒸发与可利用水资源量相平衡的原则，分级执行取水许可制度。

（3）采用知识管理的科学手段，建立水资源与水环境综合管理系统

在GEF海河项目实施中，采用知识管理理念，引入了先进的信息技术，建立了流域水资源与水环境知识管理系统，服务于海河流域级、漳卫南运河子流域级、天津市、北京市、河北省和16个项目县（市、区）的水资源与水环境综合管理。包含以下5个方面内容：

① 创建了基于动态分段技术的海河流域河流编码系统，成功解决了河流及其属性管理中一对多、线性度量以及分段数据等特征的难题，实现了水利与环保部门之间与河流相关异构数据源的信息共享，为流域综合管理提供很好的信息交换桥梁。

② 创建了基于面向服务的系统架构（SOA）理念的信息交换与应用控制平台，实现了现有应用资源、数据资源的集成，有效解决了异构系统资源集成与共享难题，同时也实现了异构数据源与多业务应用之间的信息交换。

③ 建立流域水资源水环境知识共享平台，实现跨部门、跨区域、多层次、多系统之间的信息、知识的交流与共享，为实现自然水循环、人工水循环的全过程监管提供技术手段。

④ 建立基于耗水的流域水循环模拟系统，利用先进的水循环模拟技术（二元核心模型、改进的SWAT模型），实现陆域与海域、流域与区域、节水与治污、人工与自然、降水与蒸发、地表与地下、水量与水质的全过程水循环模拟，为水资源与水环境综合管理提供多情景分析。

⑤ 建立基于耗水的水资源水环境综合业务管理系统，以遥感监测ET为管理手段、水功能区为管理单元、水权为管理核心，在知识共享平台和水循环模拟系统的基础上，充分挖掘水资源与水环境的相关知识，建立水资源与水环境综合管理分区，通过重点区域、行政边界断面、入海断面的水量、水质信息的掌握，分析流域水资源与水环境综合状况，预测流域水资源与水环境变化趋势，提出流域水资源节水与污染控制方案，以达到水资源合理配置和污染物适量排放的目标，实现流域与区域的水资源可持续利用。

（4）引入小城镇污水处理与管理财政激励机制，开展非点源污染控制研究并提出对策

本项目结合世界银行贷款天津城市环境发展二期项目的建设实施，建立了滨海地区小城镇污水处理财政激励机制，并进行了试运行。运行结果证明这种机制是有效的，并可以将其中的相关经验和教训推广到海河流域其他小城镇的污水处理和管理工作中。

首次由环保、水利、农业部门共同组织开展了海河流域非点源（NPS）污染控制方面研究，并将研究中取得的成果在漳卫南子流域和天津市项目区进行了应用，其经验教训为其他主要污染为非点源污染地区开展污染控制工作，提供了对策建议。

3.2　水资源与水环境综合管理理念

水资源是地球上所有的气态、液态或固态的天然水，它主要着眼于它的量；水环境是围绕人群空间及可直接或间接影响人类生活和发展的地表水体、地下水体以及一切与水功能有关的各种自然因素和社会因素的总体，它主要着眼于它的质。水量与水质原本是水的不可分割的两个方面，只有放在一起综合管理，才能解决当前水资源匮乏及水环境恶化的严重局面，水资源及水环境综合管理的能力建设，已成为21世纪全球的急切需求。

当前我国现有的水资源管理体制存在着分散、低效的弊病，它不够完善，不能确保在水资源开发、利用的同时能够保护生态、维护环境，必须加快和深化水资源管理的改革。

水资源管理和水环境管理在中国分开在两个行政部门（即水利部和环保部）进行管理，水资源管理主要从掌握水的自然属性和商品属性规律出发，提高水资源的利用率，实现社会、经济、环境效益最大化和水资源可持续利用；水环境管理首先体现为对人的管理，经济发展的战略，区域发展规划、项目环境影响、生产活动污染控制等，都要进行环境影响的评价，制定防治对策。水环境管理还要针对具体水域，按环境功能区进行分类管理，对污染源分级控制。所以它的管理对象既有人的理念灌输、监督教育、指导协调，也有对水资源、土地资源、林业资源等的管理。

水资源和水环境的综合管理，就要求在现有体制下水利部门和环保部门建立有效的合作机制，实现统一管理。从广义上讲，它是涉及地表水和地下水的水量与水质保护和管理两个方面，也即通过行政的、法律的、经济的和技术

的手段，合理开发、管理和利用水资源，保护水资源的质量供应，防止水污染、水源枯竭、水流阻塞和水土流失。以满足社会实现经济可持续发展对淡水资源的需求。在水量方面，应全面规划、统筹兼顾、综合利用、讲求效益、发挥水资源的多种功能，避免水资源的枯竭及过量开采，并顾及环境保护及改善生态的需求；在水质方面，应防治污染和其他公害，维持水质的良好状态，减少和消除有害物质进入水环境，加强对水污染防治的监督和管理。

显然，水资源与水环境综合管理是水利部门与环保部门的共同任务，是水资源的开发利用和保护并重的重要措施，它的内涵是两个部门进行共同的规划、协调和监督。在GEF海河项目中，水资源和水环境综合管理的具体内容是：①建立统一的管理机构和机制；② 整合水功能区和水环境功能区；③ 开发应用河流统一编码技术；④ 通过知识管理平台，实现相关资料共享；⑤ 完善水质、水量的监测评价系统；⑥ 规划确定生态流量及环境容量；⑦ 恢复地下水位，改善水环境；⑧ 建立联合的取水许可及排污许可的审批管理制度。

3.3　知识管理系统

GEF海河项目主要包括水资源与水环境综合管理、知识管理开发、天津滨海地区污水管理、项目管理支持和培训四个部分内容；其中知识管理开发由知识管理系统和遥感监测ET系统建设组成，知识管理系统是GEF海河项目的核心内容之一，是海河流域水资源和水环境管理信息的存储、管理和共享交换中心。

知识管理系统开发应用由水利部海委和环保部对外合作中心共同完成，内容包括现状评价与需求分析、总体设计与实施计划、数据采集与传输、基础平台、应用系统、系统开发标准、系统安全体系、人员培训与运行维护等。该项目在现有信息资源进行交流、共享、整合和挖掘的基础上，建立海河流域水资源与水环境管理信息存储、管理和共享交换中心，为水利部门和环保部门实现水资源与水环境综合管理服务。

3.3.1　系统目标

（1）总体目标

在对现有信息资源进行交流、共享、整合和挖掘的基础上，充分利用3S（GIS/GPS/RS）技术，为流域水资源与水环境综合管理提供一个信息共享平台和以遥感监测蒸腾蒸发为管理手段、水功能区为管理单元、水权为管理核心的综合业务管理系统，对流域水资源与水环境综合管理做出科学的评估、分析和预测，为管理决策部门及时提供有效的科学管理依据。

（2）具体目标

① 制订海河流域知识管理开发建设项目的标准与规范及安全体系；

② 建成海河流域水资源与水环境综合管理知识管理信息共享平台，实现GEF 海河项目区水利与环保部门之间的信息交流与共享；

③ 建立知识管理 - 蒸腾蒸发之间的数据交换机制；

④ 建设流域级的水资源和水环境业务管理系统，构建水资源与水环境综合业务管理系统；

⑤ 建设重点县（市、区）及示范项目区级的水资源和水环境业务管理工具，构建水资源与水环境综合业务管理工具；

⑥ 加强知识管理系统使用人员培训。

3.3.2 系统结构

（1）总体架构

知识管理系统应用于流域、子流域、省（直辖市）和重点县（市、区）的水资源与水环境综合管理，实现流域、子流域、省（直辖市）和重点县（市、区）及示范项目县（市）水利和环保部门之间的信息共享，为水资源与水环境综合业务管理提供技术支持，知识管理系统的核心是知识管理基础平台和业务管理系统。其系统总体架构如图 3-1 所示。

（2）系统组成

知识管理系统由流域级、省（市）级和县级组成，流域级知识管理系统按照建设内容为四个组成部分：数据整理与传输、知识管理基础平台（包括系统运行环境、信息交换与应用控制平台、数据库）、业务管理系统、标准规范和安全体系。县级知识管理工具包括数据整理与传输、县级基础平台（系统运行环境、数据库）、业务管理工具。知识管理系统组成如图 3-2 所示。

（3）系统部署

流域级知识管理系统为分布式结构，部署于水利部海委和环保部环境规划院，两部门通过知识管理系统的信息共享交换机制实现信息传递与共享；省（市）级知识管理系统在天津市水务局和环保局开发应用；县级知识管理采用单机工作方式，部署于 16 个重点县（市、区）或示范项目区；整个知识管理系统信息共享通过公共互联网络、水利专网或其他媒介方式实现，如图 3-3 所示。

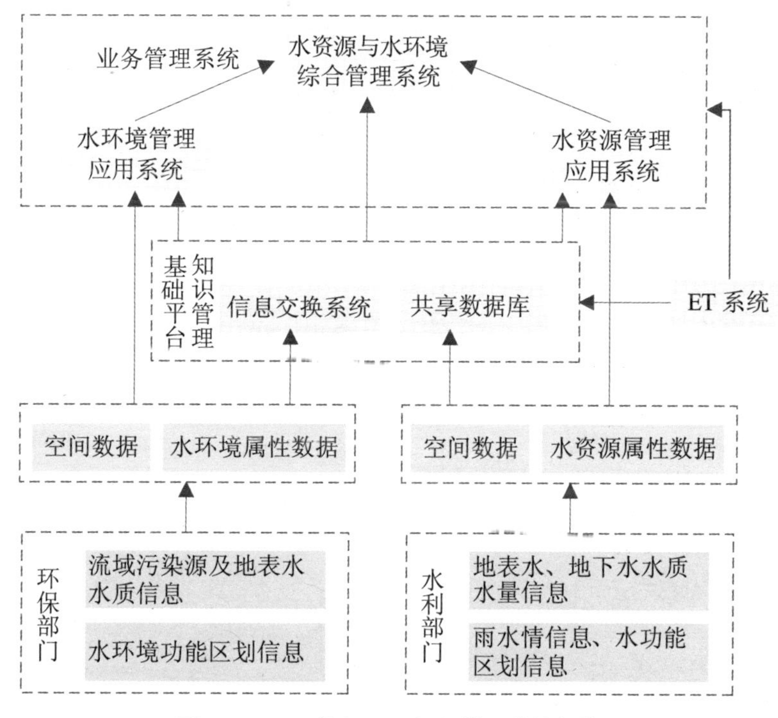

图 3-1　GEF 海河项目知识管理总体架构

3.3.3　系统功能与应用

（1）建立流域水资源水环境知识共享平台

实现跨部门、跨区域、多层次、多系统之间的信息、知识的交流与共享，为实现自然水循环、人工水循环的全过程监管提供技术手段。

流域水管理涉及多个行业管理部门和多个交叉学科，而信息的共享与交流一直在行政管理和技术管理两个层面上存在困难。

在 GEF 海河项目中，水利、环保部门初步达成数据共享合作机制，在此基础上，KM 系统运用知识管理的先进理念和技术，按照流域管理与区域管理相结合的方式，实现了流域自然水循环（降水—ET—地表水—地下水—入海）和人工水循环（供水—取水—用水—用水消耗—退水排污—污水处理—回用）全过程的水量、水质监测信息和统计信息的管理，并建立了跨部门、跨区域、多层次、多系统之间流域水资源水环境知识共享平台，实现了水资源和水环境信息的统一管理，为水利、环保和社会公众等不同用户提供信息共享服务，促进

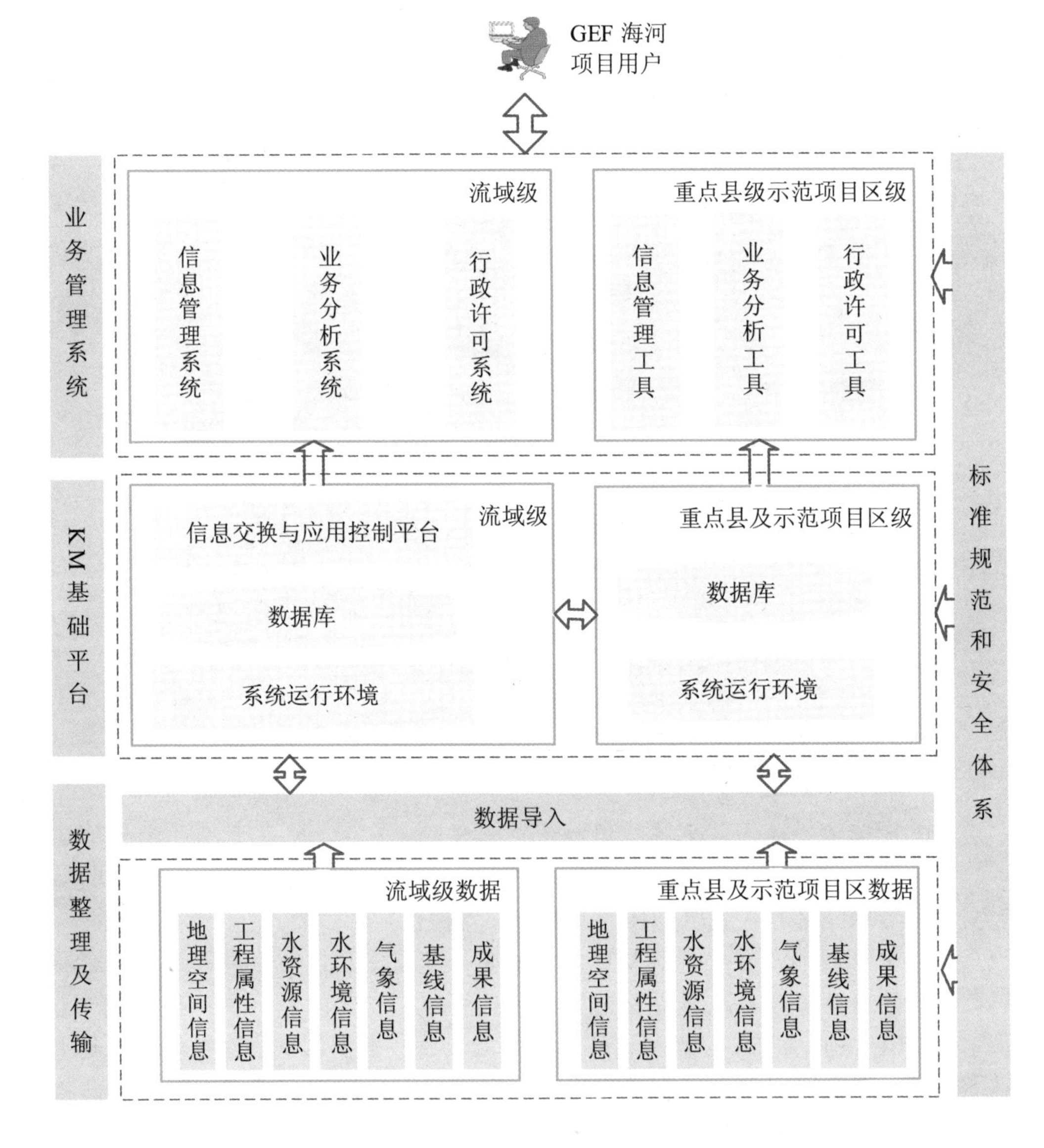

图 3-2 GEF 海河项目知识管理系统组成

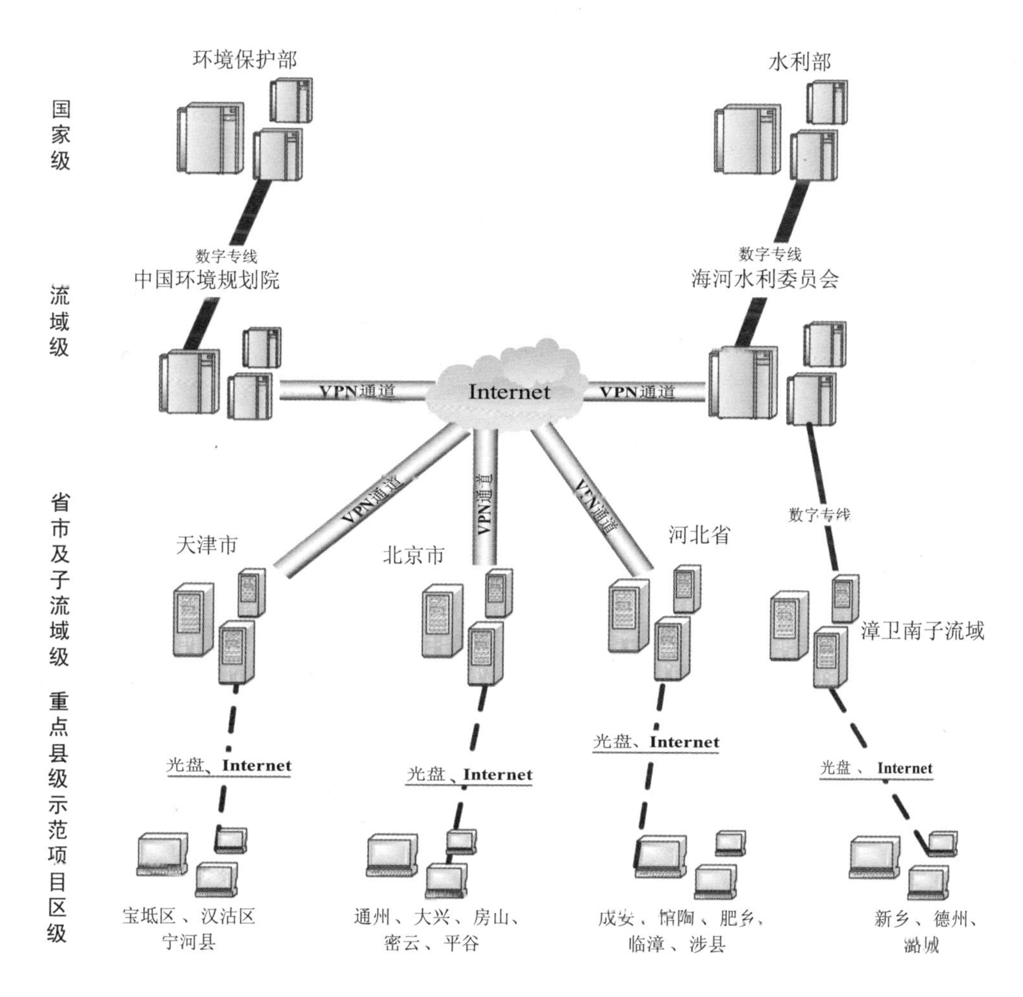

图 3-3　GEF 海河项目知识管理系统部署

信息交流与共享，扩大知识利用的程度和范围。

为更好地实现数据共享，在知识管理系统建设中，采用了两项关键信息技术：

① 基于动态分段的河流编码技术

为实现水利部门和环保部门的信息交换（如：水量、水质、污染源、功能区等综合信息），需要建立一个能实现跨部门的不同数据编码系统间信息交流的桥梁。因而，借鉴美国国家水文数据库（NHD）河段编码技术，采用动态分段技术建立海河流域河流编码系统，作为水信息管理的基础，有效地反映了河段、集水区、水体及相关要素（水文站、排污口、水质监测站、水库、功能区、取退水口等）之间的关联关系，从而为水利与环保两个部门数据的共享奠定基础，如图 3-4 所示。

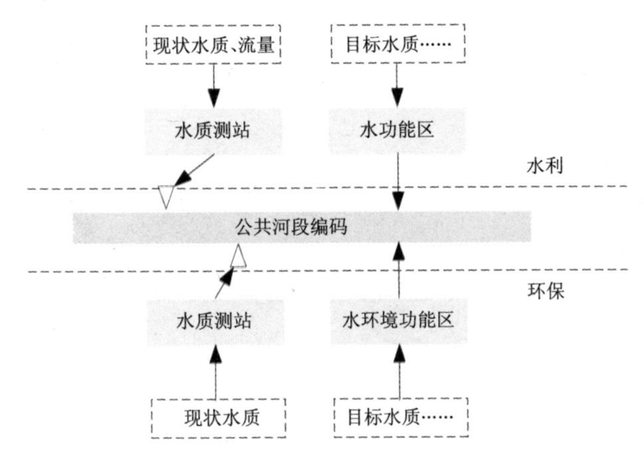

图 3-4　公共河段编码关联

在 GEF 海河项目中，基于动态分段的海河流域河流编码系统（HAIHE NHD）有助于实现与河流相关的所有信息共享（如：水文、河流水质、排污口等点状信息，水功能区等线状信息，土地利用、土壤属性、农业面源、模型计算单元等面状信息），并通过河流编码系统进行有机连接和交换，如图 3-5 所示。

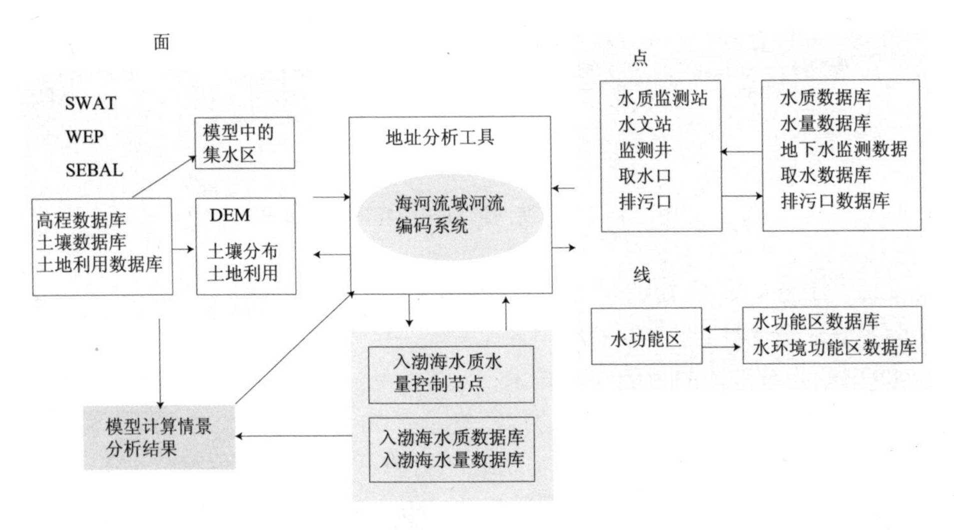

图 3-5　海河流域 NHD 数据关联框架

基于动态分段的河流编码系统为KM系统的每一项与河流相关的数据提供了一个犹如身份证一样的号码，很好地保障了数据编码的稳定性，从而极大地提高了计算机的信息管理效率，有利于信息共享，提高水资源水环境综合管理水平。

② 知识管理信息交换与应用控制平台技术

知识管理系统在GEF海河项目中为流域多层次的水利部门、环保部门服务，需要实现跨部门、跨区域、多层次、多系统之间的信息交流，也意味着需要实现多业务应用与异构数据源之间的信息交换。

在知识管理系统中，为分散数据库访问压力，同时加强数据库的使用安全，采用知识管理信息交换与应用控制平台技术，实现数据与应用系统的分离，建立多应用系统单一化与模块化设计开发模式，支持系统与数据统一透明的接口与集成，整合异构数据源，隔离基础数据与共享数据，通过组件及标准的接口为蒸腾蒸发系统、二元模型及应用系统提供了信息共享与数据交换支持，为实现多用户、多系统间的数据共享提供了技术支撑（图3-6、图3-7）。

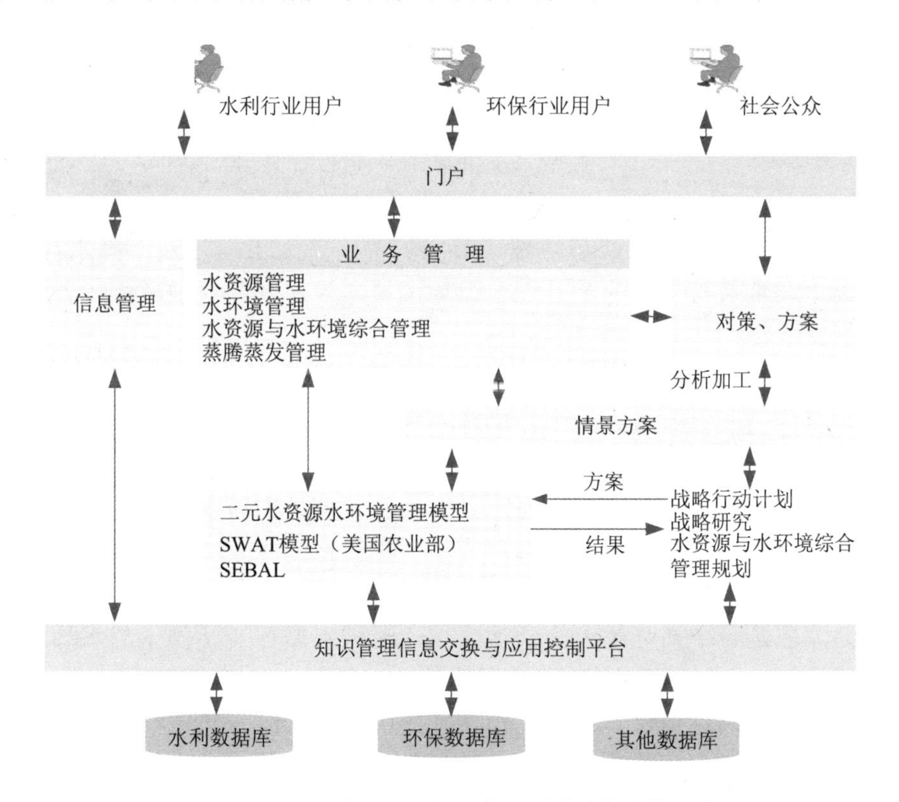

图3-6　GEF海河项目知识管理系统信息交换流程

图 3-7　知识管理系统信息交换与应用控制平台结构

（2）建立流域水循环模拟系统

实现陆域与海域、流域与区域、节水与治污、人工与自然、降水与蒸发、地表与地下、水量与水质的全过程水循环模拟，为水资源与水环境综合管理提供多情景分析。

海河流域是一个水资源短缺、水污染严重的区域，要实现流域水资源可持续利用，必须采取“节水、治污”措施。利用水循环模型分析过去、现状水资源水环境的变化过程，预测未来各种情景下的水资源水环境状况，如不同水文系列、水平年、地下水超采、入海水量、南水北调、引黄水量、企业点源、农业面源等因素的变化，为水资源管理提供科学依据，并采取针对性措施实现水资源的可持续利用（图 3-8）。

海河流域是一个高强度人类活动区域，流域水循环及其伴生的水环境、水生态过程均呈现出明显的“自然 - 人工”特性。采用水循环模型对自然演变因素、高强度人类活动与城市化、水利工程调控等因素进行综合考虑，实现对海河流域高强度人类活动下水循环的演化过程的模拟。

水循环模型包括水文模型和水污染模型。水文模型是对研究区域内发生的

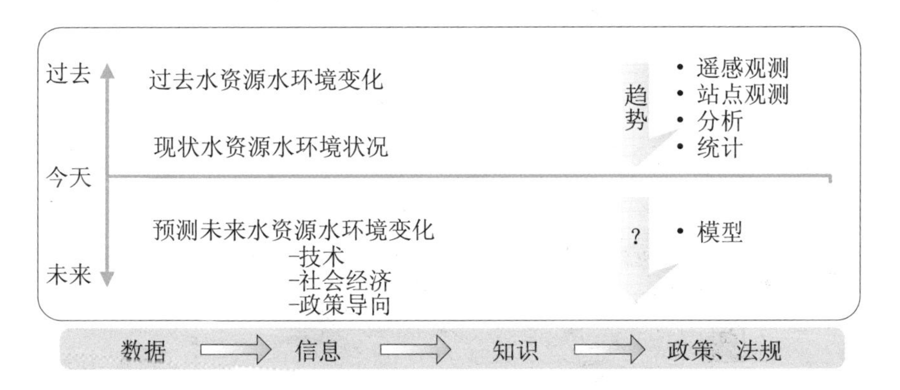

图 3-8　水循环模型支持水资源与水环境管理过程

降雨径流这一特定的水循环过程进行数学模拟，建立降雨—蒸发—地表水—土壤水—地下水相互转化的机理机制，揭示自然条件和人为开采作用下的水循环过程，定量模拟流域内地表水、土壤水、地下水的空间分布、储存形态及相互转化关系（图 3-9）。水污染模型是在水文模型的基础上，点源、面源伴随着水文过程，对水质的污染过程模拟（图 3-10）。

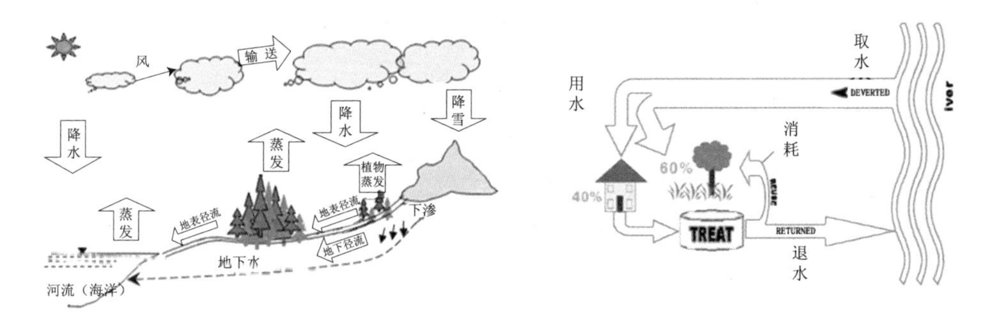

图 3-9 “自然—人工”水循环过程

在 GEF 海河项目中，知识管理系统采用了两个模型，对流域水循环进行模拟。一个是中国水科院水资源所开发的二元水资源水环境管理模型（Natural-artificial Dualistic Water Resources & Environment Management Models，NDWEMM），在自然水循环的基础上，着重考虑了人工水循环中的流域水资源优化配置，主要应用于流域层面，如图 3-11 所示；另一个是引进美国农业部开发应用的 SWAT 模型（Soil and Water Assessment Tool），主要考虑在自然水循环过程中，非点源污染、水土流失、土地利用和农业管理对水量水质的影响，同时结合点源和灌溉等因素进行二次开发，广泛应用于流域、子流域、省（市）、县域等多个层面。

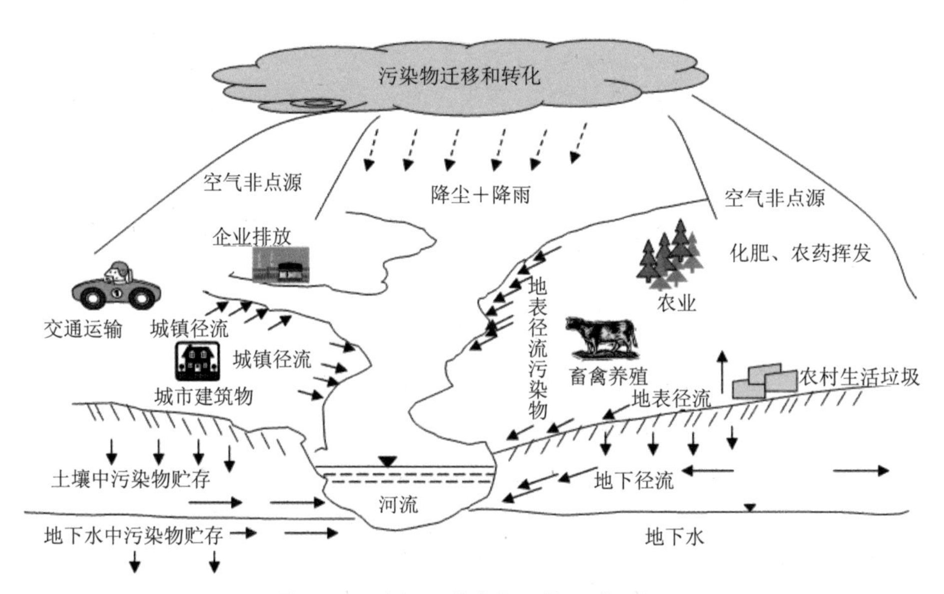

图 3-10　点源、非点源污染形成过程

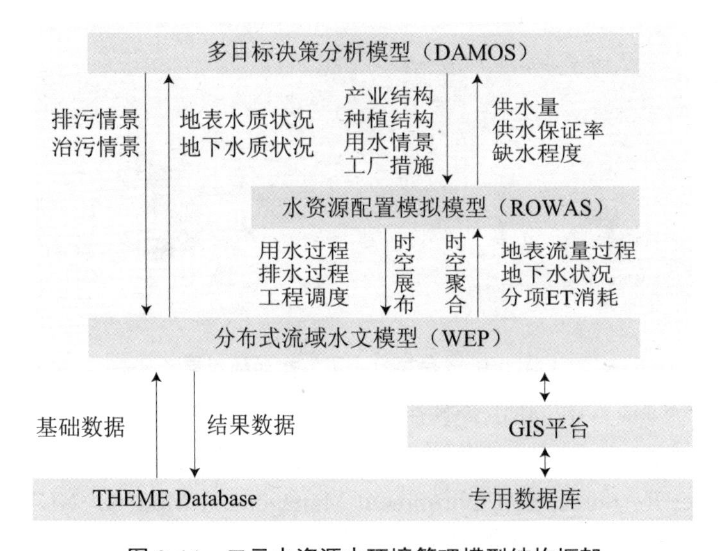

图 3-11　二元水资源水环境管理模型结构框架

（3）建立流域水资源水环境综合业务管理系统

以遥感监测蒸腾蒸发为管理手段、水功能区为管理单元、水权为管理核心，实现水资源水环境综合管理。

水资源与水环境综合业务管理系统是在知识共享平台和水循环模型的基础上，充分挖掘水资源与水环境的相关知识，运用对比、统计、趋势分析等各种统计分析方法，按照日常业务管理思路，分析海河流域水资源和水环境状况及变化趋势，制定管理对策与方案，为海河流域水资源与水环境的高效管理和合理规划提供对策、方案、知识支持和管理手段。

① 流域水资源水环境综合业务管理系统

在 1∶250 000 GIS 电子地图上，以省套三级水资源区为基础，建立包括水功能区、水环境功能区在内的水资源与水环境综合管理分区，通过蒸腾蒸发、水量、水质信息的监测和重点区域、省界断面、入海断面的监管，掌握流域水资源与水环境综合状况，运用模型和统计分析方法，预测流域水资源与水环境变化趋势，提出流域水资源配置与污染物总量控制方案，通过取水许可证和排污许可证的联合审批管理，以达到水资源的合理配置和污染物的适量排放的目的，从而实现海河流域水资源与水环境的“增流、减污”目标。如图 3-12 所示。

② 县域水资源水环境综合业务管理系统

在 1∶50 000 GIS 电子地图上，以乡镇行政区为基础，建立包括水功能区、水环境功能区在内的水资源与水环境综合管理分区；通过蒸腾蒸发、水量、水质信息的监测和重点区域、县界断面的监管，掌握项目县（市、区）水资源与水环境综合状况，并运用模型和统计分析方法，预测项目县（市、区）的水资源与水环境变化趋势，提出项目县（市、区）节水管理与污染物排放管理方案，通过对取水许可、打井许可、排污许可和用水户协会的管理，实现取水许可证与排污许可证的联合审批，以达到水资源的合理配置和污染物的适量排放的目的，从而实现县域水资源与水环境的“节水、治污”目标。如图 3-13 所示。

3.3.4　小结

海河流域面临严重的水资源短缺问题，为实现流域水资源的可持续利用必须实行最严格的水资源管理制度，对水资源进行合理配置，实现水资源的高效利用。

知识管理系统运用知识管理的先进理念，利用了国际先进的基于动态分段的河流编码、信息交换与应用控制平台、人工—自然水循环模型、遥感监测蒸腾蒸发等技术，采用了耗水管理和“三条红线”控制水资源管理相结合的创新理念，结合海河流域的实际情况，首次在我国建立了跨部门、跨区域、多层次的水资源与水环境综合管理系统。

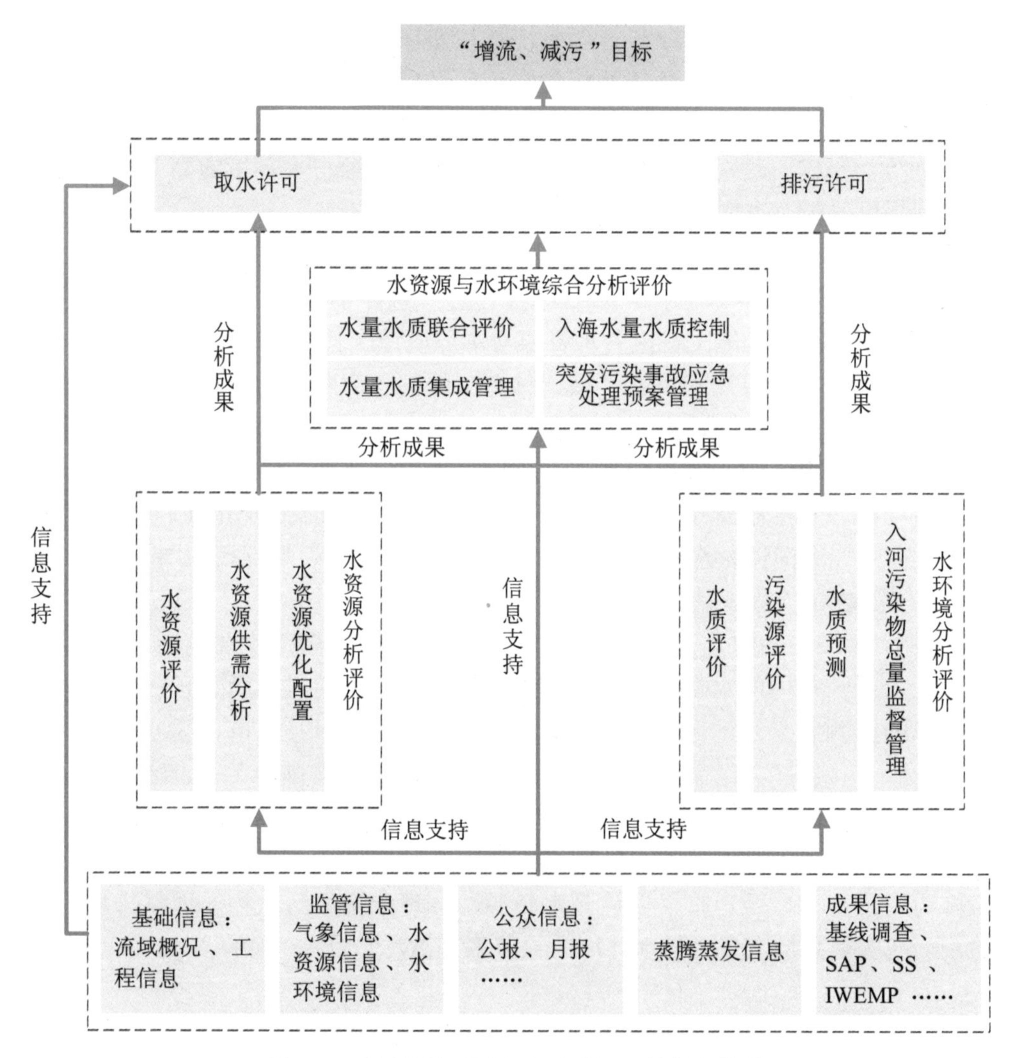

图 3-12　流域级知识管理业务管理系统业务关系

在知识管理系统中，建立了流域水资源水环境知识共享平台，为水利部门、环保部门和社会公众等不同用户提供信息共享服务，实现了知识交流与共享，为实现自然水循环、人工水循环过程中的水量、水质的监管提供技术保障；建立了流域水循环模拟系统，分析了在气候变化和人类活动双重影响下的流域与区域水循环特征，以及流域与区域水资源与水环境变化状况和综合管理措施的实施效果，为水资源与水环境综合管理提供多情景分析预案；建立了流域水资源水环境综合业务管理系统，分析海河流域水资源和水环境状况及变化趋势，

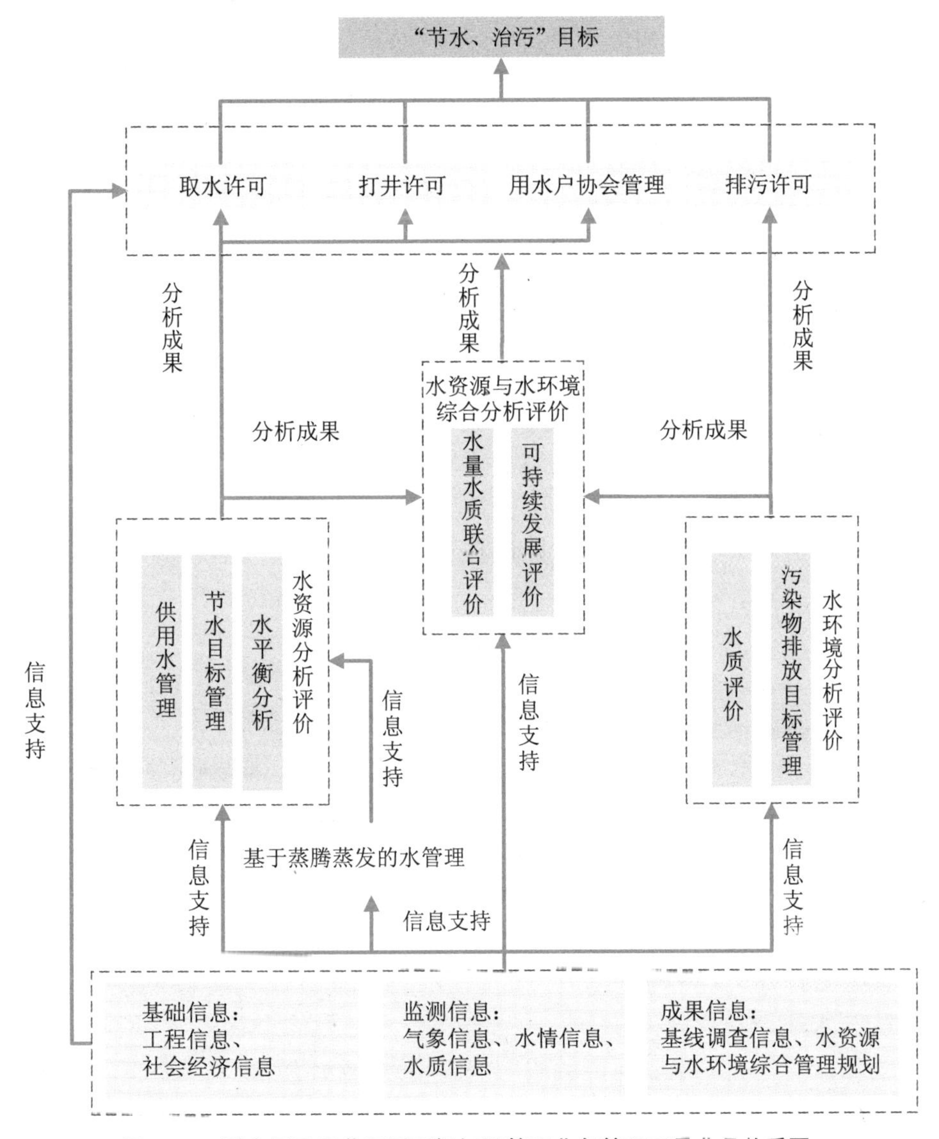

图 3-13　重点县及示范项目区级知识管理业务管理工具业务关系图

制定管理对策与方案，为海河流域水资源与水环境的高效管理和合理规划提供对策、方案、知识支持和管理手段。

在 GEF 海河项目知识管理系统建设中，水利部水资源司和环境保护部污染防治司共同签订了海河流域水资源水环境数据共享协议，为知识管理系统提供了数据保障。知识管理系统的建设可以促进我国水行政与环境保护管理中的信息共享体系的建立，加强水资源与水环境信息的共享与交流，提高各类信息的应用价值，完善传统的管理模式，促进各级水行政和环境保护管理部门间的协调合作，推进水资源与水环境综合管理，提高管理技术水平和工作效率，将为我国流域管理提供一个很好的应用范例。

3.4　河流编码

3.4.1　河段作为地表水知识库的主线索的重要作用

水资源和水环境的变化如流量（水多水少）、流速（流快流慢）、水质（水脏水净），以及水生态系统的生物多样性、生态级别高低等是极为复杂的。地理要素是水资源特征与水环境特征的交集，以其为基础构建的水资源、水环境综合管理数据库可大大提高该信息库的共享性、稳定性，并借助 GIS 提高其可视性，有利于提高数据信息的可读性和易理解性，为知识库在综合管理中发挥作用提供可能。从众多地理要素中选择最稳定的一类要素，将其作为关系信息库“主线索”，这是信息库和知识库建设的核心工作和前提。

河段作为河流系统的基本单元，每一河段赋予一个唯一的河段编码，每一河段的基本属性有：起点终点（含方向）、度量、河段级别、是否支叉、河段所在河流名称、河流类别等，其中最重要的是河段编码，编码是不同河段的标识，类似人的身份证，伴随河段的“终生”，它不因水网概化的增减而变化，河段上的任意点或任意段可通过相对长度加以定位，比如海河流域的一条小河原子河，其绝对长度为 29.805 km，从起点到终点相对度量为 0 ～ 100%，这样归一化的处理保证了不同长度河段度量表达的统一。

数据整合方法——河流编码系统，以河流编码系统为技术支持，实现了水功能区与水环境功能区的整合，为水资源与水环境综合管理架起了一座桥梁，将基线调查的各类数据以河段编码为线索构建的海河河段编码数据库在整个知识管理系统中发挥着数据整合集成的关键作用（图 3-14），各种数据库通过海河河段编码实现紧密联系：点类数据和线类数据通过事件表与海河河段编码建立关联，面类数据（如土地利用等）通过 GIS 叠加分析与海河河段编码建立关联，二元核心模型或 SWAT 模型等分布式水文模型基本上都是通过该方式将土地、土壤利用数据与子流域联系起来的。可以看出，海河河段编码为数据综合分析和情景分析结论的有效表达准备了一个良好的基础平台，该基础平台的作用随着知识管理及其他项目的深入开展会逐渐显现出来。

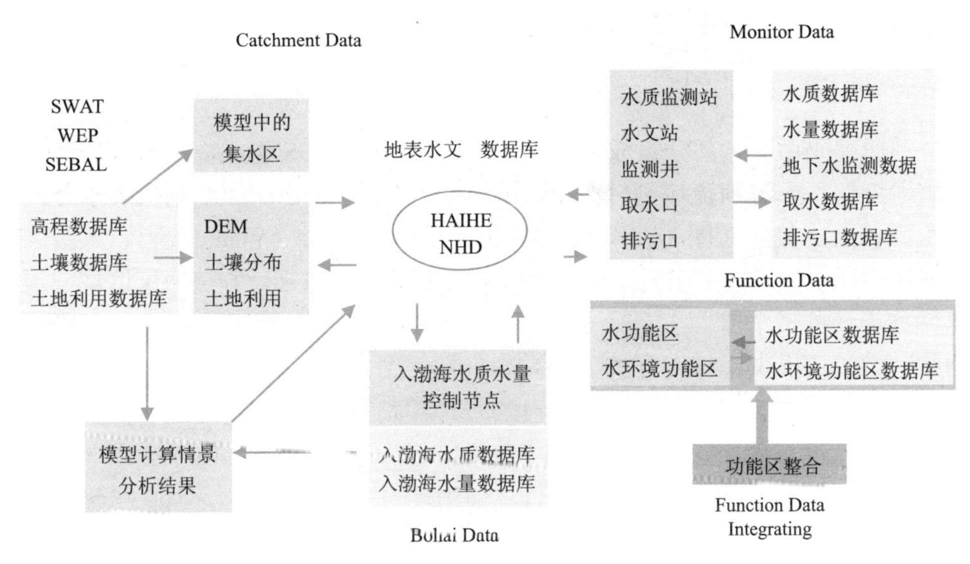

图 3-14 地表水文数据库（河段路径系统）在知识库中的主线索角色定位

3.4.2 河段编码系统的特点

① 每个河段都有一个唯一的地址码，与任何相关的点、线及面状事件都能在该编码系统中派生出一个唯一编码；② 该编码系统包含了可以进行河段上下游路径搜索的信息，利用该信息进行编程可实现实施检索；③ 与地理信息系统结合，水文信息反映全面、综合性强可动态管理；④ 稳定性好，可扩展，不因水网的变化导致编码的重排。

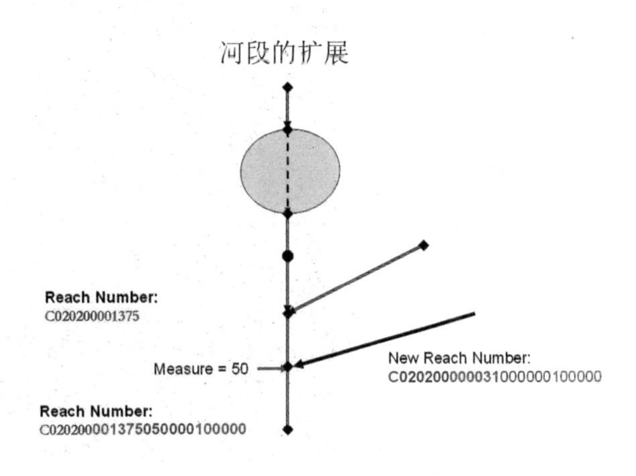

图 3-15 河段的扩展不改变原有的编码结构

图 3-15 展示了河段扩展不改变原有的河段编码结构。

3.4.3 河段编码的组成与成果

河段编码由 3 大部分组成：① 第一部分由 B ＋ SSS 组成，反映河段所在的水资源三级区。海河流域划分为 15 个水资源三级区，C020200 则代表永定河册田水库以上三级区（图 3-16）；② 第二部分是 6 位数字 Nnnnnn，表示三级区内各河段的随机赋予的数字码，一条河段一旦赋予一个数字，则该数字联同三级区码就成为该河段的唯一并且永久的符号，终生不变，由此不仅保证了河段编码的唯一性，还提供了编码可扩展性和稳定性（图 3-17）；③ 第三部分由 Ffffff ＋ Tttttt 组成，反映河段上某个点或一段。Ffffff 是段的起点长度百分比，Tttttt 是段的终点长度百分比，如果是点则 Ffffff 和 Tttttt 数值相等。用长度百分比衡量河段上的相对位置，则不论河段长短，Ffffff ＋ Tttttt 都在 0 ～ 100 间变化，保证了编码的规范统一（图 3-18）。

3.4.4 重要应用——水功能区与水环境功能区整编

在海河流域并存着两种既相似又不同的区划，即水利部门划分的水功能区划和环境保护部门划分的水环境功能区划。两个功能区的集成整编可以实现环境污染源、水质数据和水量数据的统一，最终为水资源和水环境综合管理奠定

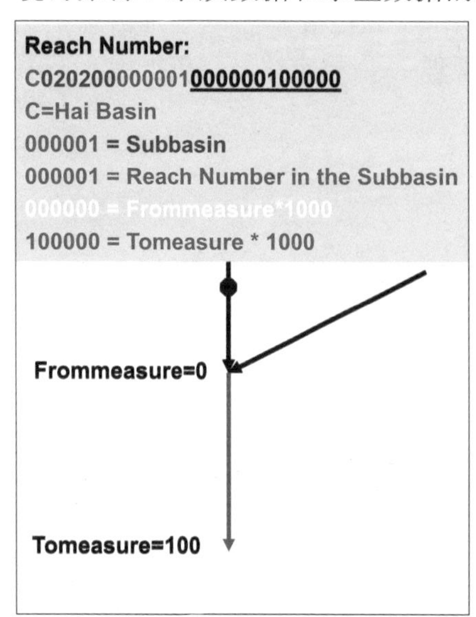

图 3-16　一个完整河段的编码

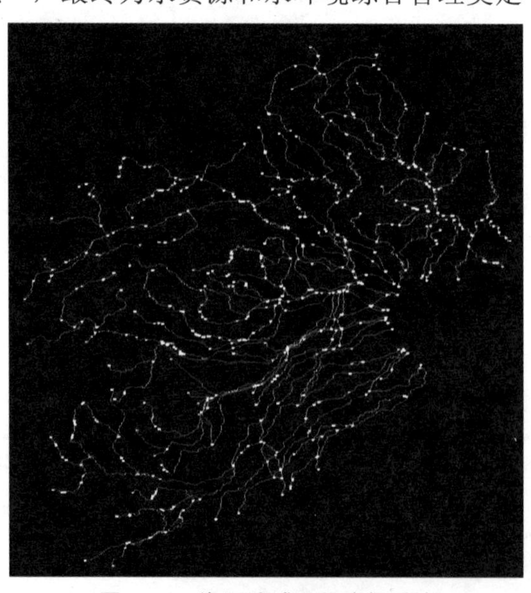

图 3-17　海河流域河段路径系统

Fromnode	Tonode	LengthKm	Reachno	Gb	Hydc	Name	Level	Sflag	Tflag	Div	Divergence
224	240	29.805	1	21011	CB5005	原子河	5	1	0	0	0
240	230	25.235	3	21011	CB0503	桑干河	3	0	0	0	0
230	232	1.162	4	21011	CB0503	桑干河	3	0	0	1	1
230	232	3.669	5	21011	CB0503	桑干河	3	0	0	1	2
232	213	38.274	6	21011	CB0503	桑干河	3	0	0	0	0
265	253	9.691	7	21011	CB5105	黄水河	5	1	0	0	0
253	252	0.500	8	21011	CB5105	黄水河	5	0	0	1	1
253	252	1.265	9	23011	CB5105		5	0	0	1	2
252	213	67.075	10	22030	CB0006	桑干河四干渠	6	0	0	0	0
216	213	14.988	11	21011	CB5205	浑河	5	0	0	0	0
217	216	4.343	12	24012	CB5205	镇子梁水库	5	0	0	0	0
206	217	67.200	13	21011	CB5205	浑河	5	1	0	0	0
213	190	52.439	14	21012	CB0503	桑干河	3	0	0	0	0
155	170	82.009	15	21011	CB5315	十里河	5	1	0	0	0
85	79	11.533	16	21011	CB5305	饮马河	5	1	0	0	0
79	80	0.786	17	24012	CB5305		5	0	0	1	1
79	80	0.816	18	24012	CB5305		5	0	0	1	2
80	107	30.754	19	21011	CB5305	饮马河	5	0	0	0	0
107	113	8.263	20	21012	CB5305	饮马河	5	0	0	0	0
113	170	53.615	21	21011	CB5305	御河	5	0	0	0	0
170	190	19.195	22	21011	CB5305	御河	5	0	0	0	0
190	185	8.870	23	21011	CB0503	桑干河	3	0	0	0	0
105	173	29.239	24	24012	CB0503	册田水库	3	0	0	0	0
173	171	21.135	25	21011	CB0503	桑干河	3	0	0	0	0
171	146	52.040	26	21012	CB0503	桑干河	3	0	0	0	0
146	142	16.433	27	21011	CB0503	桑干河	3	0	0	0	0
200	201	8.184	28	21011	CB5405	壶流河	5	1	0	0	0
201	195	13.837	29	21012	CB5405	壶流河	5	0	0	0	0
195	142	80.798	30	22030	CB0006	裕民一渠	6	0	0	0	0
142	122	81.029	31	21011	CB0503	桑干河	3	0	0	0	0
67	61	17.687	34	21011	CB5504	后河	4	1	0	0	0
61	57	1.137	35	23011	CB5504		4	0	0	0	0
57	43	16.750	36	21011	CB5504	后河	4	0	0	0	0
43	41	2.764	37	24012	CB5504	胜利水库	4	0	0	0	0
41	50	33.865	38	21011	CB5504	后河	4	0	0	0	0
58	56	6.329	39	24012	CB5504	友谊水库	4	0	0	0	0
56	69	53.716	40	21011	CB5504	东洋河	4	0	0	0	0
87	66	23.564	42	21021	CB5525	洪塘河	5	0	0	0	0
32	71	102.356	43	21011	CB5535	清水河	5	1	0	0	0
99	106	15.760	44	21011	CB5504	洋河	4	0	0	0	0
90	101	24.720	45	21011	CB5605	古城河	5	1	0	0	0

图 3-18　海河流域河段路径系统属性表

基础。

建立河段路径系统是整编不同区划的有效技术手段，两功能区划也是河段路径系统上的重要事件。以河段路径系统对不同的区划进行度量，用其动态分段功能将区划拆解分析，形成河段编码联系下的区划综合，避免了区划的重叠和水质目标的冲突，还扩大了原有区划的水体范围。应用地表水文数据库——河段路径系统整编两区划的技术路线参见图 3-19，整编结果参见图 3-20。

河段路径系统的系统性可与其他数据如水文监测或污染源数据等与综合区划目标联系起来，为实现综合管理的功能区划达标分析，排污许可管理，取水许可管理等准备条件。

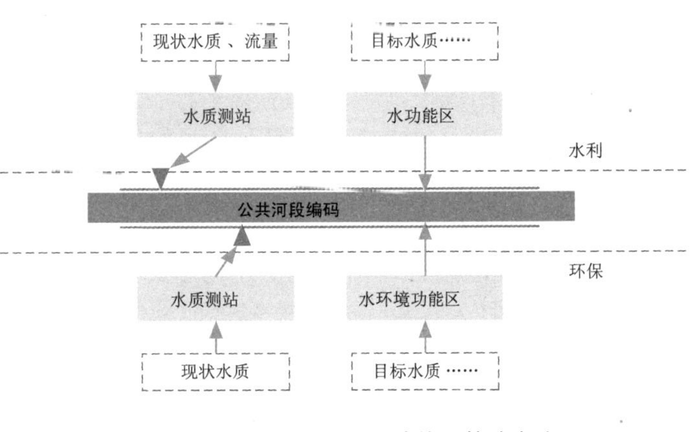

图 3-19　应用河段编码的功能区整编方法

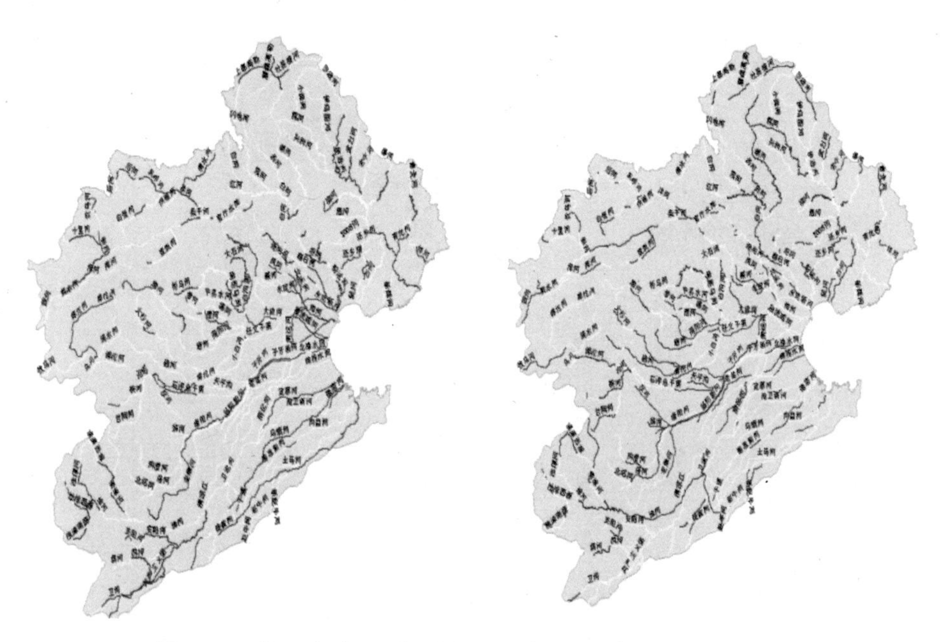

图 3-20　海河流域两区划重叠、非重叠与综合区划专题地图

3.5　蒸散管理技术

蒸散（ET）包括土壤蒸发（Evaporation）和植被蒸腾（Transpiration）两部分，又称为蒸散发量。蒸散是流域水文—生态过程耦合的纽带，是流域能量与物质平衡的结合点，也是农业、生态耗水的主要途径。由于陆表水热交换受到局地环境包括地形、地势、地理位置及下垫面的影响，不同下垫面的地表蒸散量存在很大的差异。掌握了流域的蒸散时空结构，将极大地提升人们对流域水文和生态过程的理解和水资源管理能力。在 GEF 海河项目支持下，取得了一些创新性的、重要的成果，主要体现在三个方面：一是通过多个基于能量平衡原理的蒸散估算模型的研究，结合海河流域的地形地貌以及气候特征，提出了新的模型：ET Watch。通过复杂地形下粗糙度对蒸散的影响，云污染以及数据质量影响的时间扩展以及模型区域参数化方法等一系列的关键性技术研究（吴炳方等，2008），第一次面向流域水资源问题发展了蒸散遥感估算的新技术。二是基于 GIS，网络技术提出了蒸散监测管理系统的构建方法。该系统的建设是实现蒸散技术从理论方法研究转向业务实际运行的必要阶段。三是基于蒸散的水资源管理，包括水平衡分析，蒸散定额，水权分配的研究，揭开了蒸散在水资源应用中的新篇章。

3.5.1　蒸散遥感估算技术

（1）ET Watch

由于蒸散过程的复杂性，影响其估算精度的不确定因素非常多，如：地表参数反演精度、蒸散模型适用性、时间扩展、平流与局地环境的影响等。以定量化和高精度为目的的蒸散反演，需要充分发挥遥感技术在空间、时间动态监测上的优势，研究局地尺度、模型尺度和像元尺度的模型与方法，解决遥感瞬间监测与蒸散连续变化的矛盾；并需要处理好模型方法与真实性检验的关系，在理论上有很大改进的算法，运行结果并不一定好，缺少充分有效的精度验证，又会限制数据产品在行业中的应用。

针对以上问题，本项目蒸散管理系统开发应用技术承担单位提出了业务化遥感蒸散监测方法（ET Watch），模型采用能量余项法与 Penman-Monteith 公式相结合的方法计算蒸散发量，ET Watch 根据遥感影像的特点和辅助数据的获取情况选择适用的模型，在高分辨率、空间变异较小、地物类别可分的情况下使用 SEBAL 模型与 Landsat TM 多波段数据反演晴空日蒸散，而在中低分辨率、空间变异大、混合像元占多数的情况下使用 SEBS 模型与 MODIS 多波段数据反演晴空日蒸散；遥感模型常常因为天气状况无法获取清晰的图像而造成数据缺

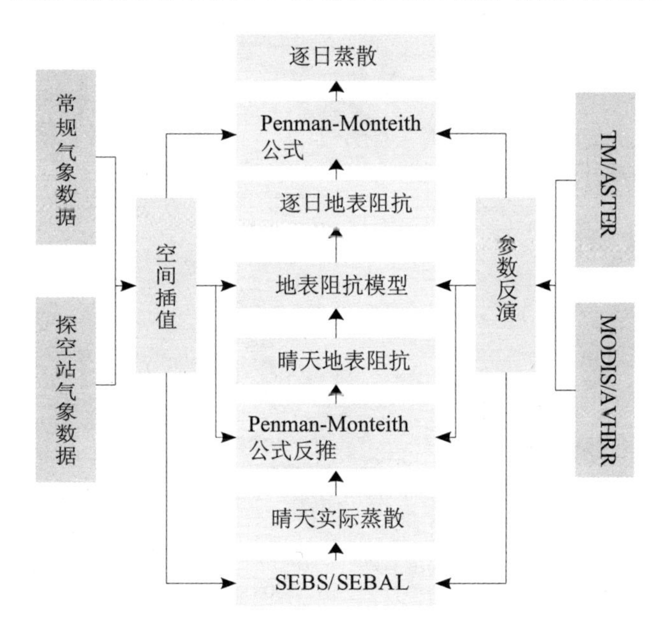

图 3-21　ET Watch 蒸散量计算流程

失，为获得逐日连续的蒸散量，引入 Penman-Monteith 公式，将晴好日的蒸散结果作为“关键帧”，将关键帧的地表阻抗信息为基础，构建地表阻抗时间拓展模型，填补因无影像造成的数据缺失，利用逐日的气象数据，重建蒸散量的时间序列数据，并通过数据融合模型，将中低分辨率的蒸散时间变化信息与高分辨率的蒸散空间差异信息相结合，构建高时空分辨率蒸散数据集。模型同时提供流域级尺度（1 km）和地块尺度（10 ～ 100 m）的蒸散监测结果，满足水资源评价与农业耗水管理的需求。

（2）蒸散数据时空分析

① 海河流域蒸散年际变化

基于 ET Watch 模型估算了海河流域 2004—2009 年蒸散结果，如图 3-22 所

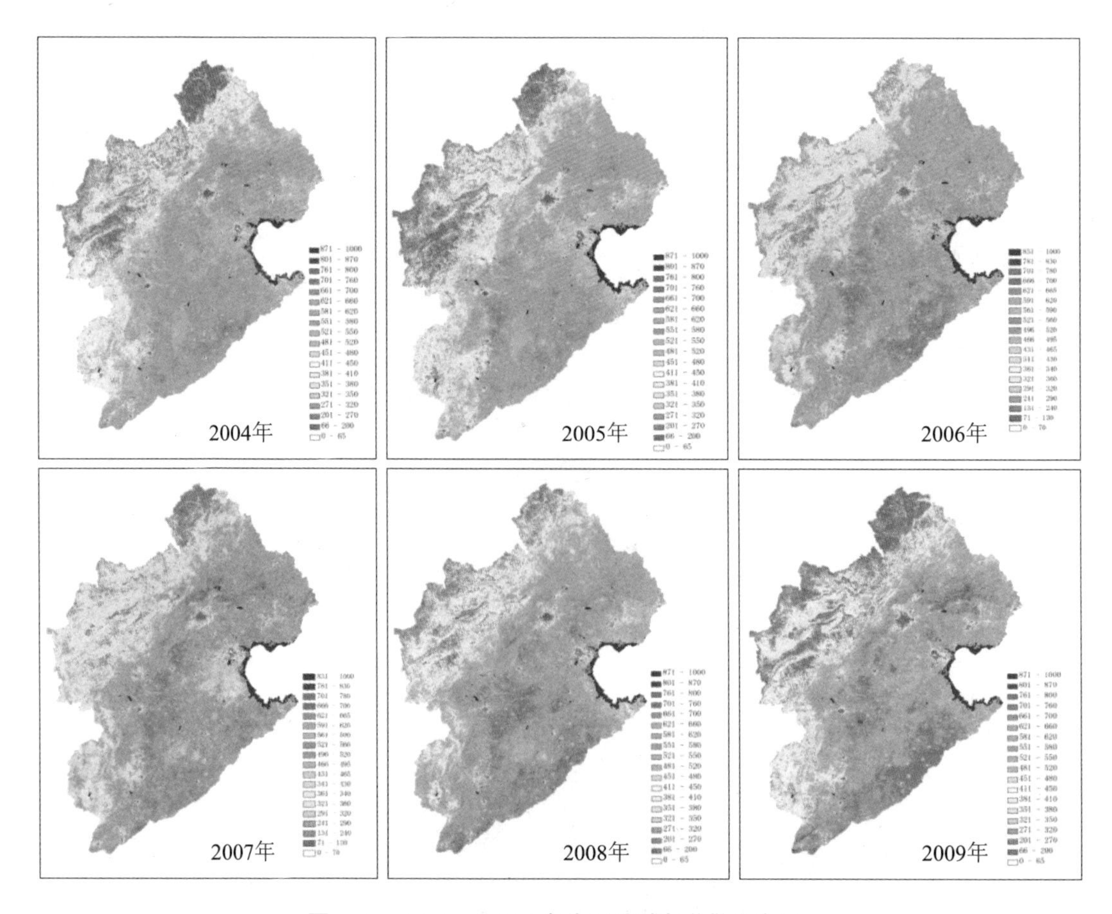

图 3-22　2004—2009 年海河流域年蒸散分布图

示。2004—2009年多年平均蒸散为467 mm，同期多年平均降水量为507 mm，不计工业与生活耗水的水分盈余约计40 mm。2004—2009年年平均蒸散分别为480 mm、452 mm、444 mm、457 mm、473 mm 和 482 mm。2004 年、2008 年为平水年，2009年为偏丰年，2005年、2006年、2007年为枯水年，降水变化范围为－14%～10%，而蒸散变化范围为－5%～3%，可见降水的年际变化远远大于蒸散的变化量，这也充分体现了流域土壤、地下水在水资源利用过程中的调蓄功能。

利用海河流域的蒸散数据，结合月均蒸散量分析两者的变化趋势（图3-23），结果表明：蒸散与降雨变化趋势大致相似，海河流域月均蒸散先增大，5月份到达第一个峰值（80 mm），由于1—5月处于海河流域旱季，降雨量小于蒸散量，表现为水量亏损。对于海河流域作物而言，3—5月为冬小麦生长旺盛期，靠灌溉满足作物生长蓄水量的需求。蒸散量在6月稍有递减之后，又呈上升趋势，至8月达到第二个高峰，之后逐渐减少。6月进入流域汛期，降雨量快速递增，7月就几乎同蒸散持平，8月到达月降雨量最大值，此后到12月，降雨量大于蒸散量，流域为水量盈余阶段。由于海河流域降水资源分布不均，在水量盈余阶段有存在部分地区水量亏损的情况。

② 不同下垫面的蒸散变化

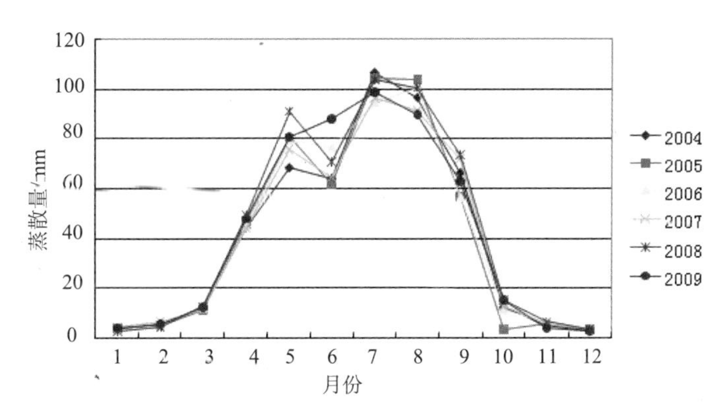

图3-23　2004—2009年海河流域逐月蒸散量

利用海河流域的土地利用图，对年蒸散结果进行叠加统计，得到典型区域2004—2009年的多年平均蒸散结果（图3-24）。密云水库水体最高，年蒸散量在700 mm以上；其次为水田和芦苇等地块，年蒸散量在600 mm以上；平原旱地、林地、灌木林等地块相近，年蒸散量在500 mm左右；草地约为300 mm，

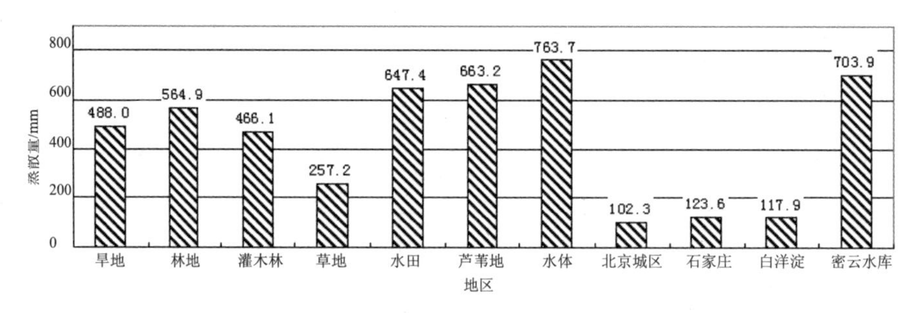

图 3-24　2004—2009 年典型土地利用年蒸散结果

城区最低，年蒸散量从 100 ～ 200 mm 不等。

3.5.2　蒸散数据生成与管理系统

在 ET Watch 模型方法的基础上，针对海河流域的气候、地形特点，结合大量的地面观测数据，通过模型标定和本地化，为海河水利委员会开发了蒸散数据生成与管理系统（图 3-25）。系统包括数据获取、数据预处理、蒸散数据生成、蒸散模型参数标定、蒸散应用分析工具、查询检索、用户管理和业务集成 8 个模块。

蒸散数据生成与管理系统使用的数据有遥感数据、气象数据、其他空间数据。其中前两个数据的获取频率高，其他空间数据更新频率低，不需要重复处理，例如：DEM，坡度，坡向，区域边界，土地利用等，因此其他空间数据通常作为系统的辅助文件直接调用。根据空间分辨率的不同遥感数据又划分为中低分

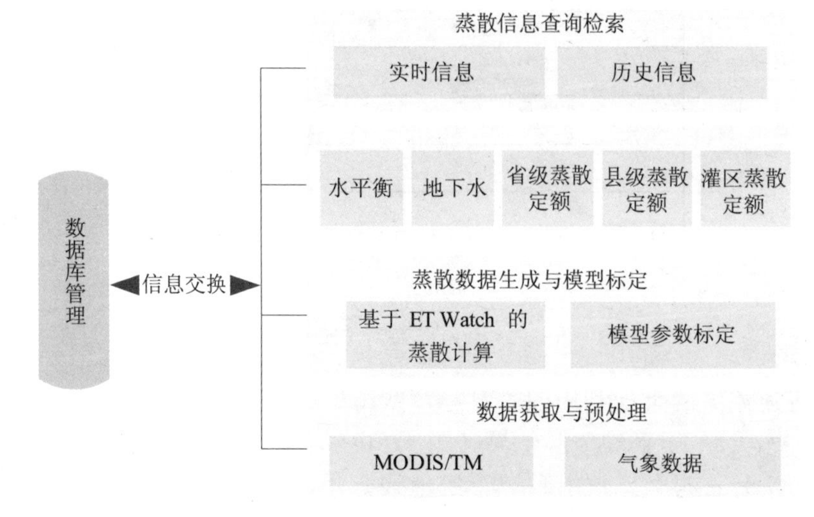

图 3-25　蒸散数据生成与管理系统结构

辨率（1 km）的 MODIS 1B 和高分辨率（30 m）Landsat TM5。MODIS 1B 产品可以从 NASA（美国国家航空航天局）的数据分发中心免费下载，时间频率为逐日；Landsat TM5 可以从中国科学院卫星接收地面站购买，时间频率为 16 日。气象数据从气象局获取，时间频次为日，系统提供导入工具，按照一定的格式将气象数据入库。

数据预处理主要是针对遥感和气象数据的处理。遥感数据从获取的原始多波段数据到地表蒸散量模型所需的地表参数，需要经过一系列的数据预处理，包括几何纠正、辐射纠正、大气纠正、地形纠正，最终将遥感影像的 DN 值转换为具有物理意义的地表参数产品，如归一化植被指数（NDVI）、地表反射率（ALBEDO）、地表温度（LST）、云掩膜等。由于不同的传感器的空间分辨率、辐射定标系数和计算地表参量的方法差异很大，系统中嵌入了 MODIS 和 TM 数据的预处理工具。而气象数据的处理是实现不同气象要素的空间差值，系统提供 5 种常用差值算法和参数设定。

蒸散数据生成是按照规定的输入输出标准嵌入 ET Watch 模型。根据数据流的方向数据生成可以划分为四个部分：① 利用能量平衡余项式模型结合低分辨率陆表参数（地表反照率、地表辐射温度和地表粗糙度）计算晴好天气的地表通量；② 利用一个时间重建算法计算获得逐日连续的低分辨率蒸散产品；③ 利用类 SEBAL 模型结合高分辨率陆表参数计算地表通量；④ 通过一个数据融合算法生成高时间分辨率、高空间分辨率的蒸散产品。

ET 模型标定是 ET 验证流程中重要的一环，是利用地面观测数据对模型的中间计算参数进行标定，从而对于遥感参数化方案进行优化。利用经过参数标定后的优化模型，在系统中重新计算模型参数，再与地面观测值进行比较，直到符合模型的精度要求。系统通过嵌入 PEST 软件进行模型参数标定与优化。

蒸散应用分析工具是基于蒸散的几个应用分析工具，包括水平衡分析，地下水，蒸散定额，县级蒸散定额和灌区蒸散定额工具。

查询检索是基于 Web GIS 开发的蒸散信息查询检索工具。用于蒸散实时信息和历史信息的查询与检索。蒸散信息包括不同年、月的蒸散空间分布图，区域、各种土地利用类型，作物类型的蒸散统计信息。

用户管理是蒸散数据生成与管理系统的核心，也是所有处理模块间数据流访问的连接点。用户管理实现了系统数据库的用户界面化管理。通过系统数据的整理、分析、分类，建立了便于用户理解的文件结构化的管理系统。

业务化系统，顾名思义是实现了蒸散数据生成与管理的业务化运行功能。

蒸散监测过程涉及数据获取、预处理、蒸散数据处理与管理等多个环节，数据量大、运算复杂。因此通过整个数据处理链的分析，将全部工作集成为一个从上到下、环环相套的处理流程，实现蒸散监测的自动化与流程化。用户通过设置选择所要插值的区域范围，时间设置，空间分辨率，可以建立流域数据集的批量业务任务。

3.5.3 基于蒸散的水管理工具

可持续性的水量管理的关键是减少目前的蒸散值，以减少地下水的开采，并为生态提供更多的地表水，达到流域经济社会可持续发展的水平。为使有限的水资源在经济社会建设中发挥最大的效益，避免由于争水引起矛盾和冲突，以及对生态产生破坏作用，开展水资源的优化配置工作意义重大。

实现蒸散的控制和削减，需要在流域级、省（市）级和县（市、区）级等不同尺度实施蒸散的分配和管理。除了构建流域级蒸散管理系统外，还需要建立一套自上而下、分层分级的蒸散信息管理应用业务。因此，在流域级、省（市）级和县（市、区）级尺度上，GEF 海河项目开发了 5 个基于蒸散的水管理工具，以实现全流域的蒸散控制目标。

（1）基于蒸散的流域水平衡管理工具

流域蒸散水平衡工具的目标是，在流域级田间水量平衡（SWAT）模型的基础上开发基于蒸散的流域水平衡分析工具，以流域 SWAT 模型的计算结果及相关信息为基础，实现海河流域 2004—2008 年的各省套水资源三级分区水平衡状况的分析，开发情景分析模块，为战略研究提供达到目标蒸散所采用方案进行分析的功能。

通过基于蒸散的流域水平衡工具，完成：① 按月和水文年统计的基于蒸散的流域尺度水平衡分析；② 通过 SWAT 模型的模拟和分析，获得地表水入流和出流量、地下水入流和出流量、地下水量变化等情况；③ 实现 2003—2008 年流域省套水资源三级分区内各年的水平衡状况分析；④ 实现水平衡工具与蒸散管理系统的集成；⑤ 为战略研究（特别是 4.3.1 的战略研究 4 农业节水与高效用水研究）提供相关情景模拟和数据支持。

（2）基于蒸散的流域地下水管理工具

基于蒸散的流域地下水管理工具是流域级蒸散管理的重要组成部分，主要是构建了增强地下水模拟与输出功能的海河流域 SWAT 水文模型、开发了基于遥感蒸散和 SWAT 模型的流域尺度地下水管理工具、分析了现状条件下和多情景方案下海河流域平原区地下水净使用量，以及在实现目标蒸散条件下的地下水取用量分布变化情景。

该工具通过以下几方面对地下水进行监测和控制：① 完善 SWAT 模型的地下水模块，获得海河流域平原区浅层地下水净使用量等重要基础数据；② 利用降雨、蒸散、径流量等基础数据，计算得到流域平原区地下水净开采、土壤水的储变量、地下水位变化等时空分布情况；③ 通过现状条件的地下水净使用量和空间分布分析，以目标蒸散为限，对现状地下水取用量超出允许取用量地区进行警示；④ 跟踪模拟 2006—2008 年流域不同土地利用和灌溉制度下的地下水净使用量情景，计算不同年份维持地下水位不下降的适宜地下水取用量；⑤ 上述的分析成果，直接提供给相关战略研究应用——战略研究 5 地下水开发利用与水权管理研究等。

（3）基于蒸散的省级定额管理工具

省级蒸散定额管理是承前启后的一步，综合考虑生态、社会和经济发展，实现省级目标蒸散向县级蒸散优化分配的过程。

省级蒸散定额的分配计算包括以下四部分：① 基于耗水平衡方法的目标蒸散确定。通过历史序列的水平衡数据分析，结合水资源规划对水量控制和地下水超采的要求，确定不同水平年的目标蒸散；② 基于蒸散的节水潜力估算。遥感蒸散提供了空间的耗水变化，通过相同土地利用类型的耗水的分析，以及不同地块农田水分生产力的比较，估算区域节水潜力，为评价目标蒸散的合理化提供依据；③ 目标蒸散的分配。通过目标蒸散与实际蒸散对比可以计算区域调节量，综合考虑生态、社会和经济的发展，以及各县的节水潜力，通过建立非线性的目标规划模型，将区域调节量优化分配到县级尺度。

（4）基于蒸散的县级水管理工具

基于蒸散的县级水管理工具是遥感监测蒸散监测应用的重要组成部分，在县级水平衡分析、蒸散定额分配、农业种植结构调整、地下水开采量监控等方面提供了技术支持，是实现田间蒸散控制目标的关键工具。

该工具基于蒸散的水管理包括：① 实现与知识管理县级工具的平台共享，实现基于蒸散遥感数据的统计分析；② 根据主要作物蒸散遥感频率统计分析结果，结合战略研究确定的目标蒸散，提出项目县的主要作物蒸散定额分配方案；③ 根据蒸散定额分配结果和实际蒸散，计算主要作物的节水潜力，提出节水措施和方案，并计算县级综合蒸散；④ 进行种植结构调整建议：在蒸散定额分配和节水潜力分析基础上，提出种植结构调整方案。

（5）基于蒸散的灌区级水管理工具

基于蒸散的灌区级水管理工具是遥感监测蒸散监测应用的重要组成部分，该工具以遥感蒸散数据、产量数据、土壤墒情和作物分布图为基础，以 GIS 为平台，实现不同灌区类型用水和耗水的可视化管理，为区域可用水量和用水许可、减少无效蒸散和降低地下水水位等提供依据。

该工具基于蒸散的水管理包括：① 实现与知识管理县级工具的平台共享，实现基于 GIS 的地图显示和查询等；② 通过主要作物的蒸散定额、降水量估算净灌溉需水量；③ 选取田间水量平衡模型，分析不同降水条件、不同土壤类型、不同作物的灌溉水量与蒸散的关系；确定灌区内主要作物的灌溉用水定额，提供确定的不同作物灌溉用水定额方法；④ 根据不同作物的目标蒸散和节水灌溉技术，调整作物的灌水次数、时间和水量，建立合理的灌溉制度，通过优化准则、方案比选和方案选定三部分，实现减小无效蒸散和田间耗水；⑤ 计算不同供水单元的需水过程线和灌水率图，提出灌区配水计划和多种水源调整方案；⑥ 建立灌区用水管理评价指标体系，对灌溉用水管理指标进行统计分析，对灌溉用水和不同节水措施效果进行综合评价。

3.6 SWAT 模型、二元模型开发应用

SWAT（Soil and Water Assessment Tool）模型是美国 Arnold 等开发的面向大中流域、长时间尺度、基于过程的分布式水文模型，可以模拟地表径流、入渗、侧向径流、地下径流、回归流、融雪径流、土壤温度、土壤湿度、蒸发、土壤侵蚀、输沙、作物生长、养分（氮、磷）流失、水质、农药 / 杀虫剂等多种水文过程以及农业管理措施（耕作、灌溉、施肥、收割、用水调度等）对这些过程的影响（图 3-26）。GEF 海河项目中 SWAT 模型主要引进应用于海河流域和漳卫南子流域非点源污染模拟、蒸散时空分布模拟以及水量平衡分析等方面。

3.6.1 漳卫南运河子流域 SWAT 模型

由于漳卫南运河子流域受人类活动影响十分剧烈，子流域内取用水关系复杂、数据不全，使得水文和非点源污染模拟面临较大的挑战。研究者基于流域空间数据和属性数据，建立了漳卫南运河子流域非点源污染 SWAT 模型系统，利用水量、水质和遥感蒸散等实测数据进行了水文、蒸散和非点源污染等相关模型参数的率定和验证，并对漳卫南运河子流域水资源与水环境综合管理战略行动计划（ZWN-SAP）提出的情景方案进行了模拟分析。研究结果表明，漳卫

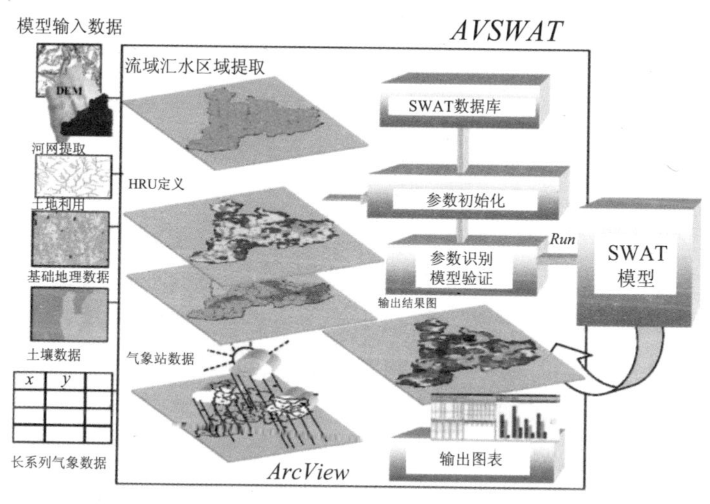

图 3-26　SWAT 模型系统

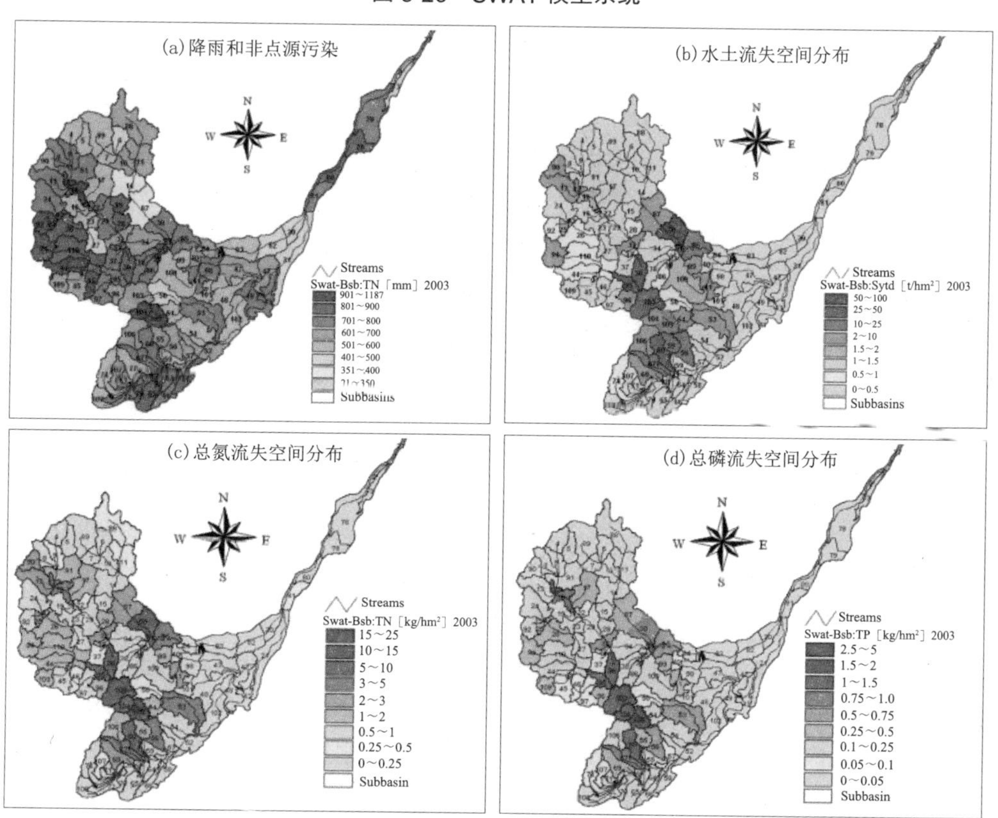

图 3-27　漳卫南运河子流域

南子运河流域内水环境污染主要以点源污染为主，特别是卫河支流子流域；点源达标排放仍然是子流域内水环境保护和水质改善优先需要解决的问题。子流域内非点源污染贡献较小，且非点源污染流失主要分布在漳卫南流域山区，在冬小麦和夏玉米轮作区的平原地区，由于一般较难产生地表径流，农田非点源污染流失较少（图 3-27）。

利用遥感监测蒸散数据有助于蒸散量的正确模拟，从而有效地提高水文过程以及后续的非点源污染过程模拟精度。项目研究者基于 1km 分辨率遥感监测蒸散对 SWAT 模型模拟的漳卫南运河流域主要农业耕作区实际蒸散进行了率定和验证，探讨了 SWAT 模型农业耕作措施设置以及土壤和作物生长参数的合理取值问题，使 SWAT 模型模拟的作物生长过程更加符合实际情况（图 3-28）。研究成果为 SWAT 模型在华北地区，特别是冬小麦—夏玉米轮作地区的蒸散模拟提供了一些参考和经验，为水文过程和非点源污染模型的改进提供了新的思路。

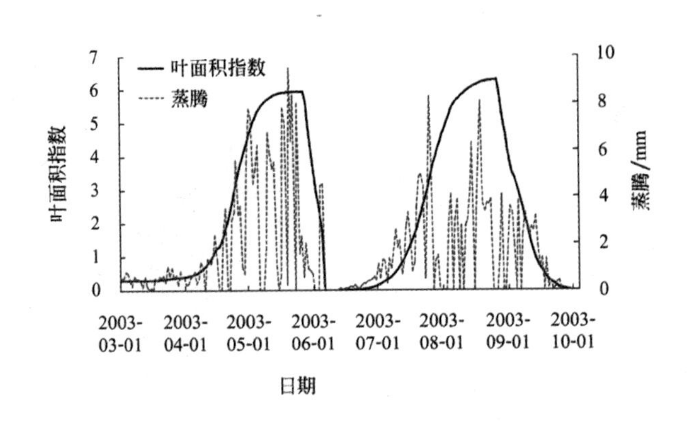

图 3-28　冬小麦返青后及夏玉米全生育期叶面积指数和作物蒸腾量变化过程

3.6.2　海河流域 SWAT 模型

（1）流域模型构建

在海河流域数字高程模型、土地利用、土壤分布等下垫面信息基础上，综合考虑流域自然水文特性、水资源三级区划、省市行政区划、水文测站与水库的分布情况，将海河流域划分为 283 个子流域，2 100 个 HRU（Hydrologic Response Unit），包含了 17 个入海河口、48 座重要水库和水闸，如图 3-29 所示。

（2）用户交互界面（GUI）开发

在海河流域 SWAT 模型基础上开发用户交互界面（GUI），便于模型调参、

图 3-29 海河流域数字化河网、子流域与水库分布

结果统计及情景分析等，如图 3-30 所示。

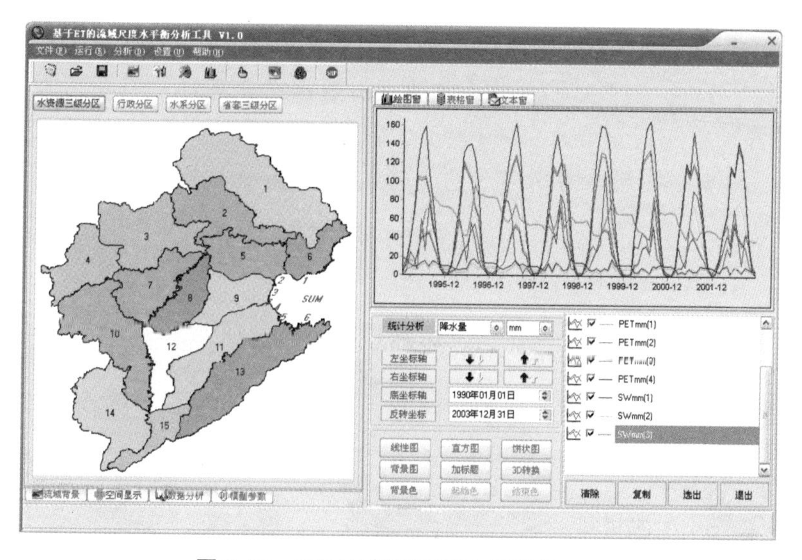

图 3-30 SWAT 模型基础上开发的 GUI

（3）水循环要素分析

对海河流域的水循环要素及水平衡状况进行了分析。水循环要素包括：蒸发、降水、地表径流、地下径流、下渗量、水气输送量，是水资源管理必要的基础信息。成果如图 3-31 所示。

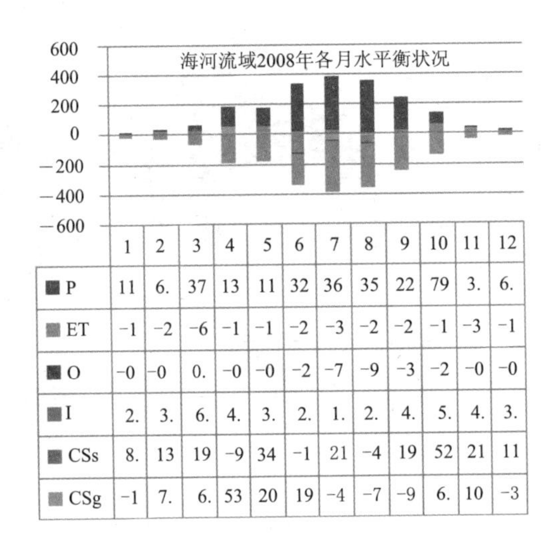

	1	2	3	4	5	6	7	8	9	10	11	12
P	11	6.	37	13	11	32	36	35	22	79	3.	6.
ET	−1	−2	−6	−1	−1	−2	−3	−2	−2	−1	−3	−1
O	−0	−0	0.	−0	−0	−2	−7	−9	−3	−2	−0	−0
I	2.	3.	6.	4.	3.	2.	1.	2.	4.	5.	4.	3.
CSs	8.	13	19	−9	34	−1	21	−4	19	52	21	11
CSg	−1	7.	6.	53	20	19	−4	−7	−9	6.	10	−3

图 3-31 流域 2008 年月过程水量平衡状况 / 亿 m^3

（4）水量平衡分析

应用构建的海河流域 SWAT 模型，对海河流域 1995 年以来的月过程水平衡状况进行了分析，包括流域的来水量、出境水量、消耗量及盈亏量等（见图 3-32）。设置了不同情景分析节水措施（调整种植结构、调整灌溉方式、采取覆盖保墒等）对水量消耗和水分盈亏的影响，可服务于流域水资源的高效和可持续利用管理。

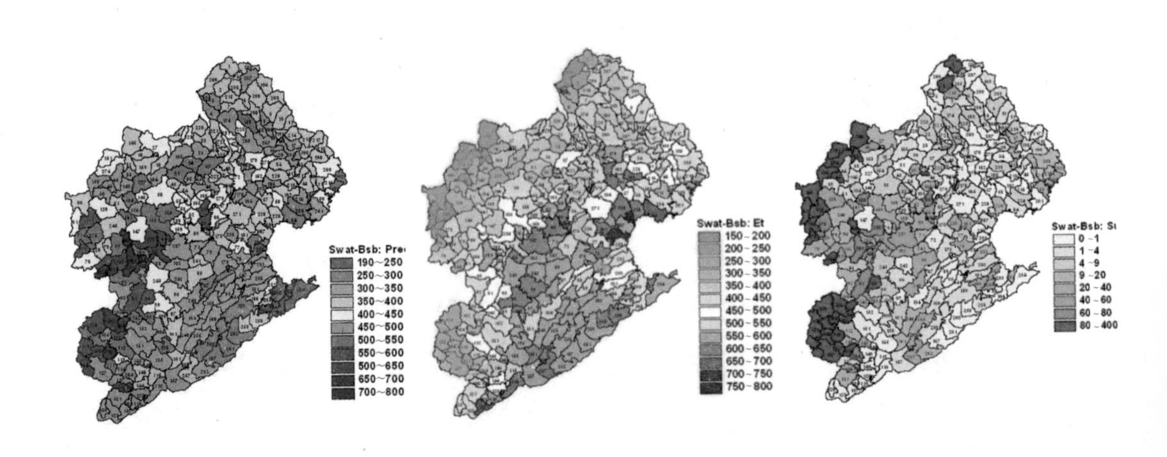

图 3-32 海河流域 2002 年降水量、蒸散量与产流量空间分布图

3.6.3　二元模型开发应用

针对海河流域的水资源与水环境问题，特别是高强度人类活动作用下海河流域水循环的“自然—社会”二元特性，开发了流域二元水循环模型，简称“二元模型”。二元模型由分布式流域水循环模型（WEP）、水资源合理配置模型（ROWAS）和多目标决策分析模型（DAMOS）耦合而成。DAMOS 作为流域宏观决策层，给出流域内各省和行业之间的水量优化分配；ROWAS 模型通过对该决策目标的模拟分析，给出该目标下的各规划管理单元水量分配过程和工程调度的结果，再通过时间和空间展布后提供给 WEP；通过 WEP 的模拟，得到流域水循环及水环境过程的演变结果，并反馈给 DAMOS 和 ROWAS。二元模型的耦合过程是一个从宏观到中观、再到微观的信息交互过程，图 3-33 给出了各个模型之间的研究目标、成果输出和耦合关系。

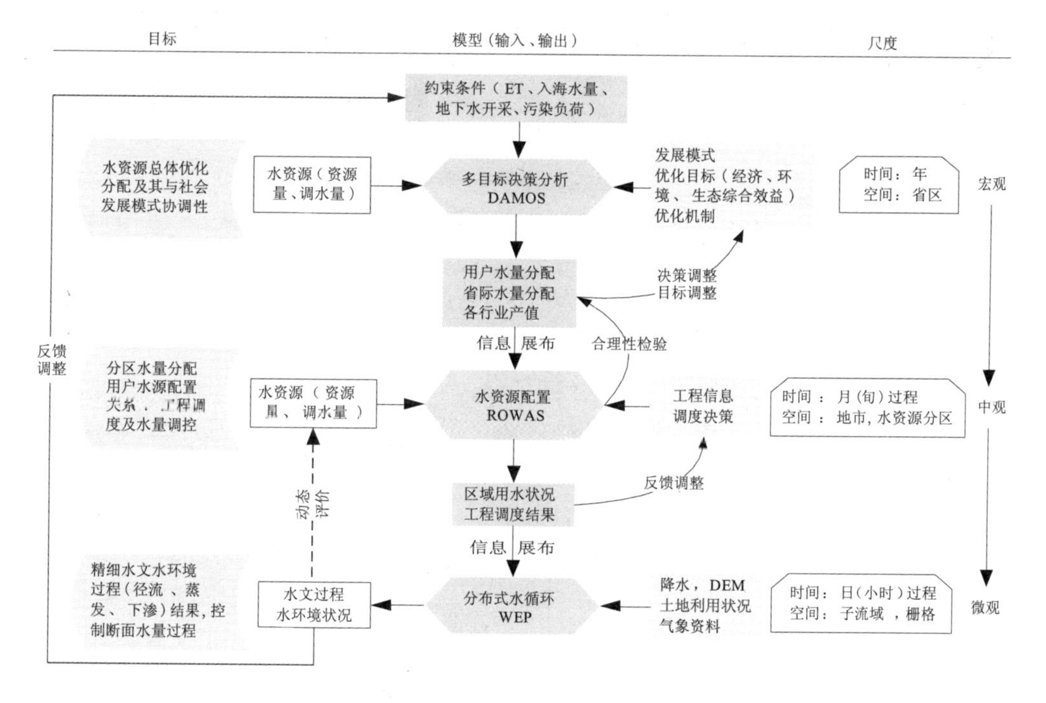

图 3-33　二元模型及其模块间的耦合关系

为实现统筹考虑水资源、宏观经济与生态环境的流域水资源综合管理分析的功能，WEP、ROWAS 和 DAMOS 分别采用 11 752 个子流域套等高带计算单元、125 个水资源套行政区单元（含 16 个重点县）和 8 个省级行政单元对海河流域进行划分，见图 3-34。在获取各类输入参数后，应用二元模型对海河流域进行了分析计算与模型验证，结果表明，所建立的二元模型对蒸腾蒸发、地表水量水质过程、地下水流场及溶质运移过程等均具有合理的模拟精度，模型得到验证，可用做海河流域水资源规划与管理的情景分析工具。

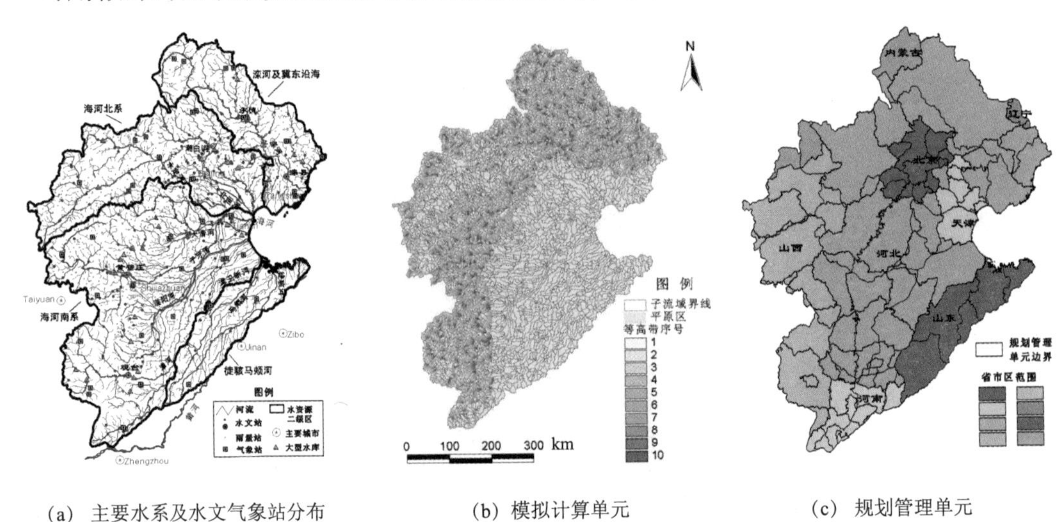

(a) 主要水系及水文气象站分布　　(b) 模拟计算单元　　(c) 规划管理单元

图 3-34 海河流域概况与单元划分

综合考虑海河流域水文气象、南水北调工程、地下水超采控制、入海水量控制目标等因素，以及不同的水平年，设置了 17 个情景方案，应用二元水循环模型，进行了水资源管理战略情景模拟分析。采用 GDP、粮食产量、蒸散发量、入海水量水质、总用水量、污染物排放量、减少地下水超采量等评价指标对各个情景方案的模拟结果进行了评价，各规划水平年的推荐方案见表 3-1。

表 3-1 海河流域 7 大总量控制成果

控制要素	控制指标	现状水平年 S1 方案	2020 水平年 S10 方案	2030 水平年 S11 方案
社会经济要素	人口 / 万人	11 970	13 558	14 031
	GDP / 亿元	23 717	104 587	137 260
	粮食产量 / 万 t	4 415	6 519	8 020
水量平衡要素	降水 / 亿 m^3	1 599.7	1 599.7	1 599.7
	蒸腾蒸发量 / 亿 m^3	1 664.1	1 678.8	1 688.7
	引黄、引江水 / 亿 m^3	41.3	117.3	157.0

控制要素	控制指标	现状水平年 S1 方案	2020 水平年 S10 方案	2030 水平年 S11 方案
水量平衡要素	入海 / 出境水 / 亿 m^3	43.1	57.0	67.5
	地下水蓄变量 / 亿 m^3	− 66.2	− 18.9	0.5
用耗水量控制	地表水取水量 / 亿 m^3	135.6	230.2	260.6
	地表水耗水量 / 亿 m^3	102.6	147.5	162.1
	地下水开采量 / 亿 m^3	248.7	187.5	171.9
	地下水耗水量 / 亿 m^3	199.8	118.0	102.4
	国民经济用水量 / 亿 m^3	381.1	400.0	410.9
	生态环境用水量 / 亿 m^3	3.5	17.1	20.9
入河污染物控制量	化学需氧量（COD）/ 万 t	29.8	32.3	34.3
	氨氮（NH_3-N）/ 万 t	1.45	1.55	1.64

注：在此基础上，开展海河流域水资源管理战略问题如蒸散控制、入河排污总量控制、地下水超采量控制和入渤海水量控制等 7 大总量控制工作（北京中水科工程总公司和清华大学联合体，2009）。分析结果表明，未来虽然有南水北调工程对本流域的补水，流域水环境承载力有略微增加，但需要严格控制流域用耗水量和排污量，才能做到逐步减少地下水超采量，增加入渤海水量，实现国民经济与生态环境的和谐发展。

第4章　水资源与水环境战略研究及示范项目

海河流域地处中国华北，流域内有北京、天津两大直辖市，地理位置特殊，经济发达，是中国政治、文化的中心。海河流域气候温暖，土地肥沃，矿产丰富，人力资源充足，工农业发达，交通方便，在中国经济社会发展中具有极其重要的战略地位。同时，也是中国水旱灾害十分严重的地区，水资源短缺、水生态与环境恶化，流域水资源与水环境综合管理能力亟待加强。2004年全球环境基金——中国海河流域水资源与水环境综合管理项目的目标是，通过在海河流域建立综合的水资源管理与污染控制计划，帮助接受方减轻渤海的污染问题。为此，在海河流域层次上，开展了八个主要领域的战略研究和水资源与水污染治理项目，为制定海河流域和漳卫南子流域的水资源与水环境综合管理战略行动计划，制定流域与区域水资源与水环境综合管理规划提供指导作用，专门用于海河流域的水资源高效利用、节约保护、水污染控制和战略行动计划、能力建设和综合管理。通过在北京市、河北省、漳卫南运河子流域选出的试点县（市、区）开展管理示范项目，重点解决水资源与水环境管理问题，促进"真实节水"技术应用推广、地下水严格管理、环境改善的污染控制，对完成项目县（市、区）水资源与水环境综合管理规划的项目研究与实施起到了重要的示范指导作用。

4.1　概述

根据GEF海河流域水资源与水环境综合管理项目《赠款协议》《项目协议》的相关描述，在海河流域层面上，对以下主要领域开展战略研究：

(1) 分析与海河流域水资源管理与污染控制有关的规划、政策和机构框架，找出不同部门（尤其是水利部和环保部）间在流域及地方层面实施水资源与水环境综合管理方面面临的障碍，并制定解决问题的实际方法。

(2) 研究：① 评估渤海与渤海湾的环境之间的联系，制定使渤海受益最大化的空间与时间的污染控制方案，以及使入海环境生态效益最大的方案；② 评估并提出保持海河流域内湿地的环境功能所必需的最小流量、水量与配水及水质要求。

⑶ 研究：① 分析在海河流域保持河流蓄水系统必需的水量；② 评估影响节水与有效用水的因素（包括对现有的水权与打井许可制度的评估）；③ 分析废水与中水回用的管理。

⑷ 研究分析阻碍海河流域污染削减因素，并制定流域范围的污染控制方案。

⑸ 对北京市用水情况进行研究分析，并制定计划根据可用水数量限制用水。

根据以上对战略研究的定义，突出反映项目的创新性和剖析性，并具有实践性和可实施性，形成了八项战略研究的成果：

① 战略研究一（SS1）：国家级机构改革和政策法规研究；

② 战略研究二（SS2）：渤海水资源与水环境综合管理研究；

③ 战略研究三（SS3）：海河流域生态系统的恢复研究；

④ 战略研究四（SS4）：海河流域高效用水与节水研究；

⑤ 战略研究五（SS5）：海河流域地下水管理、水权和打井许可研究；

⑥ 战略研究六（SS6）：海河流域污水回用研究；

⑦ 战略研究七（SS7）：海河流域污染控制和工业产业结构调整研究；

⑧ 战略研究八（SS8）：南水北调实施后北京市水资源合理配置研究。

根据以上八项战略研究的基础上，制定项目县（市、区）级水资源与水环境综合管理规划和海河流域级、漳卫南子流域级水资源与水环境综合管理战略行动计划，并在北京市、天津市、河北省、漳卫南运河子流域所选出的重点项目县（市、区）中开展管理示范试点项目，合计在天津市和三个项目区县、漳卫南子流域水资源与水环境综合管理战略行动计划和三个示范项目县（市、区）、河北省五个项目县以及北京市五个项目区县水资源与水环境综合管理规划中都有了很好的进展，提出了相应的落实行动计划，取得了主要的成果，为GEF海河项目成果的应用和推广提供了基础支持。

4.2 机构机制和政策法规战略研究

4.2.1 总体目标

在海河全流域建立有效的政策、法律和机构框架，加强流域水资源与水环境的综合管理工作。同时为GEF海河项目区提供指导，在河北省、北京市、漳卫南运河子流域和天津市的项目县（市、区）以及流域一级制定有效的政策、法律和机构框架。

4.2.2 加强海河流域水资源与水环境综合管理的政策建议

⑴ 需要构建一个包括水资源规划管理、水资源配置管理、用水管理、水资源保护和水环境管理、公众参与、水行政执法在内的制度体系，建立健全水资源与水环境综合管理的相关制度，包括新建立规划编制制度、规划实施监管制度、区域规划备案审查制度、基于蒸散水量分配制度、区界上下游断面流量和水质达标交接制度、蒸散配额管理制度、基于蒸散的地下水开采分区控制制度、用水权交易制度、用水审计制度、流域环境资源有偿利用制度、海洋功能区划与环境保护规划制度、污染物排放环境审核制度、流域环境成本核定制度、上下游生态补偿制度、排污权交易制度、入海污水排放标准制度、清洁生产和重点企业清洁生产管理制度，加强现行水资源论证制度、取水许可制度、水资源总量控制制度、水功能区管理制度、规划环境影响评价制度、饮用水水源保护制度、地下水管理制度、入河排污口管理制度、重点水污染物排放总量控制制度、水资源监测制度、水环境质量监测和水污染物排放监测制度、节约用水制度、用水定额管理制度、联合执法与执法巡查制度、水事纠纷调处制度、水政监察制度、协商制度、信息公告和通报制度、听证制度、水环境保护目标责任制和考核评价制度、综合管理联席会议制度等。

⑵ 加强取水、耗用水、排水管理，实现一体化管理。探索建立海河流域基于蒸散的水权制度、包含蒸散管理的取水总量控制制度、以耗水控制为核心的区域用水总量控制与定额管理相结合的用水管理制度，建立退水保证和控制入河排污总量相结合的排水管理制度，健全海河流域入河排污口设置同意书制度，完善水资源开发、利用、保护和水污染防治的市场机制。

⑶ 加强海河流域水资源与水环境监测信息综合统筹。统筹规划海河流域水资源和水环境监测站点网络建设，通过海河流域知识管理系统整合各类信息资源。

⑷ 提高海河流域管理政策的有效性。加强流域水资源与水环境综合管理规划的制订以及规划实施的保障，建立流域水资源保护与水污染防治协调机制，明确上下游水资源使用权和水污染物排放权（排水义务），加强流域对省界水体的水量水质同步管理，建立健全流域水环境生态保护补偿机制。

⑸ 增强监管的有效性。落实地方政府的水环境保护目标责任制，加强政府监管和执法力度，落实地方政府水利、环保、农业等部门的责任，加强地下水、地表水及污染源监测，加强农业面源污染监测，加强公众监督。

4.2.3 完善海河流域水资源与水环境综合管理法规框架的建议

⑴ 尽快完善水资源与水环境综合管理的法律法规体系。将《地下水管理条例》《生活饮用水源保护条例》的制订列入立法年度计划，尽快制定并颁布实施。同时，尽快完善现有法律法规体系中过于笼统之处，解决资源与环境保护法律体系之间、环境污染防治法律体系内部的矛盾和冲突。

⑵ 制定并颁布海河流域水资源与水环境综合管理的法规性文件。尽快制定并由国务院颁布《关于海河流域水资源与水环境综合管理的实施意见》。

⑶ 制定有利于海河流域水资源与水环境综合管理的部门规章。包括《海河流域水资源与水环境综合规划》《海河流域水权分配管理办法》《海河流域蒸散监测和分配管理办法》《海河流域地下水开发利用管理办法》《海河流域水资源与水环境监测管理办法》《海河流域省界断面流量和水质管理办法》《漳卫新河河口管理办法》《海河流域水资源与水环境综合管理公众参与管理办法》等部门规章。

4.2.4 推进海河流域水资源与水环境综合管理机构改革的建议

（1）流域级水资源与水环境综合管理机构改革构想

① 近期（2006—2013 年）：建立海河流域水资源与水环境综合管理省部际联席会议制度；增强海河流域水资源保护局的管理权威，提高海河流域机构综合管理能力。

② 中期（2014—2020 年）：建立海河流域水资源与水环境综合管理协调委员会；健全海河流域机构设置，提高海河流域机构综合管理能力。

③ 远期（2021—2030 年）：理顺中央资源环境管理体制，设立流域办公室；建立国家环境监测中心，在海河流域设立水环境监测分中心；建立海河流域综合管理委员会。

（2）子流域级水资源与水环境综合管理机构改革构想

在水利部和环境保护部主导下，由海委牵头，以漳卫南运河管理局为基础，成立由各区域省—市—县三级政府及水利和环保部门以及用水户代表参加的综合管理委员会，主要负责漳卫南运河子流域水资源与水环境综合管理的重大事项的决策和监督实施，统一负责漳卫南运河子流域的水利规划、防洪抗旱、水资源分配、综合开发利用、水环境安全保障、水污染治理等有关工作。

（3）地区层面水资源与水环境综合管理机构改革构想

① 建立健全区域涉水事务一体化管理体制。根据“政企分开、政事分开、责权明晰、运转协调”的原则，建议尽快成立地方水务局，将有关水的职能统一划归水务局管理，实行“定编定岗、因事定岗、以岗设人”。

② 建立县（市、区）级水资源与水环境综合管理领导小组，负责解决本区域水资源与水环境综合管理中的重大问题；领导小组下设办公室，并设在水利部门，负责日常管理工作；成立联合专家组，负责提供技术咨询服务。

③ 开展用水户组织改革试点。建立健全农民用水协会的用水者组织体系，并探索建立社区主导型发展机制。

4.2.5　改革方案的实施计划

（1）近期计划（2006—2013 年）

加强沟通、宣传与动员工作，开展各相关单位涉水事务管理职能的内部清理；对现有政策法规进行全面梳理，拟定流域水资源和水环境管理政策法规的修订计划，研究起草相关文件草案；建立海河流域水资源与水环境综合管理省部际联席会议制度，下设专家咨询委员会；增强海河流域水资源保护局的管理权威，提升海河流域水资源保护局为正局级单位，恢复海河流域水资源保护局由水利部和环保部共同领导的双重领导体制，明确该机构负责省界断面流量和水质的监督管理，并作为海河流域水资源与水环境综合管理的执行和监管主体；选择典型项目区开展取水许可与排污许可的联合审批试点工作。

（2）中期计划（2014—2020 年）

① 政策法规层面：尽快制订《生活饮用水源保护条例》和《地下水管理条例》；尽快出台《关于海河流域水资源与水环境综合管理的实施意见》《海河流域省界断面流量和水质管理办法》《漳卫新河河口管理办法》《海河流域蒸散监测和分配管理办法》等；加强基于知识管理系统的信息（数据）交换和共享平台建设；在《海河流域水协作宣言》的基础上，增设水资源与水环境的综合规划协调机制、综合管理联合执法巡查机制、统一监测和信息统一发布机制、综合管理的公众参与机制，以及水污染突发事件预警机制和应急处置机制五项新机制，进一步健全完善海河流域水资源与水环境综合管理工作机制。

② 机构改革层面：建立海河流域水资源与水环境综合管理协调委员会，协委会下设秘书处和专家组；赋予海河水利委员会双重职能，同时作为国务院水行政主管部门在海河流域的派出机构和协委会的执行机构，如果双重职能出现

冲突，则提交国务院水行政主管部门和协委会解决；进一步扩大海河流域水资源保护局的职能，赋予其负责取水许可审批，从而具有水量管理权，以实现水量水质统一管理，作为海河流域水资源与水环境综合管理的执行和监管主体，全面履行流域水资源保护和水污染防治的执法权和监督权；成立漳卫南子流域水资源与水环境综合管理委员会；优化海委内部机构组成和管理职能；推广和深化区域水务管理体制改革；开展用水户组织改革试点，建立健全用水者组织体系。

（3）远期计划（2021—2030 年）

① 政策法规层面：提出如下两条建议：第一，如果今后水利部和环境保护部合并，应在已有的《水法》和《水污染防治法》的基础上，制定实施《中华人民共和国水资源安全法》，将《水法》和《水污染防治法》中有关水资源开发、利用、节约与保护的内容纳入《中华人民共和国水资源安全法》，同时废止已有的《水法》和《水污染防治法》。第二，如果现存的机构安排不发生主要的变化，建议形成一个协调的法律或法规性文件。此外，还应出台《海河流域水资源与水环境综合规划》《海河流域水权分配管理办法》《海河流域水资源与水环境综合管理公众参与管理办法》《海河流域地下水开发利用管理办法》。

② 机构改革层面：理顺中央资源环境管理体制，设立流域办公室；建立国家环境监测中心，在海河流域设立水环境监测分中心；初步建立起法定行政主体的海河流域综合管理委员会；全面实现流域内各行政区域涉水行政事务一体化管理；进一步健全海河流域综合管理委员会的执行机构内部设置。

4.3　水资源战略研究

4.3.1　战略研究 4：水资源高效利用与节水

战略研究 4 是依据水量平衡原理，按照维系流域良好生态环境和经济社会可持续发展为原则，以实现水资源可持续利用为目标，进行流域的节水和高效用水研究。本研究分现状年、2010 年、2020 年三个水平年，以海河流域省套水资源三级区为单元，依据流域水量平衡原理，以满足农民收入不降低、地下水不超采、维持一定的适宜入海水量为前提条件，直接利用遥感监测的现状蒸散发量、结合流域现状的用水相关资料，对流域现状用水水平、用水效率和节水潜力分析评估，结合海河流域的节水现状，在保障流域可持续发展的前提下，提出流域和各水资源三级区的目标 ET；进行流域、区域水量平衡分析，提出实现目标蒸散发量的综合措施。研究的技术路线见图 4-1。

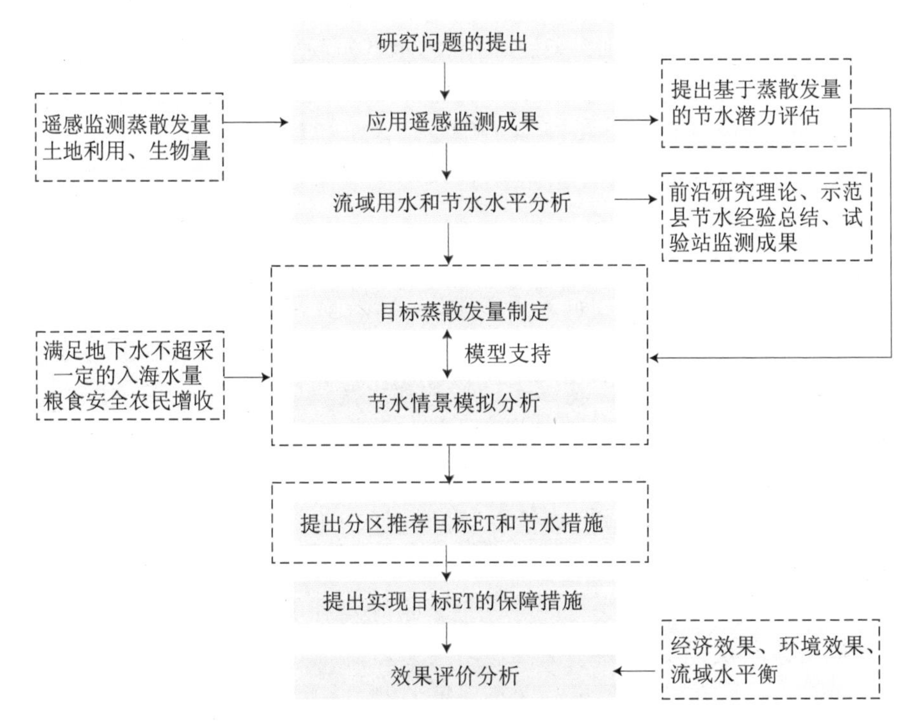

图 4-1　海河流域节水和高效用水战略研究技术路线

通过研究，得出结论：海河流域在降雨和外调水量一定的情况下，要实现流域的可持续发展，即维持一定的入海水量、满足地下水位不下降，最有效的途径是控制流域的蒸散，确定流域发展的目标蒸散。即在一个特定发展阶段的流域或区域内，以其水资源条件为基础，生态环境良性循环为约束，满足其经济可持续发展与生态文明建设要求的可消耗水量，即区域目标蒸散。区域目标蒸散要以流域或区域水资源条件为基础、维持生态环境良性循环，并满足社会经济的可持续向好发展与生态文明建设的用水要求等三层含义。目标蒸散的确定采用“自上而下、自下而上、评估调整”三个环节。

“自上而下”，即在水资源配置时先进行流域级的水量平衡分析，通过流域级的水资源配置获得合理的区域水资源配置方案集（包括降水量、入境水量、调水量、地下水超采量、出境水量、入海水量等）；“自下而上”，即以配置方案集为基础，通过区域各分项蒸散的计算得到不同水资源条件下的单元目标蒸散；

评估调整是根据目标ET的制定原则，对不同方案的目标ET进行定性或定量评估，检验区域目标ET制定的合理性，给出区域目标蒸散的推荐方案。

为了清晰完整地描述全流域以及各水资源三级区的降雨、蒸腾蒸发量、入海水量、区域之间的地表水地下水的出入境水量之间的水文循环过程，以及各个用水户之间的复杂水力关系。本研究采用由中国水利水电科学研究院研发的二元水资源水环境管理模型（DWEMM—— Dualistic Water and Environment Management Model，简称“二元核心模型”）和土壤墒情模型以及中科院遥感所开发的ET Watch模型，联合计算分析确定流域以及水资源三级区的目标蒸散，通过分析计算，全流域要实现可持续发展（地下水不超采和保证一定的适宜入海水量），2010年、2020年流域目标蒸腾蒸发量分别为523 mm和519 mm。

要实现此目标，主要在减少可控的农业蒸腾蒸发量上，即海河流域的农业节水发展应以保障流域水安全、粮食安全和生态安全为战略目标，改变传统的“供用水”管理为“供耗水”管理，由侧重工程节水措施转变为综合节水措施，以提高水资源利用率和作物水分生产率为核心，开展节水应因地制宜。具体思路：在地下水已超采的井灌区，采用节水调亏灌溉和综合节水措施，尽可能降低作物实际耗水量，并保证农作物基本不减产甚至增产；在地下水尚有开采潜力的渠灌区，结合灌区改造，推广井渠结合；在地表水资源贫乏，又缺少浅层淡水资源的地区，适量开采浅层微咸水，推广咸淡混浇技术，减少地表水和深层承压水的使用量，以降低蒸散，保证农作物产量稳定；流域山区面积占总面积的53%，针对山区水资源“散而少”的特点，为稳定山区农业生产条件，积极提倡与水土保持相结合，减少低效ET、增加农民收入；因地制宜调整作物种植结构，适当压缩冬小麦播种面积；在大中城市郊区、经济条件较好的井灌区和蔬菜、果树经济作物区，有条件推广喷灌、微灌等先进灌溉技术。同时，为推进海河流域节水和高效用水的快速发展，水资源管理要建立以“蒸散耗水”为核心的管理理念。

以“蒸散耗水”为核心的水资源管理理念中的“节水”，是从水资源消耗的效率出发，立足于水循环全过程，注重水循环过程中各个环节中的用水量消耗效率，农业措施与工程措施相结合，尽量减少无效消耗，提高有效消耗，使区域有限的水资源利用效率最大化。流域水资源规划应建立面向经济生态系统的广义水资源配置体系，即在传统水资源调配的基础上，将配置水源拓展到降水、地表水、地下水和土壤水，以满足经济社会和生态用水的需求。只有把握各个用户在各个环节的供水、用水和耗水过程，才能制定相应的对策，尽量减少供水、用水过程中的无效消耗，最大限度地实现节水目标。

研究确定的流域、水资源三级区及各重点县（市、区）的目标蒸散发量作为流域、区域和重点县（市、区）的控制性指标；研究提出制定目标蒸散发量的方法、推荐的农业综合节水措施以及实现目标蒸腾蒸发的保障措施为各区域和各县（市、区）开展农业节水提供了借鉴和指导。

4.3.2 战略研究 5：地下水可持续利用、水权、取水许可

（1）项目目标和工作内容

依据《海河流域地下水可持续开发利用水权及取水许可管理战略研究》技术建议书和《GEF 海河项目总体实施意见》，确定本项战略研究的总目标为：

以蒸腾蒸发管理作为技术手段，提出适合海河流域特点的地下水水权及打井许可管理体系，为逐步实现地下水"零"超采、逐步恢复地下水，实现基于蒸腾蒸发的采补平衡。

主要工作内容为：

① 完成海河流域地下水资源量和开发利用情况评价；

② 提出符合流域实际的水权管理框架及取水总量控制的管理设想，提高水资源的利用效率、协调水资源供需矛盾、实现水资源的合理配置；

③ 完成海河流域水权和打井取水许可管理现状评价，提出试点区域打井许可管理制度，有效控制地下水超采，促进流域或区域水资源可持续利用；

④ 提出利用遥感监测蒸腾蒸发管理地下水水权和打井许可的建议，真正实现全流域地下水可持续利用。

（2）项目主要成果

① 海河流域平原区地下水开发利用调查评价。流域平原各区域现状年地下水供水人口、供水设施、供水量、超采和污染情况，地下水目前的开发利用基本状况。

② 地下水水权及取水许可管理现状调查。流域、省市、县、乡村等不同级别的地下水管理办法、规章制度，以及对流域地下水管理相对较好的典型地区管理经验，总结了流域目前地下水管理的基本情况。

③ 地下水净使用量计算分析。通过现状蒸腾蒸发和目标蒸腾蒸发结果，结合现状水平年和未来水平年的降雨、地表水灌溉水量、地下水补给和损失等情况，核算了平原区 19 个地市的地下水净使用量结果，可用以分析评价地下水采补平衡。

④ 水权“三要素”（取水量、耗水量、退水量）核算。根据推荐的情景方案，结合现状和未来水平年地下水净使用量结果，核算了平原区19地市的水权“三要素”（取水量、耗水量、退水量），并辅之以（Modflow）模型进行水位动态的模拟，用以控制地下水开采和利用。

⑤ 地下水取水许可管理框架构建。从组织机构、监测体系、分区控采、蒸散发量目标管理、政策手段、法规手段、经济手段、地表地下联合调度、宣传监督、培训与研究等十个方面提出了地下水取水许可管理的基本框架，指导地下水管理。

（3）主要创新点

① 将遥感监测蒸散发量作为出发点，采用全新的方法计算地下水净使用量，将现状蒸散发量和蒸散发量目标纳入地下水净使用量和实际开采量的核算之中；

② 阐述水权“三要素”（取水量、耗水量、退水量），在不同行业的基本概念和内涵，核算水权“三要素”，利用其“三要素”来控制和管理地下水开发利用；

③ 对平原区地下水进行了分区控采的划定，根据现状地下水净使用量和未来水权“三要素”的要求，将平原地下水开发利用区域分为禁采区、限采区、控采区和涵养区四个区域，分别提出宏观对策。

（4）项目主要结论

① 海河流域平原区自20世纪70年代以来大量开采地下水，使得地下水位不断下降，生态环境不断恶化。2000年以后浅层地下水超采面积已达5.96万km^2，深层地下水超采面积已达5.61万km^2，地下水污染面积已达5.92万km^2。地下水资源的承载力已经不足以支撑流域经济社会长期的可持续发展。

② 遥感技术对流域蒸散发量的监测和分析带来了全新的研究方向，这使得包含蒸发在内的大尺度的流域或区域水平衡成为可能，以此为基础可以将遥感监测蒸散发量与流域或区域地下水净使用量建立起定量的联系，并可最终评估地下水使用量。海河流域平原区2003年、2004年和2005年3年平均地下水净使用量为62.1亿m^3。

③ GEF海河项目战略研究4提出的海河流域不同水平年目标蒸散发量的结果是非常有效地控制地下水超采的准则。在此目标蒸散发量之下，海河流域现状水平年、2010年、2020年地下水允许开采量分别为212.2亿m^3、206.0亿m^3和175.3亿m^3，此开采量在2010年流域内仍将超采地下水，在2020年流域层面基本实现采补平衡，局部区域略有超采。

④ 海河流域目前的取水许可管理制度已经比较全面合理，但是，仍存在一

些不完善的地方，以河北省馆陶县、成安县为代表的一些示范县（区）在打井许可控制和蒸散发量管理方面取得了非常成功的经验，这些经验值得其他区域依据自身特点进行推广。

⑤ 包括地下水允许取水量、最大允许消耗量和回归当地水资源系统的水量这三个部分在内的水权“三要素”的提出，开辟了地下水资源管理的新方式。借助于遥感的手段把传统意义上很难监测的消耗量作为一个控制性指标，进而分别控制水权的三个部分，实现地下水资源的可持续利用。

⑥ 平原浅层地下水 Modflow 模型通过建立概念模型和水流模型，借助于长系列的实际观测数据，对给水度、渗透系数等参数进行率定和验证，可以对不同水平年地下水储量和水位变幅进行动态的模拟，是评价未来能否实现地下水可持续开发利用这一目标非常有效的工具。

⑦ 地下水可持续利用是相对广域和相对长效的动态过程，对于不同的开采区域和不同的水资源条件要区别对待。从管理上实现地下水资源的可持续利用需要以区域 ET 目标为基础，加强地下水信息的监测，对地下水开采具有不同条件的区域实行分区控采。

（5）对水资源与水环境综合管理战略行动计划和规划的指导意义

● 对海河流域战略行动计划的指导作用

本项目成果中有关现状和未来年份的地下水允许开采量指标是在流域蒸散发量目标的宏观控制框架下制定的，可为海河流域战略行动计划中今后流域地下水管理的总量控制指标奠定基础。有关水权“三要素”的管理理论可指导地下水管理的具体监控。地下水管理框架可为流域今后实施基于蒸散发量的地下水宏观管理提供参考。

● 对县级规划的指导作用

本项目成果中有关重点县（市、区）现状和未来年份地下水允许开采量指标是结合县（市、区）近年来地下水开发利用情况和未来年份目标蒸腾蒸发综合制定的，有关地下水净使用量和水权“三要素”核算的理论方法与计算公式，可作为县级实施基于蒸腾蒸发的地下水管理的理论数据参考。有关典型县地下水管理的手段方法成果可以根据项目县（市、区）自身条件因地制宜进行推广。有关流域地下水管理的制度和方式可作为县级地下水管理的参考。

4.3.3 战略研究 6：废污水回用

海河流域水资源严重短缺，水污染严重，废污水再生利用不但提高了水资源利用效率，而且有效减少了入河污染物量，确保实现水功能区水质目标，是流域水资源与水环境综合管理的交叉点。

（1）废污水再生利用现状

2005年，海河流域废污水排放总量为44.85亿t，主要污染物COD排放量169.15万t，氨氮排放量14.75万t。截至2005年底，海河流域已建成城市污水处理厂75座，其中北京市24座、天津市8座、河北省21座、山西省6座、河南省8座、山东省8座，总设计处理能力为818.5万t/d，年处理污水能力为29.7亿t。北京市、天津市、石家庄市、邯郸市、保定市、大同市、德州市和新乡市8座典型城市中心城区共建成污水处理厂21座，占全流域污水处理厂总数的28%，污水处理厂总设计处理能力414万t/d，占全流域的50.6%。

根据《城市污水再生利用分类》（GB/T 18921—2002），城市污水再生利用按照不同的用途，可以分为工业、城市杂用、河湖景观三类，不同用水途径的再生水水质都应该达到其相应的标准。2005年海河流域城市废污水再生利用量3.83亿t/a，主要回用于工业冷却和循环用水、市政杂用、河湖补水、绿化等，占流域污水处理量的19%。

（2）废污水再生利用需求与潜力

城市废污水再生利用主要集中在工业、河湖景观、绿化、冲洗道路、卫生冲厕和洗车5个方面。根据北京市、天津市、石家庄市、邯郸市、保定市、大同市、德州市和新乡市8座典型城市的总体规划，考虑到各市的实际情况，以及再生水回用的一些限制因素，2010年北京等8座典型城市中心城区再生水的需求量为8.83亿m^3，工业需求量最大为5.31亿m^3，其次为河湖景观2.03亿m^3。2020年再生水的需求量为12.50亿m^3，比2010年增加3.67亿m^3，其中工业的需求量达到6.65亿m^3，河湖景观达到3.03亿m^3。

城市废污水再生利用潜力主要取决于城市污水处理厂的处理规模和再生水厂的生产规模。经调查分析，2010年和2020年北京等8座典型城市中心城区污水处理厂建设总规模分别为669.5万t/d、812.5万t/d，再生水厂生产总规模为242.6万t/d、326.3万t/d，基本可以满足再生水的需求。

（3）城市蒸腾蒸发与废污水再生利用

城市蒸腾蒸发是城市中心城区在水资源开发利用的供、用、排等过程中蒸腾蒸发消耗的水资源量，是离开陆地水文水资源循环而人类无法再进行利用的水资源量。再生水作为城市水资源配置系统的一个组成部分，为城市的工业、河湖景观、城市绿化以及近郊农灌等提供了稳定的水源，导致本地区水资源消耗量的增加，这一过程必然使原本还可以排到下游的水量随着水资源消耗量的加大而逐渐减少，而影响到河流下游生态及用户（图 4-2）。

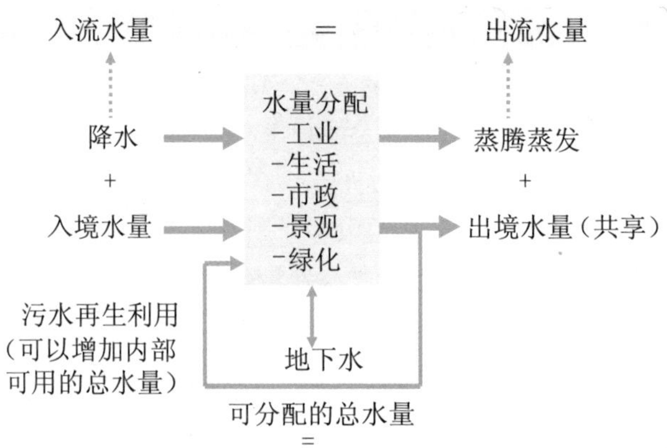

图 4-2　城市蒸腾蒸发与污水再生利用关系图

根据水资源利用过程的不同，城市蒸腾蒸发可以分为环境蒸腾蒸发、生活蒸腾蒸发和工业蒸腾蒸发。以城市目标蒸散发量为约束条件，按照流域水资源配置的结果，控制城市水资源消耗量，不扩大城市用水规模，再生水替代新鲜淡水开采量（地表水或地下水）。实施废污水再生利用以后，8 座典型城市子流域与现状水平年出境水量基本相当，这说明在城市目标蒸散发量控制下，各典型城市总用水量和水资源消耗量，满足流域水资源合理配置的要求（表 4-1）。废污水再生利用起到了减少城市新鲜淡水的取用量作用，替代出的新鲜淡水可以增加下游河道生态水量或减少地下水的开采，有利于流域生态环境可持续发展。

表 4-1　不同水平年各典型城市目标 ET 值　　单位：mm

水平年	北京市	天津	石家庄市	保定市	邯郸市	大同市	新乡市	德州市
2010	537	579	574	529	665	355	687	621
2020	560	626	585	594	529	368	614	608

（4）流域废污水再生利用战略

废污水再生利用是解决海河流域水资源与水环境问题的重要出路之一，成功的关键在于再生水的发展战略能否突破传统的理解与约束。因此，海河流域废污水再生利用必须以流域为主体对象，将再生水纳入流域水资源配置。以北京、天津和石家庄3个城市为重点，以城市目标ET为约束条件，按照点线面相结合的格局，扶持和鼓励流域内各市发展废污水再生利用。

（5）保障措施及建议

基于ET控制的城市废污水再生利用的本质就是在流域水资源配置的基础上，减少城市对于新鲜淡水的开采量和降低城市水资源的消耗量。在提出城市废污水再生利用保障措施的同时，必须提出降低城市水资源消耗量的措施。城市废污水再生利用保障实施的关键在于建立并完善废污水再生利用的政策、市场、价格和投资环境，降低城市水资源的消耗量的关键在于城市工业和生活节约用水、合理控制城市生态环境中无效消耗的蒸散发量。

4.3.4　战略研究8：南水北调实施后北京市水资源合理配置

北京市水资源严重不足，地下水超采，战略储备水被动用，生态环境用水不足，水资源利用效率相对较低，水资源消耗量大，蒸腾蒸发较高，难以可持续利用，造成水资源综合管理工作十分被动。南水北调中线工程建成调水入京后，北京市供水格局将随之发生重大变化。抓住机遇，做好多水源条件下的水资源优化配置，充分、合理地利用外调水，才能使北京市缓解水资源危机。

本项目的研究目标是提出实现水资源高效、可持续利用的战略方案，具体可分解为地表、地下水可持续利用，耗水控制和地表水质控制等。

（1）基于蒸散控制的水资源调配技术

基于蒸散发量指标进行水资源调配，其实质是通过“耗水”管理代替“取水”管理，将水资源消耗水平提高到影响水资源的良性循环和水资源高效利用的决定性因素。

基于蒸散发量指标的水资源合理配置可分为三大部分内容：区域或流域目标蒸散发量分析（即满足流域或区域水平衡的水量消耗指标）、目标蒸散发量分配和水循环模拟模型对蒸散发量分配方案的验证（图4-3）。

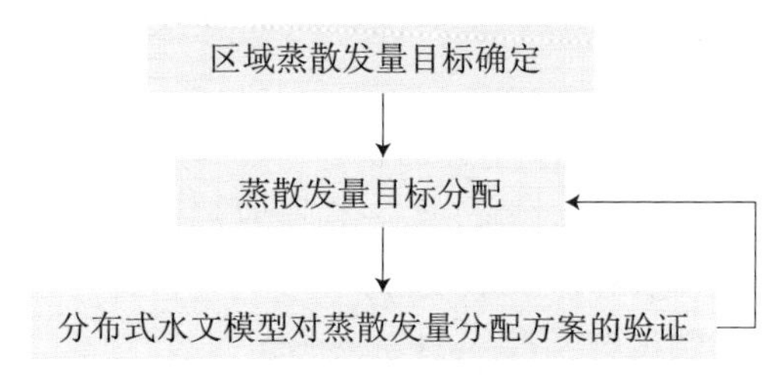

图4-3　基于ET指标的水资源调配方法

为了完成可消耗水量在社会、经济、生态和环境各维的配置，必须建立起基于蒸散的水资源调配分析模型。北京市水资源配置模型由以下几个模型组成，第一个是综合分析模型，处理包括社会、经济、环境和生态之间水资源的分配；第二个是水资源配置模拟模型，把综合分析模型分配的水资源进行详细配置；第三个是SWAT模型，用于对水资源配置方案形成的ET进行检验和反馈；第

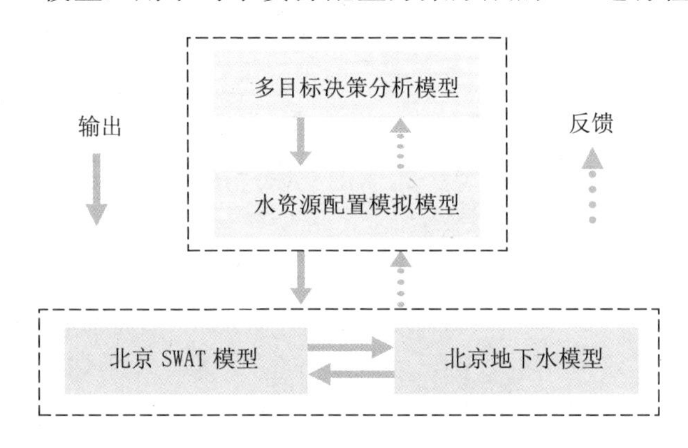

图 4-4　北京市水资源调配模型

四个是地下水模型，用于对水资源配置方案形成地下水水位的变化进行模拟分析。模型结构和关系如图 4-4 所示。

（2）北京市水资源条件分析

水资源条件主要分析地表水、地下水、南水北调和再生水四大水资源的供水能力，考虑各水资源的供水目标和供水量，为水资源调配的供水方案提供基础。

北京市年径流总量是 17.72 亿 m^3，其中平原区 6.13 亿 m^3，山区 11.59 亿 m^3。北京市平原区地下水总补给量为 228 684 万 m^3，总排泄量为 256 386 万 m^3，平原区地下水可开采量确定为 213 200 万 m^3。

水利部《南水北调工程总体规划》中确定北京市 2010 年分配调水量 10.52 亿 m^3。根据《南水北调中线工程规划》成果，2030 年北京市的净调水量为 14 亿 m^3。

（3）北京市规划情景设置

战略研究 8 的规划情景条件需要参考其他战略研究的相关成果，属于外生变量，而各规划情景下的边界条件则属于内生变量。项目组针对北京市水资源开发利用现状，考虑到各个情景条件的变化，分别组合，形成不同情景，情景具体设置见表 4-2。

表 4-2　规划情景条件设置

情景	南水北调来水量	污染控制	地下水超采	出入境水量	水文系列	备注
情景 1	与战略 4 一致	与战略 2 一致	与战略 5 一致	与战略 4 一致	25 年	与战略研究 2、4、5 衔接，应用战略研究 4 的蒸腾蒸发和水量配置成果
情景 2	50%规划来水	逐步削减	按二元核心模型设置	50 年平均	50 年	与二元核心模型 50 年系列结果相衔接，反映了 2010 年南水北调来水减少 50%的情况下，北京市水资源使用情况以及相应的地下水变化
情景 3	按规划调水	快速削减	2010 年停止超采	按入渤海水量需求	25 年	在情景 1 的基础上，2010 年南水北调中线工程确保来水的情况下，立即停止地下水超采，此情景注重水资源的保护，有利于地下水位的恢复
情景 4	增加调水量	逐步削减	逐步停止超采	25 年平均	25 年	在情景 1 的基础上，增加 2010 年南水北调中线工程来水量，有利于缓解 2010 年水资源短缺的造成的生态环境问题，探讨中线来水对地下水水位的影响
情景 5	推迟调水	逐步削减	连续干旱	连续干旱	连续干旱	反映 2000 年以来，北京市实际处于连续干旱期的情况，在连续干旱期，南水北调中线工程推迟来水，北京市压缩用水后的水资源情况

（4）北京市水资源调配结果分析

北京市综合蒸散由自然蒸散和社会经济蒸散组成，其中社会经济蒸散是由人类社会水循环过程而产生的水量消耗，如农田灌溉、工业用水，城市景观用水等，其他由自然水循环过程产生的水量消耗为自然蒸散。

在确定规划水平各行业的目标蒸散发量的基础上，结合研究区域的水资源条件，确定了各行业用水量。在确定用水的过程中，主要偏向单位耗水效率较高的行业（表 4-3、表 4-4、表 4-5、表 4-6）。

表 4-3　各规划情景目标蒸散发量　　单位：亿 m^3

情景编号	水平年	目标蒸散发量	自然目标蒸散发量	社会经济目标蒸散发量
S1	2010	87	64.04	22.96
	2020	88	64.04	23.96
	2030	88	64.04	23.96
S2	2010	99.27	73.46	25.81
	2020	101.29	73.46	27.83
	2030	104.78	73.46	31.32
S3	2010	97.36	72.46	24.9
	2020	97.36	72.46	24.9
	2030	100.78	72.46	28.32
S4	2010	101.21	72.46	28.75
	2020	98.59	72.46	26.13
	2030	102.01	72.46	29.55
S5	2010	83.17	64.04	19.13
	2020	88.21	64.04	24.17
	2030	88.21	64.04	24.17

表 4-4　北京市 2010 年各规划情景供水比较表　　单位：亿 m^3

数据类别		情景 1	情景 2	情景 3	情景 4	情景 5
地区	全市	39.38	43.33	42.10	42.69	34.61
	城镇	24.81	26.42	25.96	23.11	20.12
	农村	14.57	16.91	16.14	19.58	14.49
水源结构	地表水	6.73	11.95	8.28	7.88	6.51
	地下水	19.93	18.06	15.98	15.17	21.67
	再生水	7.44	8.07	7.3	7.64	6.43
	外调水	5.28	5.25	10.54	12	0

表 4-5　北京市 2020 年各规划情景供水比较表　　单位：亿 m^3

数据类别		情景 1	情景 2	情景 3	情景 4	情景 5
地区	全市	41.93	47.61	43.71	44.92	42.32
	城镇	28.43	31.15	29.80	29.63	23.49
	农村	13.50	16.46	13.92	15.29	18.83
水源结构	地表水	4.7	8.13	7.7	6.37	6.59
	地下水	17.73	18.26	15.35	17.74	16.11
	再生水	8.99	10.66	10.11	10.27	9.13
	外调水	10.53	10.56	10.54	10.54	10.5

表 4-6　北京市 2030 年各规划情景供水比较表　　单位：亿 m^3

数据类别		情景 1	情景 2	情景 3	情景 4	情景 5
地区	全市	43.05	51.42	47.61	48.97	42.47
	城镇	33.10	34.68	33.58	33.51	25.50
	农村	9.95	16.73	14.03	15.46	16.97
水源结构	地表水	2.31	7.44	7.35	6.52	6.78
	地下水	17.45	17.81	14.98	16.27	14.08
	再生水	9.28	12.2	11.29	12.18	11.12
	外调水	14	13.97	14	14	10.5

4.4　水污染防治

4.4.1　战略研究 2：渤海水资源与水环境综合管理战略

（1）研究需求及方向

自 20 世纪 70 年代末以来，随着沿海地区经济的迅速发展和城市化进程的加快，海河流域及环渤海地区经济发展迅速，大量的污水排放导致渤海及渤海湾近岸海域环境面临的压力越来越大。海洋环境总体质量持续恶化，大部分河口以及近岸海域污染日益严重。赤潮等灾害事件频繁发生，渤海的赤潮已由以前的偶发性和短暂性的生态事件，逐渐发展成为频发性和持续性的生态现象。同时，海河流域社会经济的迅速发展，造成用水量激增，再加上降雨量的匮乏，使得入海径流量锐减，许多地区入海径流量已处于断流状态。渤海海域面临着盐度不断上升的趋势，严重影响海洋生物尤其是经济鱼类的产卵场、育幼场（有低盐度要求）的生态环境。所有这些问题，已经成为严重制约区域经济社会可持续性发展的重要因素。控制污染物入海通量，增加入海径流量，不仅是维持和改善渤海海域水生态环境状况的需要，也是社会经济可持续性发展的需要，具有重要的理论与现实意义。

本研究主要围绕海河流域入海污染源总量控制、增流需求分析以及减污增流效果评估三个方面展开。对于总量控制，主要工作包括调查、分析海域水质要求目标；归并入海污染源；建立水动力学模型、水质响应模型以及总量控制规划模型；分析、设置总量分配原则，构建了三种总量控制方案。对于增流需求分析，主要分析海河流域入海径流变化趋势，从海域水量平衡、河口生态需水以及海域盐度与径流的回归关系等角度对渤海及渤海湾淡水径流需求进行了分析。对于减污增流效果评估，首先是识别了各种减污、增流措施；其次是结合二元核心模型进行了增流方案的模拟，分析了各增流情景对海域盐度的改善；最后是分析了日常排污以及冲击负荷对海域污染状况的影响。

（2）主要研究成果

① 污染负荷结构分析

近岸海域污染源主要来自陆源污染和海上污染两方面，其中陆源污染是造成渤海湾近岸海域污染的主要污染源。根据多年的监测数据分析表明，陆源入海污染物总量已经占到全部入海污染物总量的 80% 以上。受陆源污染物的影响，渤海湾污染严重的区域主要集中在入海河口及污水直排口附近的近岸海域。

② 海河流域入海污染物容量分析及总量分配方案设计

在建立线性规划模型的基础上，以渤海湾水环境功能区水质达标为基本约束条件，结合其他约束条件，以及考虑资源、人口等因素的公平、效率、经济结合的合理的总量分配原则，应用数学规划的方法确定主要污染控制因子的各污染源在相应条件下的允许排污量，结果显示现状各污染源总排放量超过海洋环境功能区的水质要求。

③ COD

岸边排放直接注入渤海湾的容量每年可达 37 万 t。然而目前各源排放强度的分布导致实际可以利用的容量有限，现状 30 多万 t 的入海量可基本维持功能区达标。三种不同分配方案的可分配入海量在每年 14 万～ 27 万 t。三个分配方案中，徒骇河都需要削减 70% 以上。其他排放点有增加排放量的可能。

④ 无机氮

从容量测算的结果来看，在 20 个排放口构成的最大允许入海量每年可达 2.2 万 t。现状排放量 3.3 万 t 的入海量已超过容量限制，不能维持功能区达标的要求。目前各源排放强度的分布上限制了容量的利用，如主要负荷集中于永定新河、漳卫新河等几条河流上。三种不同分配方案中永定新河分配入海量仅为现状入海量的 10%左右。因此，对功能区达标而言，氮要削减 90% 左右的负荷才有可能，而无机氮的负荷以非点源为主，在技术上，要完成这一目标非常困难。

⑤ 无机磷

从容量测算的结果来看，在 20 个排放口构成的最大允许入海量每年可达 0.21 万 t, 然而目前各源排放强度的分布导致实际可以利用的容量有限，三个分配方案中，永定新河、漳卫新河和徒骇河等需要削减较多。而无机磷的负荷以非点源为主，要完成这一目标，在技术上有一定的难度，但相对于氮而言，要好控制一些。

⑥ 洪水期冲击负荷效应定量分析

洪水期冲击负荷效应指在大洪水到来将河道多级闸坝囤积的大体积高浓度污水（如上亿立方米）在极短的时间内通过河口排放对海洋水环境的污染影响。本战略研究以漳卫新河、海河两个河口进行了数值模拟分析。

对于漳卫新河，冲击负荷高浓度区主要集中在河口附近，由近及远，冲击负荷的影响逐渐减弱。从 30 天最大浓度、平均浓度超过Ⅳ类水质要求（5 mg/L）的范围来衡量：浓度相同，蓄积的水量越多，在相同的时间内排放完形成的冲击负荷越大；蓄水量相同时，蓄水浓度越大，在相同的时间内排放完形成的冲击负荷越大。对于排放方式：从最大浓度超标范围来说，蓄积的水量在越短的时间内排放完，形成的冲击负荷对海域的影响越大；但从平均浓度超标范围来说，对于不同的冲击负荷，不同的排放方式对海域的影响略有不同。但整体上冲击负荷对海域的影响有一个明显的上升和下降过程。在冲击负荷排放阶段，海域超标面积逐渐增大；冲击负荷排放结束的一段时间内，已入海的高浓度污染物继续输移扩散，海域超标面积继续增大；随着时间的推移，在输移扩散的作用下，高浓度的污染物被稀释，海域超标面积开始减小；直到经过足够长时间，海域超标区域不再存在。对于海河口，最大浓度、平均浓度超过Ⅳ类水质要求的范围与漳卫新河口冲击负荷类似。综合考虑所设置的情景方案中 30 天内最大浓度影响范围、平均浓度影响范围以及平均浓度影响过程线，漳卫新河冲击负荷 5 天左右排放的方式是可以接受的，海河口冲击负荷 3 天左右排放的方式是可以接受的。

⑦ 海区水量平衡及生态淡水需求量分析

以 20 世纪年代平均淡水通量数据为基础，结合降雨量、蒸发量资料，从水量平衡的角度初步对渤海海域各水量的关系进行测估，若不计渤黄海水交换对渤海盐度升降的作用，仅从淡水收支的观点来说，需要增大渤海淡水入海量，来维持现状盐度。

⑧ 渤海湾河口淡水需水量分析

以保护河口淡水湿地生态目标；水循环、生物循环消耗需水目标；实现河口生物栖息地盐度平衡目标，对渤海湾河口需水进行了估算。估算结果表明海河流域总的河口生态需水量约为 78.70 亿 m^3，而考虑到河口生态需水量只是对河口基本需水的估算，从这个方面来说，入海径流量尤其现状入海水量严重不足。

⑨ 渤海生态补水情景分析

结合二元核心模型有关结果，对9个规划情景方案下的海域盐度变化进行了模拟。从海域盐度恢复状况的角度，进行了情景的比较分析，提出了中期、远期目标中的渤海补水方案推荐方案。

（3）对海河流域水资源及水环境规划及战略行动计划的主要建议

渤海面临的问题是增流与减污的矛盾。增流可能形成点源、非点源负荷的入海流达率的大幅度提高，导致赤潮发生的频率大幅度提高；不增流将导致原有产卵场、育幼场（有低盐度要求）的彻底丧失。因而，在增加渤海及渤海湾淡水资源入海量的同时，应加大减污措施力度，严控入海污染负荷的增加。

入海径流量的减少，导致渤海湾盐度上升，生态环境发生改变。因此，在流域水资源分配中要明确海域淡水水资源的分配比例，确定淡水资源海域的水权分配问题，目前海河流域的淡水资源量全部为陆地占用（考虑到从黄河引水占用的黄河入渤海的水量，海河流域近十几年来，入海径流量为负值），如何利用南水北调水量，增加渤海入海水量，部分恢复海岸带生境，是海河流域水资源及水环境规划及战略行动计划的任务之一，实现海河流域水资源利用量的零增长及负增长是恢复渤海入海淡水量的必要条件之一。从保证最低的生态流量角度要求，在枯水年份里保证第二季度的最小入海径流是基本要求；海域淡水生态流量的建议是以维持正河口系统为限，在多年平均的尺度上满足入海径流量与海域降雨量之和大于海洋蒸发量的要求，由于在中近期实施上述目标较为困难，需要在流域规划中分阶段考虑实施年限。

对于无机氮、无机磷和COD三种主要污染物，COD污染控制难度较小，可以河流末端功能区达标为限制。对于无机氮、无机磷，控制难度很大，特别是无机氮在近期较难达到功能区达标的要求，目前较为现实的方法是：逐步增强城市污水处理的脱氮脱磷的能力；继续推进生态农业的发展，开发减少化肥施用量的生态技术，拓展新的品种，使生态农业产品可以得到较高的经济收益；海域增值放养要加大力度，严格管理捕捞业，使年渔获量维持在一个较高的水平，增加海区消纳氮磷的能力。因此流域分阶段规划中需要考虑氮、磷总量控制及削减问题。

渤海污染物入海负荷的大部分来自闸控季节性河流，以冲击负荷的形式为主。即大洪水到来前突击排放污水，形成毒性、低氧等危害；对这类问题闸控季节性河流排污拟建议采用：设计汛前限制库容（对以存放污水为主的河道型水库）－40%设计库容；为防洪排放存蓄工业污水时，入海时间不得小于5天。

为防洪排放存蓄生活污水时，入海时间不得小于3天。增加河道内的曝气设施，增加有机污染物的降解速度和入海水体的溶解氧含量。

缓解渤海湾生态环境压力、控制水污染、改善水环境是一项十分艰巨的任务。正确妥善地处理好经济发展与环境保护的关系，是一个相当复杂的系统工程。应根据社会经济发展水平确定合理的水污染控制目标，以合理利用水资源为前提，通过水污染的有效控制，实现以水资源可持续利用保障和促进社会经济可持续发展的陆海兼顾及双赢的战略目标。

目前入海污染通量的稳定以及海区水质的大致稳定，与入海径流量的减少有关，未来在增流同时，可能导致污染物入海通量的增加。因此，在增流条件下要保持水质维持在现状水平并有所好转，流域特别是海岸带地区的减污力度要增强。

总之，渤海及渤海湾污染物入海通量主要是陆源污染物排放的影响，并以入海径流为主要入海形式。近年来，由于入海径流的减少，尤其对于渤海湾海河流域入海径流量持续减少，污染物入海通量相对稳定。从而水质恶化趋势受到遏制，但生态恶化趋势尚在持续，富营养化严重。渤海及渤海湾主要污染物为无机氮和磷酸盐，COD基本满足海域要求；此外由于入海径流减少，造成海域盐度升高。因而流域行动需要采取有效措施，减少氮磷入海量，增大清洁淡水入海。

4.4.2　战略研究3：水生态修复管理

（1）海河流域河流生态类别暨严格保护的河段、湿地

分类是按照既定的标准对易于混淆的事物划分层理，将一系列复杂的对象分组或者归类的过程，目的是进行有序的观察和描述，进而按照类别推广解决问题的方案。海河流域子流域可以分为两大类，发源于背风坡的河流源远流长，泥沙较多，发育了大面积的冲洪积扇；发源于迎风坡河流支流分散，源短流急；两类河流相间分布。每个子流域又都可以分为山区部分和平原部分。平原部分河流有四种主要类型：全年有清洁水的河流，全年有污水的河流，季节性干涸或近年干涸的河流以及长期干涸的风沙河道。

缺水干涸、水质极差不能满足功能区要求的河流应优先修复，生态状况良好且具有敏感保护目标的河流、湿地应该受到优先保护。

（2）蒸腾蒸发约束下的生态修复目标与生态耗水需求

① 海河流域生态目标的制定应考虑水分的生态效率和植被的地带适应性，

避免过度消耗水资源。报告提出了山区植被和平原不同类别水体的阶段性修复目标，包括生物目标、水质控制目标和蒸腾蒸发目标。

② 山区以封禁方式促使中、低覆盖度草地逐步向高覆盖度演替，基本不再实施人工乔木种植。依照《海委水土流失治理规划》提出近期（2010 年）46%、中期（2020 年）36% 和远期（2030 年）16% 的治理进度，计算得出新增的蒸腾蒸发消耗需求 2010 年为 18.7 亿 m^3，2020 年为 12.3 亿 m^3，2030 年为 15.2 亿 m^3。

③ 风沙河道根据水量可供给性逐步恢复，从荒漠草地、沼泽湿地、缓流湿地逐级修复至正常河流；水质约束为Ⅲ类。近期生态修复目标为以绿（草）代水，蒸腾蒸发增量为 150 mm；现状有草的河道恢复到有水的河道，蒸腾蒸发增量为 100 mm。

④ 有水河流通过沟通河道、水闸生态调度、修复滨岸形态等方式恢复河流生态系统；水质约束为劣 V3 类水。有水而无植被的河道恢复到有植物的状态，蒸腾蒸发增量为 50 mm。

⑤ 平原的风沙河道和有水河道不同生态修复目标下总蒸腾蒸发消耗增量为 0.86 亿 m^3。

⑥ 湿地通过保障水源、控制源水水质和植被生物量过度沉积以控制沼泽化进程。湿地规划面积增加 294.3 km^2，根据遥感蒸腾蒸发估计新增部分的蒸腾蒸发增量为 50 mm，新增耗水量为 0.015 亿 m^3。

⑦ 山区植被以及平原河流、湿地合计为蒸腾蒸发消耗增量为 16.5 亿 m^3。

（3）海河流域平原河流、湿地生态修复需水量

河流系统的生态需水是指为维护河流系统正常的生态结构和功能所必须保持的水量。河道生态需水量包括河道生态基流量、河道蒸发损失量和渗漏损失量。

以海委在《海河流域生态环境恢复水资源保障规划》中提出的 20 世纪 70 年代作为海河流域生态与环境恢复参照年，根据规划恢复 21 条河流水文数据资料情况，对河道生态基流的计算采用了两种计算方法——对数据较完整的 17 条河流或水系采用了 IHA 法（The Nature Conservation, 2006），而对于无水文数据或数据不完整的 4 条河流采用 Tennant 法（Tennant, 1976）计算了河道生态基流量，并根据每条河流人类干扰前的（主要指在控制性水库建成之前）河流径流量的月际分配比例，计算了生态基流的月际分配量。

规划恢复 21 条河流生态需水量为 75.85 亿 m^3/a，其中水系内的重复计算量为 19.66 亿 m^3/a，扣除重复量后海河流域河道生态需水量为 56.19 亿 m^3/a。汛期（6—9 月）占全年需水量的 64%，非汛期（10 月至翌年 5 月）占全年需水量的

36%。

从广义而言，湿地生态需水量指维持湿地生态系统结构和功能正常所需要消耗的水量。从狭义而言，湿地生态需水量是指湿地用于生态消耗而需要补充的水量，即补充湿地生态系统蒸散需要的水量。海河流域12个重点湿地维持规划目标面积所需的年蒸发损失量为6.12亿m^3，渗漏损失量为8.44亿m^3/a，合计湿地生态需水量为14.563亿m^3/a，需水量的年内分配比例基本与蒸发损失量的年内分配一致。

海河流域规划恢复21条河流和12个湿地所需的生态需水量为56.132 m^3/a，其中河道损失量为19.21亿m^3/a，入海水量为25.53亿m^3/a。全流域需要增加29.542亿m^3，才能满足河道生态恢复所需的水量要求。在现状情况下，只有陡河、海河干流和马颊河水量满足生态水量需求，其他河流均不同程度的缺水。根据二元核心模型的规划情景模拟结果与生态需水量计算结果比较，2020水平年13条河流水量满足生态需求，陡河、潮白河、北运河、白沟河、南拒马河、唐河、漳河、卫运河8条河流水量不能满足生态需水；2030水平年水量满足生态需求河流情况与2020水平年相同，只是水量有所变化。

（4）结论与规划建议

气候变化导致的降水量减少以及人口、经济高速发展导致的水资源紧缺和排污量增加，是海河流域河流、湿地生态系统严重退化的主要原因。本研究根据水资源的可供给量和ET约束，依据不同生态类别制定了合理的河流、湿地生态系统逐级修复目标和模式，并计算了20世纪70年代作为恢复目标的生态需水量。在管理体制上：

① 在平原区水体内全面推行再生水水质标准；

② 强化入河源水水质处理，保障入河水质达到劣V3水平；

③ 建立闸坝环境流调度制度；

④ 建立以河流生态分类、生态调查为基础的生态评估制度和综合管理系统；

⑤ 建立生态学等多学科专家全程参与水利工程规划设计与施工的制度；

⑥ 实施水利工程生态效果监测和后评估制度。

4.4.3　战略研究7：污染源控制

（1）分区控制策略

根据流域各行政区污染特征，经济发展差异以及影响污染的主要要素等10项指标，将海河流域划分为4类不同的污染控制区（图4-5）。对于不同的分区，有重点地提出污染控制措施。

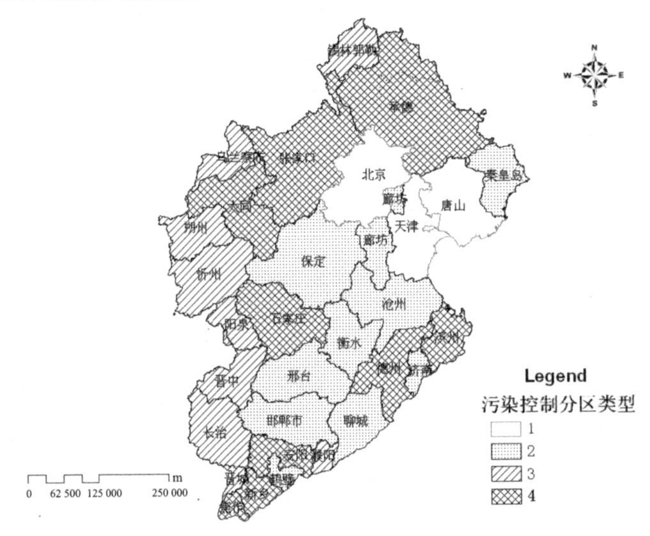

图 4-5　海河流域污染控制分区类型

① PC1 类区：京、津、唐经济发达地区。污染控制在技术水平、资金投入、控制力度等方面相对其他地区而言有一定优势，以城镇生活污染控制为主。

② PC2 类区：河北省东南部及山东省济南、聊城和河南省鹤壁。中等发达地区，污染程度较轻，主要以工业污染为主，应在工业污染控制方面加大力度，少数城市以城镇生活污染为主，适当调整地区污染投资方向。

③ PC3 类区：山西省和内蒙古自治区。经济不发达地区，污染程度较轻，工业发展受限，以城镇生活污染为主，应加强城市污水处理厂运行能力、污水处理水平，运用有限的资金投入最大限度地控制污染排放。

④ PC4 类区：河北省西北部及山东省、河南省大部分地区。中等发达地区，城市工业化进程加快，工业开始占据主导地位，这一时期是对地区生态环境造成压力最大的时期，污染以工业污染为主，应考虑经济发展转型。

（2）点源污染控制目标与保障措施

提出了 2010 年、2015 年、2020 年、2030 年等污染控制目标，以及保障措施。工业污染控制措施包括：① 污水达标排放；② 提高排放标准；③ 强制关闭企业；④ 产业结构调整；⑤ 污水集中处理。

城镇生活污染控制措施包括：① 提高污水处理率；② 提高污水处理厂运行负荷率；③ 提高污水出水浓度；④ 提高再生水回用率。

2010 年，要求各城市进一步提高企业污染物排放达标率，各省市污染物总量削减达到地方政府与环境保护部签订的“十一五”水污染物总量削减目标责任书，流域内污染物总量目标控制在《海河流域水污染防治“十一五”规划》要求的排放量范围之内（表 4-7）。

表 4-7　2010 年达到海河流域“十一五”规划提出各省市污染控制目标

地区	提高工业达标率 /%	城镇生活污水浓度	提高污水处理厂运行率 /%
PC1	5	一级 A 标准	80
PC2	15 ～ 20	一级 A 标准	75
PC3	20 ～ 30	一级 B 标准	75
PC4	30 ～ 40	一级 A 标准	75

PC1 类地区仅提高 5% 的达标率就能满足污染物总量削减目标，PC2 类经济中等发达、轻污染地区相应提高 15% ～ 20% 的达标率以满足污染物削减目标，PC3 类不发达、轻污染地区要求污染达标率提高 20% ～ 30%，PC4 类中等发达、重污染地区进一步提高企业污染物排放达标率，提高 30% ～ 40%，以达到地方工业污染物总量削减目标。城镇污水控制的关键是保持污水处理厂的正常运行，保证运行负荷率在 85% 以上。除 PC3 类欠发达地区 2010 年城镇污水处理厂出水浓度满足一级 B 标准，其余各地的城市污水处理厂必须达到一级 A 标准。

2015 年，PC1 类地区取消行业排污标准，所有企业全部执行地方综合污水排放标准，北京市、山东省 COD、氨氮排放浓度分别达到 60 mg/L、10 mg/L，天津市 COD、氨氮排放浓度分别达到 60 mg/L、8 mg/L，其他省市则采用污水综合排放标准，COD、氨氮浓度分别达到 100 mg/L、15 mg/L 的标准（其中造纸、食品行业排放浓度更为严格，要求分别达到 80 mg/L、15 mg/L），并要求企业在提高污水排放标准的前提下全部达标排放。

同时，强制关闭各省市经济规模小、污染物排放量大的重污染行业的小企业。2015 年要求 PC1、PC2、PC4 类地区关闭重污染行业规模以下的所有企业，PC3 类地区仅关闭非支柱性、重污染行业的规模以下企业，如地方主导行业（造纸、食品行业）的规模以下企业可选择性关闭。城市污水处理厂运行负荷率保证在 80% 以上，较发达地区运行负荷率维持在 85% 以上，COD、BOD_5、总氮、氨氮和总磷的排放浓度均达到 1 级 A 标准。

要关注县级污水处理设施的建设，海河流域共有 232 个县（市、区），2007 年，有 37 个县（市、区）建立了污水处理厂，共计 42 座，因此，生活污水排放量在 1 万 m^3/d 以上的县（市、区），必须建设污水处理设施，要求 75% 的县（市、区）建设污水处理设施。

2020 年在提高污水排放标准的前提下全部达标排放，流域各省市全部执行地方污水综合排放标准，北京市、天津市、山东省 COD、氨氮排放浓度分达到 50 mg/L、8 mg/L，其他省市采用 COD、氨氮浓度分别达到 80 mg/L、10 mg/L 的标准。

在 PC1、PC2、PC4 类地区，强制关闭采掘、化工、医药制造、冶金钢铁、机械、石油焦化等生产总值低于 10 000 万元以下的规模以上企业，关闭纺织、皮革制造、造纸、食品、木材加工等生产总值低于 5 000 万元以下的规模以上企业。PC3 类地区强制关闭所有规模以下的污染行业企业。城镇污水处理设施运行负荷率达到 85% 以上，平均处理率 80% 以上。新增城镇生活污水处理设施削减能力每年万吨以上的城市达到 8 个。

京津唐地区再生水回用率达到 30% 以上，其余地区达到 20% 以上。

2030 年实现水环境容量目标，对海河流域城镇生活水污染物削减提出更高的要求。流域内工业全部实行污水综合排放标准，采用 COD、氨氮浓度分别达到 50 mg/L、8 mg/L 的标准，强制关闭流域内所有规模以下企业和生产总值低于 10 000 万元以下的规模以上企业，加大产业结构调整力度，大力扶持经济效益好、污染排放量小的高新技术产业，限制重污染行业发展，不断优化产业结构，推动工业的健康发展。

京津唐地区城市污水处理要实现满负荷运行，其余地区运行负荷率要达到 90% 以上。全流域城市污水处理率平均在 90% 以上，其中北京、唐山和秦皇岛市达到 99%。部分城市需要新增污水处理设施，增加处理能力每年万吨以上的城市达到 8 个。在城市污水处理能力提高的基础上，各地继续提高再生水回用量率，其中京津唐地区约 40% 的再生水回用，其他地区 30% 的再生水回用。

（3）污染物削减控制方案

根据以上措施和具体的方案，提出不同阶段污染物的控制目标以及污染物的削减率（表 4-8）。2010 年可达到海河流域“十一五”规划的目标，2030 年可达到海河流域水环境容量目标。2010 年海河流域污染物排放量控制为：COD、氨氮分别控制在 107.02×10^4t、12.61×10^4t，与 2005 年核算排放量相比，分别削减了 13.7% 和 14.3%。

2015 年海河流域污染物排放量控制为：COD、氨氮控制目标量分别达到 49.58×10^4t、6.62×10^4t，与 2005 年相比分别削减了 60%、55%，污染物控制力度较大。

2020年海河流域污染物排放量控制为：COD、氨氮控制目标量分别达到32.81×10^4t、3.06×10^4t，与2005年相比分别削减了74%、79%。

2030年海河流域污染物排放量控制为：COD、氨氮控制目标量分别达到10.18×10^4t、0.365×10^4t，与2005年相比分别削减了92%、98%。

到2030年流域水污染排放低于水环境容量，海河流域水环境容量COD、氨氮分别为11.88×10^4t、0.442×10^4t。

表4-8 海河流域污染物的控制目标以及污染物的削减率

控制目标	"十一五"规划目标	2010	2015	2020	2030	水环境容量目标
COD控制目标/10^4t	123.7	107.02	49.58	32.81	10.18	11.88
与2005年相比削减率/%	14.2	13.7	60	74	92	90.4
氨氮控制目标/10^4t	14.71	12.61	6.62	3.06	0.365	0.442
与2005年相比削减率/%	14.2	14.3	55	79	98	97.0

（4）重点污染行业污染控制策略

海河流域内的造纸企业众多，是我国造纸产量最大的地区之一，2007年全国机制纸和纸板产量省级排名中，流域内的山东省、河南省和河北省仍然位列第一位、第三位和第六位。2007年造纸行业工业总产值、废水排放量、COD和氨氮排放量分别占流域总量的2.7%、30.9%、40.3%和16.8%。

在达标排放方案三种情景下，流域造纸工业COD削减率将分别达到70.8%、76.7%和85.4%。在情景一（100 mg/L）中，流域大部分地区造纸COD排放占当地统计行业总量的贡献率将会降低到30%以下，在情景二（80 mg/L）和情景三（50 mg/L，特别排放限制）中，流域大部分地区造纸行业COD贡献率将会降低到20%以下。在关闭小规模企业方案下，流域各地区应淘汰的企业数量是283个，占流域企业总数的45.8%，COD削减量7.3万t，与2007年相比，造纸行业COD削减率将达到28.4%，由原来占流域工业COD排放总量的40.3%下降到28.8%，但对流域造纸工业产值的影响较小，仅比原来下降8.4%，由原来占工业的2.7%下降为2.5%。

（5）漳卫南流域跨界冲突策略

漳卫南流域跨界问题具有水量与水质冲突同时并存，上下游和左右岸冲突兼备等特点。采用二元核心模型模拟了在设计水量条件和削减目标下，漳卫南运河断面的水质浓度。设计水量条件分别考虑地下水利用、海水利用、南水北调三种情景，污染控制采取 10%、20% 的削减率。模拟结果表明，平均浓度仍然超标严重，特别在龙王庙、淇门地区严重，超标倍数 5 倍以上。说明在 10%、20% 的削减率下，即使考虑多渠道的水源，仍然与水质控制浓度有较大的差别，必须提高污染控制的力度。

基于目标满意度的跨界冲突协调模型，以山西省、河南省、河北省、山东省为冲突主体，综合水量（生态流量）水质（COD、NH_3-N 浓度目标），对各冲突主体的用水量和污染物控制进行调整优化。结果表明，如果要达到跨界断面设定达到流量、水质浓度目标，流域允许用水总量与现状用水量相比较需要减少 55.13%；点源 COD 允许排放量、点源 NH_3-N 允许排放量需要在现状排放基础上分别削减 87.53%、91.48%。其中河南省和河北省的用水量削减率分别为 69.9% 和 53.5%，山西省和山东省削减较小。各省 COD 和 NH_3-N 的削减比例均必须在 76% 以上，河南省削减比例分别达到 91.5% 和 93%。

提出了纵向补偿模式和横向补偿模式两种模式。以流域整体为补偿客体的生态补偿金支付模式下，各行政主体以此为依据支付相应的生态补偿金，即纵向补偿模式。针对流域内跨界水污染问题的直接冲突对象，各行政主体之间的生态补偿模式，即横向补偿模式。

推荐了 3 种方案，在纵向补偿模式断面水质与污染物总量双重控制目标下，河北省、河南省、山东省、山西省最低应向全流域支付的补偿金分别为 12 331.72 万元、23 594.75 万元、6 140.22 万元、1 379.57 万元；最高应向全流域支付的补偿金分别为 12 857.83 万元、26 723.33 万元、7 569.48 万元、10 955.53 万元。在横向补偿模式阶段性断面水质控制目标下，按照环境容量为衡量依据，河北省应向全流域支付补偿金 3 453.23 万元；河南省应向河北省、山东省各支付 6 774.21 万元环境损害补偿金，山东省应向河北省支付 8 537.28 万元。

4.4.4 面源污染

（1）研究方法

本研究包括农业非点源中生产源——种植业和畜禽养殖业，以及生活源两部分，污染因子包括 COD、氮、磷、氨氮。与点源污染相比，农业非点源污染主要表现出以下特征：

①排放的分散性：与点源污染的集中性相反，非点源污染具有分散性的特征。它随流域内土地利用状况、地形地貌、水文特征、气候、天气等的不同而具有空间异质性和时间上的不均匀性。排放的分散性导致其地理边界和空间位

置的不易识别。

②发生的随机性：非点源污染主要伴随着降水事件发生，降水的随机性和其他影响因子的不确定性，决定了非点源污染的发生具有较大的随机性，不能准确地预测污染物的排放时间。

③边界的模糊性：农业非点源污染物的产生、迁移过程和形成机理非常复杂，一个区域内常常涉及多个污染来源，而且它们的排放是相互交叉的，加之不同的地理、气象、水文条件对污染物的迁移转化影响很大，因此很难确定特定区域水体中的某一污染物是哪一个污染源造成的，同时也很难确定某一污染物最终进入受纳水体的数量。

④过程的累积性：化肥和农药施入农田后，未被作物吸收或未降解的部分积累在土壤中，一般在降雨时才对水环境产生影响。若施用化肥即遇到降雨，造成的非点源污染将会十分严重，但在无降雨和其他地表径流时，往往累积于土壤中，在相当长的时间内都有随降雨进入地表或地下水的风险。

鉴于以上理由，准确地估算农业非点源的污染负荷极为困难，尤其是在中国缺乏大量长期的观察资料的情况下，需要开发出一种适合信息不充分条件下估算全流域农业非点源污染负荷的新方法。

形成农业非点源污染有以下必要条件：污染因子潜在数量；入河比率；径流量。

上述条件缺一不可，否则就不可能造成实际影响。也则污染因子潜在数量越多，入河比率越大，在径流足够大情况下，农业非点源污染负荷越大。用计算公式表示为：

$$Q_{PL}=Q_{PI}\times C_i\times C_r$$

式中，Q_{PL}为污染负荷量；Q_{PI}为污染因子存量；C_i为入河比率（系数）；C_r为径流量（≤全部污染物入河径流量）。

污染因子潜在数量是造成农业非点源污染的重要因素，不同农业生产领域污染成因也不同。种植业潜在污染主要来源于农田过多的氮磷肥料投入，养殖业主要来源于畜禽排泄物的不当管理。

施入农田的氮磷养分，一部分被农作物吸收，另一部分流失在土壤中成为潜在污染源，还有少量气化挥发到大气中。根据农田氮磷养分的迁移转化机理，种植业潜在污染负荷计算公式如下：

种植业潜在污染负荷＝（施肥前）土壤氮磷含量＋当年氮磷施用量－作物吸收量－气态损失量

畜禽养殖过程中，未经处理的畜禽粪尿排入水体造成污染。由于在一定技术条件下，畜禽喂养成长达到屠宰标准的期间内，同类畜禽的粪尿排泄量的个体差异不明显，可根据不同畜禽饲养量、饲养周期及其日（或年）的排泄系数来计算粪尿排泄总量，减去已无害化处理数量，以及不同畜禽粪便中污染物（总氮、总磷、NH_3-N、COD）平均含量来估算养殖业污染负荷潜在量。计算公式如下：

养殖业潜在污染负荷＝（畜禽饲养数量 × 畜禽粪便日排泄系数 × 饲养天数－已处理量）× 畜禽粪便中污染物平均含量

农村居民生活污染主要来源于农村中常住人口的日常消费和生理排泄物所造成的污染。在一定生活条件下，人均日常生活排泄量和产污量可通过调查确定相关系数来估算农村生活潜在污染负荷，估算公式为：

农村生活潜在污染负荷＝农村常住人口 × 农村生活人均日产污系数 ×365 天 ×（1－已处理百分比）

上述方法的应用，可以利用统计、农业、水利、人口等部门有关统计资料，并通过特定流域或区域的实地调研修正有关技术参数估算农业非点源潜在污染负荷。当农业污染物入河比率和径流量确定后，便可估算出特定流域或地区农业非点源污染负荷量。由于这一方法把实地调查和相关统计数据结合使用，故称为“IS（Investigation-Statistics）农业非点源负荷估算法”。

（2）主要研究成果

应用“IS（Investigation-Statistics）农业非点源负荷估算法”对海河流域农业非点源潜在污染负荷进行估算。估算过程中，根据海河流域农业生产及农业污染特点，适当地修订了畜禽养殖排泄系数和粪便污染物含量系数；同时，由于海河流域农田土壤氮磷养分含量现状数据不足，假设除流失于水体（地表水和地下水）之外，其余被作物吸收和构成农田土壤的基础养分，则种植业潜在污染负荷可以按氮、磷流失比率来估算。

在实际估算过程中，以县为单位，通过查阅相关部门的统计数据，实地调查整个海河流域农业生产和农村生活基本情况，如人口数量及人均生活耗费、农作物种植结构（包括作物品种、作物产量和种植面积）及氮、磷肥料投入、畜禽养殖结构（养殖品种、养殖量），了解农业面源污染各个方面的具体情况，同时结合 2007 年全国污染源普查数据，确定农业非点源估算系数，开展潜在污染负荷的总体估算，结果见表 4-9。

表 4-9 2007 年海河流域农业非点源污染潜在负荷估算 单位：t

污染物	COD	总氮	总磷	NH_3-N
种植业	—	4 537 595	374 647	268 897
畜禽养殖	1 222 579	66 851	17 037	32 948
农村生活	3 401	279	32	133
大气沉降	—	3 670	—	—
合计	1 225 980	4 608 395	391 716	301 978

由计算结果可知，海河流域农业非点源污染潜在污染负荷中，COD 的来源有农村生活及畜禽养殖两方面。其中，畜禽养殖是 COD 负荷的主要来源，占总负荷的 99.72%。总氮来源的污染负荷贡献百分比分别为：种植业 98.46%，畜禽养殖 1.45%，农村生活 0.01%，大气沉降 0.08%；总磷的来源种植业占 95.64%，是主要来源；NH_3-N 的来源中种植业占 89.05%，畜禽养殖占 10.91%。

海河流域包括多个子流域，各子流域农业非点源污染负荷量和来源不同。为了解子流域的污染情况，需要以子流域为依据进行分区估算。各子流域所包括的面积大小不一，仅估算总量指标难以识别不同子流域农业非点源污染程度，故按各子流域的汇水面积计算平均值，反映其潜在污染负荷。表 4-10 估算结果反映 2007 年各个子流域农业生产（包括种植业和畜禽养殖业）过程中单位汇水面积农业非点源负荷状况。

表 4-10 表明，永定河册田水库区农业非点源污染程度最轻，其次是北三河山区及北四河下游平原；徒骇马下颊河污染最为严重，是农业非点源污染防治的重点流域。

表 4-10 2007 年各子流域单位面积种养业污染负荷 单位：t/km^2

二级区	汇水面积 / km^2	COD	总氮	总磷	NH_3-N
全流域	569 338	2.14	8.10	0.70	0.54
北三河山区及北四河下游平原	83 443	0.84	2.94	0.29	0.18
永定河册田水库区	108 690	0.73	2.02	0.22	0.12
大清河流域	166 917	0.87	3.96	0.35	0.24
黑龙港及运东平原	31 487	2.04	17.94	1.93	1.05
漳卫河平原及山区	58 284	4.18	13.53	1.00	0.90
子牙河平原及山区	17 654	6.08	30.26	2.38	2.00
滦河平原及冀东沿海诸河、滦河山区	77 436	2.08	4.29	0.42	0.37
徒骇马下颊河	25 427	13.79	49.65	3.72	3.55

（3）主要治理措施

① 海河流域是我国重要的农产品产区和京、津等大中城市食物供给基地，保持农业稳定增长具有重大意义。要制定海河流域农业生产、农村经济社会与农业非点源污染防治相协调长期发展规划和农业减排鼓励政策，推行高效清洁农业增长模式，走可持续增长道路。

② 种植业协调发展模式和政策以优化种植结构为主导，采用科学的耕种方法，实现土地合理利用、化肥农药合理施用以及节水灌溉。同时，重视提高秸秆资源利用率，形成资源—产品—再利用—再生产的循环发展模式。

③ 畜禽养殖业协调发展模式和政策从畜禽养殖场的选址入手，逐渐以点源治理方式规范养殖场的非点源污染。并以畜禽粪便再利用为核心，大力发展沼气工程，推广高效有机肥生产和应用技术，全力打造种养结合的循环农业模式。

④ 农村生活协调发展模式和政策则根据村落的不同属性，采取不同措施解决集中和分散村落的生活污染问题。对于城镇化和集中村落，则通过市政工程作为点源治理，而分散村落则需采用简便、有效且成本低的处理方式减少非点源污染。

4.5　示范项目

为配合16个项目县（市、区）IWEMPs的研究与实施工作的开展，在部分项目县（区、市）开展了针对水资源或水环境典型问题的示范项目。下面将分别选择北京市的“真实节水”技术推广应用、河北省馆陶县的“水权分配与地下水管理”、河南省新乡县的“县级水污染控制”、山西省潞城市“浊漳河南源人工湿地水质净化工程”与“辛安泉水源地生态补偿机制”，以及山东省德州市“水生态修复”为例，具体介绍县级示范项目的开展情况。

4.5.1　水资源管理示范项目

（1）北京市“真实节水”技术推广示范项目

“北京市利用遥感蒸腾蒸发数据进行真实节水技术研究”课题是水资源示范项目的核心内容。项目总体目标是提高灌区农业用水管理水平，实现由“供水管理”向“需水管理”的转变，达到资源性节水和水资源的可持续利用。课题研究以北京市蒸腾蒸发遥感监测系统为基础，利用该系统生成的区域遥感蒸腾蒸发时空分布数据、土地利用和作物分布图，以及作物产量和降水实测资料，结合区域用水实测数据及不同区域尺度地面蒸腾蒸发监测数据，通过理论研究、实测数据分析和模型计算等方法，实现遥感蒸腾蒸发数据在农业用水管理中的应用。

课题主要研究内容包括以下三方面：① 基于遥感监测蒸腾蒸发的区域水平衡分析和预测；② 区域蒸腾蒸发定额和灌溉用水定额分配；③ 地下水灌区灌溉管理与评价。课题研究的技术路线如图 4-6 所示。

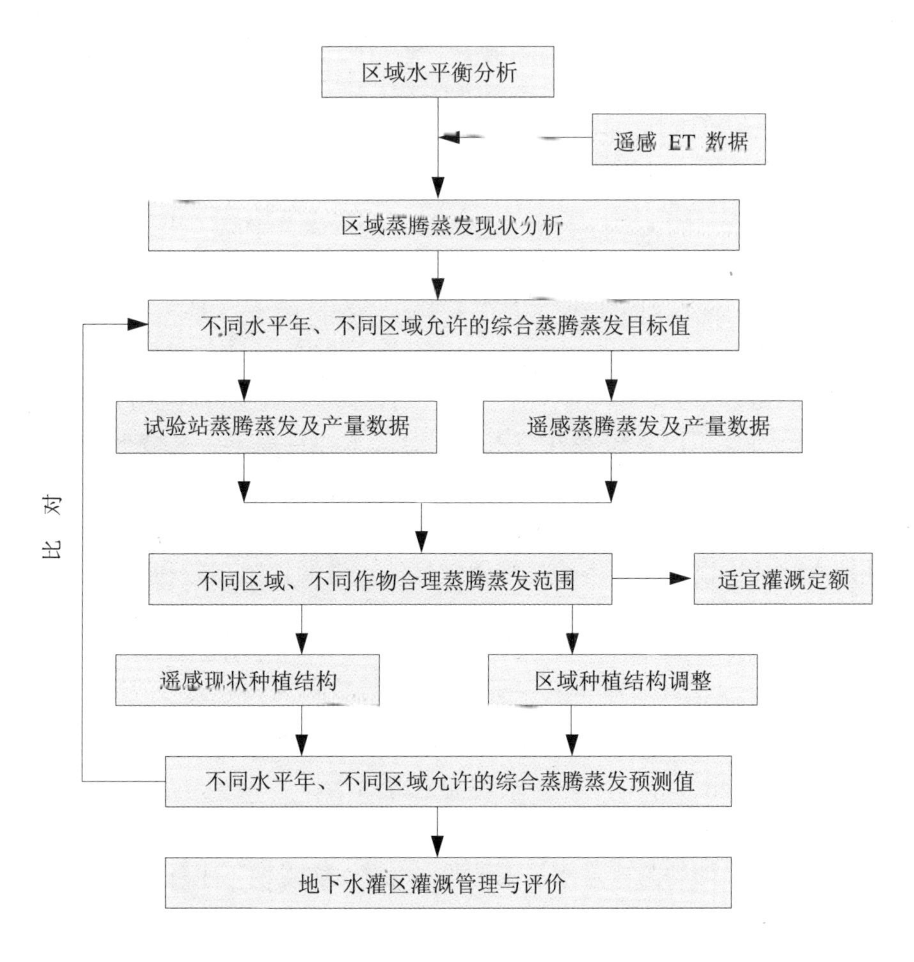

图 4-6　北京市“真实节水”示范项目技术路线

课题取得了以下主要研究成果：

① 基于遥感监测的区域耗水量和产量分布，研究了北京地区主要作物的耗水规律及水分生产率空间分布，构建了区域作物水分生产函数；首次提出了基

于遥感的作物耗水定额和灌溉用水定额计算模型，分析了不同措施的节水潜力，为资源性缺水地区实现耗水定额管理提供了有效手段。

② 采用水平衡模型分析了研究区现状和未来情景下的供、需、耗、排状况，对提高灌溉水利用效率、实行非充分灌溉、改善种植结构及利用区外水源等不同情景方案进行了预测和评价，提出了推荐方案。该方法弥补了传统供需平衡方法的缺陷，为区域种植结构优化、水资源合理调配和高效利用提供了参考。

③ 以长系列地下水观测数据和遥感监测蒸腾蒸发数据为基础，建立了区域耗水量与地下水变幅间的定量关系，研究了不同节水措施对减少区域耗水量和涵养地下水的作用，为农业节水决策提供了理论依据，实现了遥感监测蒸腾蒸发在农业水管理中的应用。

项目选择北京市的大兴区和密云县为示范区，涵盖平原区和山区两种地形条件，针对两示范区在农业水管理中存在的主要问题，提出了基于遥感蒸腾蒸发的用水管理工具和方法，用水管理工具已安装在示范区的水管理系统中，并在指导示范项目区农业水管理中得到应用。利用该工具获得主要作物 ET 定额及灌溉用水定额，对示范区主要农作物耗水进行定额管理，可减少将近 2 000 万 m^3 的地下水开采量，并实现区域资源性节水。同时，本项目提出了区域水平衡分析工具及以区域耗水控制为基础的灌溉用水管理评价方法，利用该成果可明确区域节水实际需求，通过采用相应的先进节水措施对区域耗水进行控制，不仅可缓解当地缺水状况，也为类似资源性缺水地区的水资源持续高效利用提供了指导。

（2）河北省馆陶县“水权分配与地下水管理”示范项目

① 概况

馆陶县地处河北省南部、海河流域黑龙港上游，属暖温带半湿润地区，大陆性季风气候，多年平均降雨量 548.7 mm，无外来水源。馆陶县土地面积 456.3 km^2，耕地 46.7 万亩。全县水资源总量 6 260 万 m^3，亩均 134 m^3，人均 196 m^3，远远低于河北省、国家的水资源平均占有量，是一个严重资源性缺水地区。如何在这样的地区实现水资源的供耗平衡，实现地下水环境的可持续发展，地下水零超采，本项目进行了专门探索。

② 蒸腾蒸发与水权的关系

在世界银行贷款节水灌溉一期项目中引进了蒸腾蒸发的概念和管理模式，这在井灌区是第一次。在 GEF 海河项目中又引进了水权“三要素”的概念，这在井灌区也是第一次。蒸腾蒸发是一个抽象性的概念，人们尤其是农民难以理解，不易操作。而农业用水量占全县总用水量的 80% 以上，是地下水管理的重点。

把降雨入渗补给地下水部分的水量作为可控水量一水权，分配到乡镇、村、各家各户（地块）。而作物$ET_{单}=P_{效}+W_{灌}$，$W_{灌}$就是可控水量一权量；$ET_{耕}$= 各$ET_{单}$与播种面积的加权平均值；$ET_{非}=0.6\times ET_{耕}$；$ET_{综}=ET_{耕}\times\eta+ET_{非}\times(1-\eta)$。从上述各变量之间的关系，可以看出只要控制了$W_{灌}$，就控制了$ET_{综}$。

$ET_{单}$——单项作物蒸腾蒸量，mm；

$ET_{耕}$——耕地的蒸腾蒸量，mm；

$ET_{非}$——非耕地的蒸腾蒸量，mm；

$ET_{综}$——耕地与非耕地的综合蒸腾蒸量，mm；

η——耕地的有效利用系数；

$W_{灌}$——地下水开采量。

③ $ET_{综}$目标值的选定

馆陶县气象长系列降雨资料多年平均降雨量为548.7 mm，在GEF海河项目中1985—2005年系列为530.2 mm，被分配的蒸腾蒸发定额是556 mm。经综合分析，将多年平均降雨量作为目标蒸腾蒸发值。这样降多少雨，就用多少水，枯欠丰补，实现一块天对一块地，实现一个地区多年水资源量的流入与流出平衡。

④ 水权的分配目标、方法及结果

● 水权分配的目标

水权分配的目标是变传统的管理为以蒸腾蒸发为水权决策基线的可操作的蒸腾蒸发管理模式，全面实施工程节水、农业节水和管理节水措施，减少蒸腾蒸发的无效消耗，实现地下水的零超采，并使年蒸腾蒸发总量等于当地年均降雨量，确保农业和国民经济的持续发展和农村社会的稳定。

● 水权分配的方法

水权分配是以政府行为进行的，在对全县水资源重新评价，准确计算并确定全县耕地的平均蒸腾蒸发、耕地非耕地的综合蒸腾蒸发和相应的多年平均地下水允许开采量的基础上，对农业用水进行分配，其具体做法为：

a. 根据县地下水的水文分区类型，计算出各分区的$ET_{耕}$、$ET_{综}$和相应的允许开采量，把各分区分为若干个亚区，并分别计算其$ET_{耕}$、$ET_{综}$和相应的允许开采量。

b. 把全县各村在图上圈入各个亚区，计算出全县各村的$ET_{耕}$、$ET_{综}$和相应的允许开采量。

c. 各村按照所有承包户承包地块面积，把全村的$ET_{耕}$和相应的允许开采量分摊到各户（地块）。

d. 非耕地的蒸腾蒸发归全村统一支配，主要用于人畜生活饮水和其他公益事业用水。

e. 在地下水超采区，必须按照合理性原则，开采利用地下水。如地下水短缺，每个农户要分摊不足部分的相应水量。

● 水权分配结果

馆陶县 GEF 项目办与县水政水资办的技术人员，经过近 4 年时间的分析计算，把地下水权分配到乡镇、各行政村（表 4-11）到户。

表 4-11　馆陶县水权水资源分配表

乡（镇）名称	土地面积 /km^2	耕地 /hm^2	耕地蒸腾蒸发 /mm	非耕地蒸腾蒸发 /mm	综合蒸腾蒸发 /mm	相应允许开采量 / 万 m^3		
						小计	耕地	非耕地
馆陶镇	50.72	2 025.24	698.8	415.7	526.55	667.7	267.4	400.3
魏僧寨镇	55.98	3 169.19	665.7	399.4	551.2	771.4	437.3	334.1
路桥乡	72.26	4 120.91	665.9	399.5	551.4	996.1	568.8	427.3
寿山寺乡	60.39	3 168.88	692.9	415.7	559.86	845.2	444.0	401.2
王桥乡	56.01	3 206.86	656	393.6	543.2	760.6	436.3	324.3
南徐村乡	42.69	2 486.13	637.3	382.4	530.2	565.9	329.6	236.3
房寨镇	43.78	2 611.83	659.8	395.9	554.2	606.6	361.9	244.7
柴堡镇	74.47	4 468.01	669.2	401.5	562.14	1 046.6	630.7	415.9
合计	456.30	25 265.53	669.0	401.4	548.7	6 260	3 476.0	2 784.1

表 4-12　王桥乡东芦里村以蒸腾蒸发定额为基线的水权分配表

序号	水文分区	户主	耕地面积 / 亩	耕地蒸腾蒸发 /mm	非耕地蒸腾蒸发 /mm	综合蒸腾蒸发 /mm	相应允许开采量 / m^3
1	I-2	李建夫	3.36	654.5	392.7	500.0	280.1
2	I-2	李建勋	3.36	654.5	392.7	500.0	280.1
3	I-2	李建波	3.36	654.5	392.7	500.0	280.1
7	I-2	李跃宗	3.36	654.5	392.7	500.0	280.1
68	I-2	李玉法	7.755	654.5	392.7	500.0	646.6
69	I-2	李俊军	8.46	654.5	392.7	500.0	705.4
70	I-2	李保书	4.23	654.5	392.7	500.0	352.7
71	I-2	李保春	4.23	654.5	392.7	500.0	352.7
185	I-2	李付增	2.876	654.5	392.7	500.0	239.8
186	I-2	李建华	9.466	654.5	392.7	500.0	789.2
213	I-2	李焕文	2.488	654.5	392.7	500.0	207.4

序号	水文分区	户主	耕地面积/亩	耕地蒸腾蒸发/mm	非耕地蒸腾蒸发/mm	综合蒸腾蒸发/mm	相应允许开采量/m^3
217	I-2	李口俊	2.488	654.5	392.7	500.0	207.4
218	I-2	李陶生	6.22	654.5	392.7	500.0	518.6
	I-2	耕地合计	1 135.04	654.5	392.7	500.0	94 633.8
	I-2	非耕地	1 314.46	654.5	392.7	500.0	109 593.3
	I-2	全村合计	2 449.5	654.5	392.7	500.0	204 227.1

⑤ 水权体系建设

没有水权体系任何水资源分配都很难实现。因此，水权体系是水资源分配的可靠保证。

● 实施原则（办法）

根据馆陶县的实际情况，实施水权原则为：

a. 县人民政府代表国务院和上级地方政府管理县境内的地下水资源，并全面协调地下水资源分配；

b. 任何土地使用者对其地面覆盖下的地下水资源拥有使用权（或相对所有权），其中包括优先权；

c. 水资源的使用权可以随着土地使用目标而改变或转让；

d. 对于不顾国家法律限制和其他用水户的利益，任意开采和浪费地下水资源要赔偿由此造成的一切损失。

● 水权系统的管理

a 管理体制：县级水资源管理由县水资源管理委员会作为执行水资源司法和管理职能，该委员会下设水政水资源管理办公室和两个执法大队，具体执行水资源法律与法规。在执行国家和上级地方人民政府的法律法规的同时，馆陶县也制定了《馆陶县地下水计划管理办法》等法规性文件。

b. 管理机制：在县水资源管理委员会的统管下，基层组织和有关部门通力合作，构成水权管理系统和运行机制。

● 法规建设

由县政府批转的《水资源分配与水权体系建设方案》《水价核定与水费计收制度》《IWEMPs 规划》《馆陶县 GEF 示范项目进一步加强地下水管理计划》《馆陶县微咸水、咸水开发利用技术及管理指南》、由县人大通过的《馆陶县地下水管理办法》等。

● 加强水事执法力度，实施最严格的用水定额制度有了较为完善的法规制度，就要进一步加强水事执法力度，贯彻落实各种水事法规制度。在用水管理上实施最严格的用水定额制度，实施梯阶加价制度，实行超罚节奖。在井灌区逐步全面推广水表、智能卡等量水设施，实现真正的按方计量。

⑥ 地下水管理成效

馆陶县自2000年开始，作为世行贷款节水灌溉项目（WCP）地下水管理示范县，已取得显著成效。GEF海河项目又把馆陶县列为“有咸水区地下水管理示范项目县”，这就为馆陶县的地下水管理的持续发展提供了重要条件。实践证明，不仅能够持续发展，而且使地下水管理更加全面、系统和科学化，把馆陶县地下水管理推上新台阶，提高到新水平。

地下水管理效果显著，下降速率大大减缓，自2000—2009年的10年间地下水平均下降0.21 m，比2000年前的年平均下速率0.73 m减少0.52 m。自GEF海河项目实施以来，以2004年基准年，2005—2009年的5年间地下水年均下降速率0.18 m，农业灌溉地下水超采量由基线的2 523万m^3降到2009年的1 140.1万m^3，降低50.1%，这说明GEF海河项目的实施也取得良好的成效（表4-13）。项目的实施使馆陶县的水资源与水环境得到进一步改善，地下水零超采，水资源可持续利用有望实现。

表4-13　浅层地下水位平均埋深表　　单位：m

年份	1999	2000	2001	2002	2003	2004	2005	2006	2007	2008	2009	年均降幅
全县	19.69	19.7	19.87	21.06	20.88	20.83	20.66	21.8	21.36	21.1	20.95	0.126
							20.66	21.8	21.36	21.1	20.95	0.024
示范区						20.3	19.9	21.1	20.9	21	20.7	0.08

⑦ 小结

用蒸散发量来进行地下水管理，控制地下水开采量，用水权来完善蒸散管理，这在平原区，尤其是在海河流域机井灌区是首次提出并付诸实施，馆陶县第一次进行了尝试，取得了一定的经验。为海河流域的利用蒸散管理地下水的探索提供了有益的尝试。

（3）河北省成安县“水权与打井许可有效管理”示范项目

① 示范区概况

成安县位于河北省南部，总面积485 km^2，是漳河携带物沉积而成的冲积扇平原，在水资源计算分区中分属滏西平原和黑龙港平原，属于资源型缺水区域。由于地下水长期超采，从而引发了机井报废率高及地下水位持续下降，据1998—2004年地下水位观测资料，东部约60 km^2深层地下水开采区地下水位年平均下降1.57 m，浅层地下水位年平均下降1.06 m。在管理上存在水权不明晰、机井管理制度不完善、管理体制不顺与机制不活、水价管理制度不健全以及用水计量设施不完善造成水资源浪费等问题。

② 主要示范项目内容

首先建立有代表性的中心示范区，在成安县选择商城镇为中心示范区（该示范区为独立的水文单元，属于纯井灌区），重点实施以现状蒸散。作为水权决策基础，目标蒸散发量为标准，进行水权分配，并落实到各用水户，落实取水制度、建立合理水价制度、实施按量计征、超量加价的节水措施等，建立社区主导型发展机制（CDD），在取得经验后进行推广。

实施程序见图4-7。

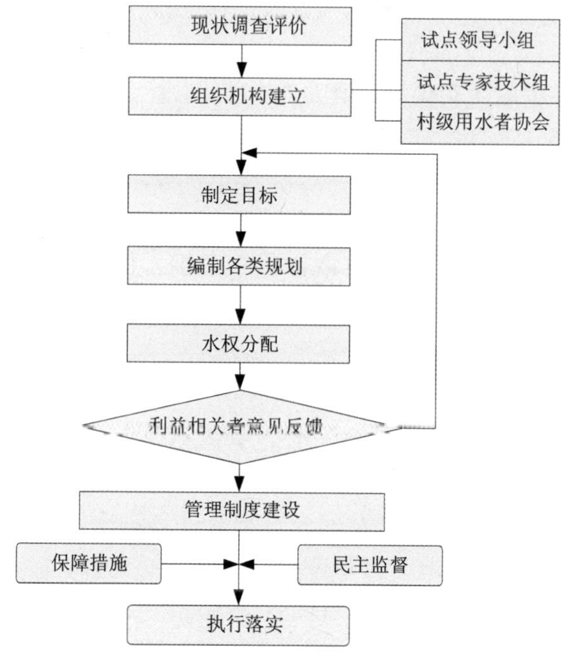

图4-7　实施程序

● “蒸腾蒸发”目标的确定与“蒸腾蒸发”值分配

首先，对卫星遥感测量“蒸腾蒸发”值进行校正，获得示范区的现状“蒸腾蒸发”值；通过供耗分析，确定示范区综合目标“蒸腾蒸发”定为多年平均可利

用水资源量 $W_{均}$，对于独立的水文单元即为多年平均降雨量 $P_{均}$，即 $ET_{目标}=P_{均}$。

然后，以“蒸腾蒸发”作为水权决策基线，采用“多因子评判权重法”和“定额法”对“蒸腾蒸发”值进行分配，采用层次分落实到各用水户。

● 水权制度建设

成安县制定了《成安县水权分配办法》，包括用水结构、节水水平、各行业用水定额等，制定了水权分配原则、水权分配方法，根据区域水资源可供量，确定了区域各用水单元、用水户的初始水权。在此基础上制定了《成安县水权交易办法》，规定了水权交易原则、交易范围、交易条件、不同行业水权交易要求，以及水权交易的资金管理及奖惩措施，同时对水权交易情况进行公示。

初始水权以水权证的形式发给用水户，水权证由已建立的农民用水者协会（WUA）发放，水权证内详细记录的信息，包括该农户所在的村、组、户主姓名、人口、耕地面积、种植作物、水权的拥有量等，并记录每次的用水信息，包括用水时间、用水量、灌溉作物。例如，示范项目区武吉村水权分配结果如表 4-14 所示。

● 在中心示范区实施用水计量与收费制度

2005 年 5—7 月，武吉村和高母村农民用水者协会开展了计量设施安装，两村共配套机井 102 眼，其中生活水源井 3 眼，工业用水井 11 眼，农业井 88 眼，全部安装了计量设施。根据国家和地方相关法律法规，结合武吉村实际，经村民代表大会通过，遵循补偿成本、公平负担、保护资源、节约用水的原则制定了《成安县武吉村水费计征及奖惩办法》，规定了生活、工业用水和农业用水的价格。

● 实施取水许可制度

在成安县规定所有取用地下水的单位和个人必须经县水行政主管部门批准领取取水许可证取得取水权，按照批准水量进行取水，不得擅自改变取水地点、取水方式、取水用途。为了合理开发和有计划利用地下水，严格控制新打机井，依据《水法》《成安县地下水管理办法》及相关法律，制定了打井许可管理办法和打井许可制度执行程序，即申请→现场勘察→核准→审批发证。

项目区农民取水许可制度制定、发放取水许可证，由县水务局按照分级管理权限，负责取水许可申请的受理、勘察、取水工程的验收、发放水权使用证，并将水权使用情况进行汇总并报上一级水行政主管部门备案审查。村级农民用水者协会在县级水行政主管部门的授权下，负责按照农户承包地块面积及种植类型，确定每户的 ET 及相应的取水量，并发放水权使用证。

表 4-14　武吉村水权分配方案

商城镇乡（镇）武吉村 4 队（10 组）

户主	人口	粮食/亩	蒸腾蒸发值/mm	分配灌溉水量/m^3	棉花/亩	蒸腾蒸发值/mm	分配灌溉水量/m^3	蔬菜/亩	蒸腾蒸发值/mm	分配灌溉水量/m^3	其他作物/亩	蒸腾蒸发/mm	分配灌溉水量/m^3	合计耕地/亩	蒸腾蒸发值/mm	合计分配水量/m^3
秦兆清	4	6.0	720	1 320										6	720	1 320
秦海峰	4	3.0	720	660	1.0	561	128							4	688.2	788
秦树庆	4	4.0	720	880	4.0	561	514	0.50		250				9	640.5	1 644
秦树森	5	6.0	720	1 320	5.4	561	690	0.50		250				12	637.4	2 260
刘希清	4	4.0	720	880	2.0	561	257							6	667.0	1 137
刘 俊	5	10.0	720	2 200	5.0	561	642							15	640.5	2 842
刘次文	5	5.1	720	1 121							1.0		100	5	720	1 121
刘 河	3	3.0	720	660	1.9	561	244							6	658.3	904
刘小亮	3	2.1	720	462										2	720	462

- 建立社区主导型发展（CDD）机制

示范区在项目实施过程中重视公众参与，开展CDD的机构能力建设，确定公共参与者提供的适宜环境，制定社区及技术训练框架。成立用水者协会机构、制定章程、组织选举，确定节水目标、灌溉农业体系重建计划等；在进行打井许可制度实施、初始水权分配、计量制度实施、水价制定等过程中，成安县项目官员、专业技术人员、深入到农户，田间地头，进行宣传教育，一对一的交流对话，制度怎样制定、怎样实施，听取他们的意见，让规划更具实施性；先后多次召开联席会议，包括项目的利益相关者涉及社会各界、各阶层人士，包括政府官员、城镇居民、农民用水者协会（WUA）及农民等公众代表等。

- 建立监测与监督制度

在示范区布设2个地下水观测点、3个土壤水分、养分监测点、10处灌溉用水量监测点、50个产量产值农户联系监测点、1个降雨观测站，并执行项目监测资料成果严格管理及汇报制度。在县GEF项目办和专家组指导下，建立项目监测监督机构，对实施项目进行监测和汇总评价分析。主要任务：①掌握项目区各项监测内容，监测指标，各类报表等技术规定；②制定项目区监测计划、实施措施，完成各类监测数据的采集、计算、审核、上报工作；③建立监测评价责任制和监测资料审核制度，确保各项监测、资料分析、评价成果的真实性、正确性和准确性。

③ 项目实施效果

- 随意打井情况得到有效遏制。全县严格实施打井许可制度以来，未出现随意打井情况，中心示范区从2004年至今未增加新打机井。
- 用水计量制度实施以来，农业用水量明显下降。农业灌溉用水安装水表后，多数农民已由传统的盲目灌溉，转变为在专家指导下的科学灌溉，作物灌水量平均亩次减少15 mm左右，灌溉成本明显下降。
- 促使农民加大工程节水力度，强化农艺节水推广规模。2005—2006年，铺设低压管道15 000 m，小白龙35 000 m；2006年，铺设低压管道5 000 m；推广农业节水规模，地膜覆盖棉花1 100亩，建塑料大棚150亩，土地深松保墒2 700亩，土地平整1 300亩，秸秆覆盖还田2 500亩。
- 参与式管理提高农民节水意识。项目的实施，通过CDD建设，让用水户参与项目的决策、实施等全过程，通过项目技术和知识培训，并利用各类宣传工具，让ET管理的概念贯彻到整个项目的实施过程中；以“公推直选”的方式组建的农民WUA，让用水户有了主人翁意识；在农业和生活用水上印制了《生活用水登记手册》和《农业用水登记手册》，让用水户了解用水状况，提高节约用水意识。

4.5.2　水污染控制示范项目

（1）河南省新乡县“水污染控制”示范项目

近年来，随着新乡县社会经济的飞速发展和人口的迅速增加，城市化进程加快，用水量剧增，造成地下水严重超采，已形成漏斗区。同时，现有产业结构不合理，县属造纸等污染企业主要沿东孟姜女河分布，污染物排放集中，使河流失去生态功能，给地下水和下游地区带来严重污染，成为卫河沿岸的线形污染源。县域内水资源供需矛盾日趋紧张，水环境不断恶化。为了从根本上解决新乡县漳卫南运河（东、西孟姜女河）的水污染问题，有效控制水环境污染，保护水资源质量，新乡县开展了水污染控制示范项目的相关研究。

① 工业污染控制

● 提高行业排放标准，优化产业结构

在现有行业排放标准基础上，结合行业发展的经济、环境效益，制定严格的限排标准，控制污染物排放量，有地方标准和行业标准的按照相应标准执行，其余全部执行地方综合污水排放标准，有利于行业污染物排放限制的统一管理。考虑到新乡县工业污染排放特征，主要对新乡县域内高耗水、重污染的造纸、医药卫材和化工企业进行调整，并加强对企业的监督管理，加大对企业偷排、漏排和超标准排污行为的处罚力度，引导企业通过技术改造走“节水减污”道路。

● 发展循环经济，推行清洁生产

引进并深化循环经济、绿色GDP的理念，提倡可持续的生产方式和消费方式，推进资源的循环利用，通过改造生产工艺等措施，实现节能、降耗、减污、增效，提高生产过程中的科技含量，提高工业用水重复利用率，降低单位工业产值废水和污染物排放量。

● 工业园区的建设和推广

按照企业的行业类型划分不同工业园，加以重组调整，通过集中办厂、统一配套、统一管理，提高行业发展技术。在工业园区内积极发展循环经济，建立工业生态系统，形成内部资源、能源高效利用，外部废物排放最小化的可持续地域经济发展综合体，有效治理工业污染，在根本上解决环境污染问题，实现自然环境和经济效益的双赢。推动工业园区、工业集聚区及流域集中污水处理厂建设，工业园区污水尽量集中搜集，进新乡市贾屯水处理厂进行处理；完成东孟姜女河流域污水处理厂配套管网。

● 加强监管力度，严格控制

严格实施污染物排放总量控制和排污许可证制度，全县污染企业必须申办排污许可证，并在允许的排污控制量内排放污染物，确保全县污染物排放量严格控制在省核定的污染物总量控制指标内。

鼓励企业自律守法，主动承担社会责任，争创清洁生产先进企业和环境友好企业，将企业达标排放后进一步削减污染物作为争创活动的先决条件。提倡可持续的生产方式和消费方式，推进资源的循环利用。

② 生活污染控制

● 加快污水处理厂建设，提高污水集中处理率

为满足新乡县工业废水和生活污水处理需求，削减工业和城镇生活污染，降低对水体特别是东、西孟姜女河水体的污染负荷，在工业或生活污染负荷较大且未建设污水处理厂的区域新建污水处理厂，使污水得到有效的处理，进一步削减污染物排放量。同时，要严格污水处理厂监管，加强处理系统的运行管理和维护，所有污水处理厂必须安装在线监测装置，确保达标排放。

● 加快污水处理厂污水管网建设

进一步完善新乡县生活及工业污水处理厂的收水管网，扩大收水范围，提高收水率和处理率。污水处理厂收水范围内的生活污水全部截流进入污水处理厂处理，能进污水处理厂的工业废水在企业治理达到相应行业或者综合排放标准要求后进入污水处理厂进行进一步深度治理。

● 其他措施

加强农村生活污水收集处理系统建设，对不能纳入城镇污水处理厂的村，因地制宜采用湿地处理、林地处理、土地处理等生态处理工程处理。

新、改、扩建的建筑及居住小区应按分流制设计施工，实行雨污分流；区域污水集中处理设施未建成前，生活污水排放量较大的建设项目必须配套建设生活污水处理设施，具体包括：日排水量超过 60 m^3 的旅馆设施、娱乐服务设施；日排水量超过 100m^3 的生活住宅小区；日排水量超过 100 m^3 的综合楼、住宅楼。

③ 畜禽养殖污染控制

按照新乡县对畜禽养殖业的减排要求，初步提出 2010 年底前，80% 的规模化畜禽养殖企业需建成废水处理设施，禁止废水直接向水体排放，使粪便综合利用率不小于 90%；2015 年，90 % 以上的规模化畜禽养殖场和养殖小区配套完善的固体废物和污水处理设施，并保证设施正常运行，粪便综合利用率不小于

95 %；2020 年，规模化畜禽养殖场和养殖小区全部配套完善的固体废物和污水处理设施，粪便综合利用率不小于 100%。

④ 河道综合整治方案

重点为东、西孟姜女河，人民胜利渠、共产主义渠的综合整治。对东、西孟姜女河进行整治完善管网，将废水收入集中污水处理厂进行处理。开展县城区水环境综合治理工程，实施底泥清淤和水生态的修复，保证县区内无劣Ⅴ类水体和黑臭现象。

（2）山西省潞城市“水污染控制”示范项目

潞城市水资源与水环境综合管理规划（IWEMP）中“水污染控制”示范项目选择了两个项目进行示范：① 浊漳河南源人工湿地水质净化工程；② 山西省辛安泉水源地生态补偿机制。

① 浊漳河南源人工湿地水质净化工程

人工湿地具有缓冲容量大，净化效果好，特别是对于废水处理厂难以去除的营养元素具有较好的净化效果。因此对于潞城市浊漳河各河段氨氮超标严重的情况而言，该方法具有很好的适宜性，具有深度处理的功效。在潞城市采取一定的水污染控制措施的前提下，要想进一步改善浊漳河南源的水环境状况，使其水体达到《地表水环境质量标准》（GB 3838—2002）Ⅲ类水质要求，有必要建设相应的生态工程治理措施。

在浊漳河南源店上段污染较为严重的河段，建设浊漳河南源人工湿地水质净化工程，对污染河水进行处理。选定潞城市店上镇宋村以北、韩村和东白兔村之间的浊漳河南源河滩地及浅水区为人工湿地工程建设区。工程区总长约 1 400 m，宽度平均约 256 m，建设区总面积约 540 亩（图 4-8）。

基于技术稳定、经济可行、管理简便的设计原则，综合考虑水质净化与生态保护相协调、环境效益和经济效益并重相统一，根据建设用地的地形地貌特征，确定潞城市浊漳河南源店上段人工湿地水质净化工程的工艺方案为：

首先在潞城市店上镇宋村桥北 400 m 的浊漳河南源河道上建设橡胶坝，抬升河水水位；在橡胶坝上游河道内形成生态滞留塘，对污染河水进行预处理后，河水重力自流至人工湿地系统，依次经过多级表面流湿地系统，在植物、微生物和土壤的联合作用下实现水质的深度净化，水质达标后直接排入浊漳河南源。

在湿地工程中配置景观植物，建设具有水质净化与生态景观功能的湿地系统。人工湿地水质净化工程建成后，实现如下目标：

- 有效净化浊漳河南源店上镇污染河水，经过湿地工程处理后水质达到《地

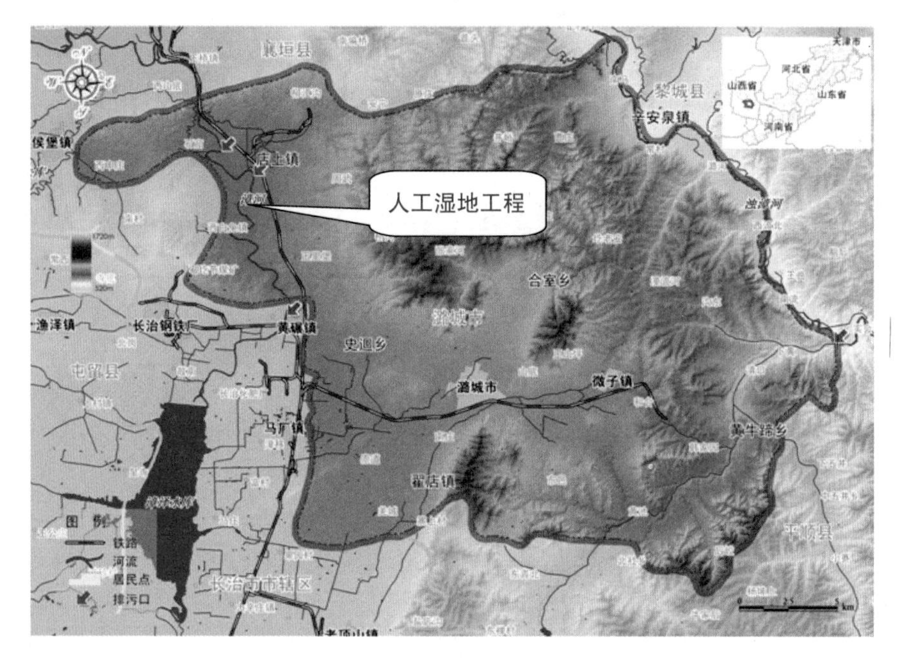

图 4-8 浊漳河南源人工湿地水质净化工程位置

表水环境质量标准》(GB 3838—2002)Ⅳ类水质标准；

- 考虑环境、经济和景观等要素，遵循生态学原理和因地制宜的原则，建设具有水质净化与生态多样性功能的湿地生态系统；
- 处理后的水可用于景观喷灌和农田灌溉，或回补河流生态水，提高水资源利用率，力求达到环境效益、经济效益和社会效益的统一。远期规划在浊漳河南源下游河湃村建设二期人工湿地工程，对河水进行再处理，确保水质的进一步提高。

② 辛安泉水源地生态补偿

鉴于辛安泉水源地存在断流严重、水生态受破坏、水体污染等问题的存在，应从政策上建立相关的生态补偿机制，主要针对补偿范围、生态补偿主客体、生态补偿标准、生态补偿模式、生态补偿的实施等环节进行研究，以限制、约束不合理的水土资源开发利用活动，鼓励生态环境建设和保护活动，对于恢复辛安泉良好的水生态环境、实现区域经济的可持续发展具有重要意义。

补偿客体为辛安泉水源保护区为水生态保护和修复作出贡献和牺牲的所有居民；补偿主体国家、下游一切受益的单位和个人、一切生活或生产过程中向外界排放污染物，影响流域水量和流域水质的个人、企业或单位。

生态补偿的标准为一切生活或生产过程中向水源区生态建设的总成本，主要包括涵养林的营造和保育费用、项目的建设费用、运行费用、占用居民耕地或者房屋的经济损失、机会损失等。

辛安泉水源保护的生态补偿的费用应该介于总成本和生态服务价值之间。在辛安泉水源地保护区资料收集和实际调研的基础上，按照水源地保护生态补偿标准进行生态补偿的计算；并对辛安泉水源保护区利益相关者的补偿意愿以及保护的效果进行调查与分析，最终确定生态补偿的分配。结果表明：潞城市辛安泉水源地生态补偿为 2 294.95 万元。

最后，提出了辛安泉水源地生态补偿管理体制和辛安泉水源地生态补偿政策建议，如水源地保护生态补偿的收费政策、财政政策、投入政策、税收和扶持政策，以及辛安泉水源地生态补偿立法建议。

（3）山东省德州市水生态修复示范项目

德州市城区处于海河流域漳卫南子流域的中间地段，是上游泄洪调蓄的控制枢纽，同时还是南水北调东线工程的交汇点。它既承接上游三省污水过境，又接纳自身污水入河，是漳卫南运河子流域中最具代表性的污染地段，也是全流域实现生态恢复的关键点。

德州市城区污水收集系统不完善，目前只有约 60% 的城市污水进入管网。大量未经处理的废污水直接进入水体，导致水体严重污染。同时，尽管废污水达标排放率较高，但由于污水处理工程不完善和污水处理深度不够，排放以后仍然对河湖、水库等地表水体造成严重威胁，直接或间接地污染了地下水源。城区水域已成为主要纳污水体，造成污染性缺水、水环境恶化。

德州市城区漳卫南运河污水改排工程开始建于 1999 年年底，后于 2004 年对该项目进行调整，调整后处理规模为 10 万 m^3/d，处理后的污水通过宜惠河排至岔河，最终排至漳卫新河。由于本污水处理厂建设年限较早，其原设计出水水质中对氮、磷指标没有要求，处理厂现有工艺不具备脱氮、除磷的功能，因此对排放流域产生了较大的污染。为了满足城市发展用水需要，缓解当前供水矛盾，同时能够减少地下水的开采、保护有限的地下水资源，保证可持续发展战略的顺利实施，德州市政府决定建设污水改排工程深度处理及回用水项目。工程内容是对现有规模为 10 万 m^3/d 的德州市污水改排工程进行合理改造，增加脱氮除磷工艺，并增设 4 万 m^3/d 的中水回用工程，中水回用于城市绿化等方面。

南运河德州城区污水综合整治项目主要由三部分工程内容组成：南运河污水收集管网建设（主要是对原有管网工程修整完善，新建小庄泵站，增加污水收集能力）已建工程调整设计和中水回用处理工程。其中已建工程调整设计主要是利用原有塘体进行改造，包括厌氧塘和兼性塘脱氮除磷的改造与原有管网工程完善同属于改造工程；中水回用处理工程指对改造工程出水后再次进行深度处理与小庄泵站建设同属于新建工程内容。

① 南运河污水收集管网建设　将运河经济开发区污水收集，通过小庄污水提升泵站及输水管道将污水输入原“德州市漳卫南运河污水改排工程”北厂泵站，再输入一级氧化塘集中处理，达标后中水回用或用于农灌，剩余部分由南干渠通过岔河向下游排放。

② 工程调整设计　通过结合目前污水处理厂进水水质、运行情况以及现有池体情况，采用 A/O 工艺，对原厌氧塘进行建设与改造，在兼性塘首端建设慢滤池系统，对出水进一步处理，去除悬浮物，使最终出水能满足《城镇污水处理厂污染物排放标准》(GB 18918—2002)一级 B 标准的要求。工艺流程如图 4-9 所示。

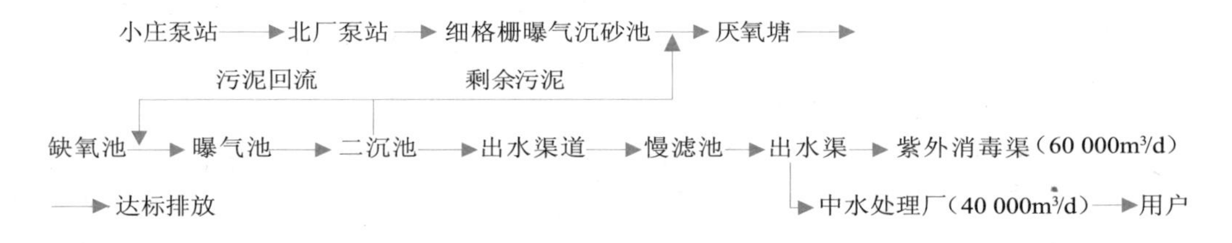

图 4-9　南运河污水收集工艺流程

③ 中水回用处理工程　采用 V 形滤池过滤 + 消毒的工艺，进一步去除污水中经生化处理后剩余的污染物质，以达到回用水用户对水质的要求。为保证中水处理进水水质能稳定达到《城镇污水处理厂污染物排放标准》（GB 18918—2002）一级 B 标准，在将厌氧塘改造为 A/O 工艺的基础上，在兼性塘起始端增设慢滤池，以保证出水水质稳定。工艺流程如图 4-10 所示。

慢滤池出水 → 提升泵站 → V 形滤池 → 清水池 → 吸水井 → 送水泵房 → 回用

图 4-10　中水回用工艺流程

第5章　水资源与水环境综合管理规划

5.1　水资源与水环境综合管理规划概述

水资源与水环境综合管理规划（IWEMP）是GEF海河项目的核心，它是一项改进水资源与水环境管理行动的实施计划。IWEMP一般分两个阶段实行，第一阶段是编制规划，第二阶段是实施计划。IWEMP是采取技术、行政、经济、社会、法律等综合手段的一项计划和规划，它强调“自上而下、自下而上”的互动及横向的结合与合作，必须有公众参与和主人翁所属感，有可操作性、可持续性和可复制性。

以北京市项目县区的IWEMP为例，在总体设计中各个子项目是紧密相连的：遥感监测蒸腾蒸发技术作为一项新颖的技术手段，为水资源综合管理提供了一个有效的方法；战略研究技术成果为综合管理提供理论依据；结合ET监测数据，运用水价作为杠杆，在经济合理性、生态合理性以及降低蒸腾蒸发为目标思想指导下，在供需分析和对各种合理抑制需求、有效增加供水、积极保护生态环境的可能措施进行组合及分析的基础上，最终形成并编制了项目县区IWEMP。项目县区IWEMP对各种可行的水资源配置方案、水价方案进行比选，提出推荐方案，以解决项目县区水资源与水环境问题。因此，项目县（市、区）IWEMP的研究编制与实施管理，是建立在战略研究和基于区域遥感蒸腾蒸发监测的“真实节水”技术示范研究的基础上，三者的相互关系是密不可分的。

通过GEF海河项目，在战略研究和遥感蒸腾蒸发技术及“真实节水”技术应用推广示范项目的支持下，结合知识管理系统管理，通过“自上而下、自下而上”和纵横相结合的工作方法，借鉴国际上先进的流域水资源综合管理理念，通过研究编制县（市、区）级IWEMP，找出保障项目县（市、区）水资源与水环境可持续发展的新思路。通过项目县（市、区）IWEMP的具体实施，逐步建立起县（市、区）水资源与水环境综合管理体系与机制。以水资源可持续利用和良好的水环境，促进项目县（市、区）经济社会的可持续发展，进而为改善海河流域乃至渤海湾的水环境作出应有贡献。

5.2 天津市水资源与水环境综合管理规划

天津市是我国北方经济中心和国际港口城市，滨海新区开发开放纳入国家发展战略，使天津市在全国经济格局中占据更加重要的战略地位。同时，天津市是严重缺水地区，水资源开发利用程度高，污水排放量大，引发一系列生态环境问题，水资源已经成为天津市经济社会可持续发展面临的最紧迫、最直接、最主要的资源性约束因素。因此，天津市迫切需要制定一套切实可行的水资源与水环境综合管理政策和措施，实现以水资源的可持续利用支持经济社会的可持续发展。

为了推进海河流域水资源与水环境的综合管理，实现水资源合理配置，提高水资源利用效率和效益，修复生态系统，缓解水资源短缺，减轻流域陆源对渤海的污染，真正改善海河流域及渤海水环境质量，GEF 提供赠款，实施海河流域水资源与水环境综合管理规划项目。

天津市作为 GEF 海河项目市级 IWEMP 的主要试点区域，在 GEF 海河流域级战略研究成果的指导下，在知识管理系统、遥感监测蒸腾蒸发等新技术的支持下，在天津市 IWEMP 各专题研究和成果的支撑下，坚持以蒸腾蒸发管理为核心的水资源与水环境综合管理理念，通过“自上而下、自下而上”、纵横协调的工作方法，充分吸收总项目中其他课题、专题的先进经验和研究成果，通过编制天津市水资源与水管理综合管理规划，提出今后天津市水资源和水环境可持续发展的新思路；通过实施这一规划，逐步调整和建立起有效的天津市水资源和水环境综合管理体制与机制，保证和促进天津市经济和社会的可持续发展，同时为改善渤海湾的水环境、水生态作出应有的贡献。

5.2.1 天津市概况

（1）天津市水资源与水环境基本情况

① 水资源概况

天津市 1956—2000 年多年水资源总量约 15.5 亿 m^3，人均水资源占有量大约只有 160 m^3，仅为全国人均水资源量占有量的 1/15，水资源极度匮乏，是全国人均水资源占用量最少的城市之一。2004 年，天津市总供水量为 22.06 亿 m^3，其中地表水源供水 14.89 亿 m^3，地下水源供水 7.07 亿 m^3。大量用水造成河道断流、入海水量大量减少以及地下水位持续下降，水资源过度开发问题显著。

② 水环境概况

天津市污水排放量大，污水处理不足，以及缺水导致的水体自净能力降低，导致水体污染严重。经对全市 19 条一级河流水质进行评价，其中绝大部分为Ⅴ类水质或劣Ⅴ类水质标准。

③ 水生态情况

2000 年以来，全市地下水年均开采量超过 7 亿 m^3，全市深层水普遍超采严重，年超采量 4 亿 m^3 以上。天津市主要河流 1980—2000 年平均干涸天数达 320 天，全市湿地面积约 65 万亩，较 20 世纪 20 年代减少了 80% 以上。同时，各种污染物的大量排放也使得天津市水生态从不同方面呈现出逐渐恶化趋势。

④ 水资源水环境管理存在的问题

天津市涉水事务管理职能分散在多个部门，存在着职能交叉、分工过细、环节过多等问题，水量水质统筹管理的体系尚未形成。现行的涉水规划由相关部门根据各自的职能范围制定的，存在有规划重叠和矛盾问题，使规划的实施效果受到影响。在管理措施和手段上，存在着公众参与不够，规章制度和标准过于宽泛，信息化程度有待提高等问题。

（2）天津市 IWEMP 的意义

天津市 IWEMP 是按照天津市国民经济和社会发展总体部署，根据区域经济社会快速发展和水资源形势的变化，坚持基于 ET 的水资源与水环境综合管理理念，着力缓解水资源短缺、生态环境恶化等重大水问题的重大举措。

从资源消耗的角度分析，天津市 1980—2004 年每年平均实际消耗蒸散发量超过可消耗 ET 43.4 mm，其中 2000 年以后每年实际消耗蒸散发量超过可消耗蒸散发量 147.4 mm。这些超量 ET 都是以过度引用地表水、减少入海水量和超采地下水为代价换取的。因此必须将区域综合蒸散发量降至可消耗蒸散发量以下，才能保证水资源的可持续利用。由于水资源过度开发及污染大量排放引起的生态环境恶化是天津市面临的水问题的突出特点，所以只有把水资源和水环境规划和管理结合起来，把减污和增流结合起来，才能真正实现水生态和环境的根本好转。

天津市 IWEMP 通过水资源的全面节约、高效利用、优化配置、合理开发，通过环境生态的有效保护、综合治理，通过水资源、水环境、水生态的科学管理，建立起与区域资源、环境、生态目标相协调的水资源、水环境、水生态综合管理体系，不断提高水资源的利用效率，改善水环境和水生态状况，促进资源节约型和环境友好型社会建设，为全面实现天津市“三步走”的战略目标，把天津市建设成为现代化国际港口大都市和我国北方重要的经济中心提供有力支撑和保障。

5.2.2 天津市水资源与水环境综合管理规划专题研究

天津市 IWEMP 主要由“水资源”、“水质”、“水生态与修复”、“地下水”、“小城镇污水治理”和“大沽河治理”6 个专题研究支撑。因篇幅限制，本节以“水质专题”和“水生态与修复”两个重要专题为例，介绍天津市 IWEMP 专题研究是如何开展的。

（1）水质专题研究

① 天津市水环境质量现状

● 地表河流

天津市位于海河流域下游，流经的行洪河道有 19 条，总长 1 095.1 km；农灌排沥河道 79 条，总长 1 363.4 km；排污河道 2 条，共长 105 km。海河流域在天津市境内共 7 大水系分别为海河干流（含引滦）水系、北三河水系、永定河水系、大清河水系、子牙河水系、漳卫南运河水系、黑龙港及运东水系。

天津市地表水按照水环境功能可分为饮用水输水河道、景观河流、农业用水河流和专用排污河等。总体水质污染严重，除饮用水输水河道引滦、引黄水质基本达到地表水Ⅱ类～Ⅲ类标准外，绝大部分水域为Ⅴ类～劣Ⅴ类水质。2004 年，在参与评价的 1 638.7 km 河道中，Ⅱ类～劣Ⅴ类水质河长分别占 12.3%、5.5%、6.6%、30.9% 和 44.7%，水污染防治工作任重道远。

天津市的主要饮用水水源主要来自引滦入津和引黄济津两大调水工程。引滦沿线水质较好，各断面均为Ⅱ类～Ⅲ类水质。于桥水库受总氮和总磷的影响，常年为Ⅳ类～Ⅴ类水质，营养状态总体为中营养，汛期部分时段可以达到轻度富营养化水平。引黄期间，引黄沿线河道水质状况良好，各断面均为Ⅱ类～Ⅲ类水质。

天津市中心城区内景观水体以Ⅳ类～Ⅴ类水质为主，多数监测断面非汛期水质优于汛期。受水文条件的制约，景观河流的水生生态环境比较脆弱，水体自净能力较低，难以抗击外部环境的扰动，受汛期雨污水排放的影响，雨后景观水体水质会显著下降，部分河段会出现劣Ⅴ类水质。

天津市农业河流的水质污染较重，水质状况总体较差，以Ⅴ类～劣Ⅴ类水质为主，Ⅴ类～劣Ⅴ类水质河长所占比例在 90% 以上，主要污染物为氨氮、高锰酸盐指数和生化需氧量。

天津市现有专用排污河道两条，全长 115.99 km，在海河干流水质保护上有着特殊的位置，承担着市区及周边地区工业和生活污水以及汛期部分雨水的排放任务。多年来，两条排污河水质污染一直非常严重，以地表水Ⅴ类标准评价，常年处于劣Ⅴ类水质状态，河水发黑发臭，基本无生物存活。

● 近岸海域

2004 年天津市近岸海域以劣Ⅳ类水质为主。Ⅱ类～Ⅳ类水质海域面积各占 14.3%，劣Ⅳ水质占 57.1%。其中，枯水期水质较好，未出现劣Ⅳ类水质海域，Ⅱ类～Ⅳ类水质海域面积分别占 42.9%、28.6% 和 28.6%；丰水期，Ⅲ类水质占 42.9%；劣Ⅳ类水质占 57.1%；平水期，Ⅲ类～劣Ⅳ类水质海域面积比例分别为 42.9%、14.3% 和 42.9%。不同水期水质由好到差排序为：枯水期＞丰水期＞平水期，主要污染物为铅和无机氮。近岸海域有 71.4% 的面积海水处于富营养化状态。距离海岸越近，富营养化程度越高。其中，枯水期、丰水期和平水期富营养化海域比例分别达到 14.3%、71.4% 和 85.7%，与水质状况基本吻合。

② 天津市水污染来源分析

● 地表水污染来源分析

天津市接纳污水的河流主要为农业河流和专用排污河。2004 年天津市河流系统共接纳 COD 218 169.5 t，其中境外输入 100 259.0 t，占入河总量的 46.0%，境内输入 117 910.5 t，占 54.0 %。大沽排污河、子牙新河、潮白新河、蓟运河、北京排污河、青龙湾河接纳的 COD 负荷均在万吨以上，占全市 COD 入河总量的 75.2%，其中大沽排污河的污染负荷全部来自境内，蓟运河的境内负荷达到 71.0%，而子牙新河、潮白新河、北京排污河、青龙湾河的污染主要是境外来水，境外负荷均占入河总量的 80 % 以上（表 5-1）。氨氮的接纳量为 33 567.1 t，境外输入 18 180.1 t，占入河总量的 54.2 %，境内输入 15 387.0 t，占 45.8 %。子牙新河、大沽排污河、潮白新河、北京排污河、北塘排污河、青龙湾河接纳的氨氮负荷均在 2 000 t 以上，占全市 COD 入河总量的 82.3%，其中大沽排污河和北塘排污河的污染负荷全部来自境内，子牙新河、潮白新河、北京排污河、青龙湾河的污染主要是境外来水，境外负荷均占入河总量的 90% 以上（表 5-2）。

表 5-1　2004 年天津市主要河流 COD 入河量

河流名称	入境负荷		境内负荷		入河总量 /t
	负荷量 /t	占比 /%	负荷量 /t	占比 /%	
大沽排污河		0.0	54 319.9	100.0	54 319.9
子牙新河	38 688.0	99.7	115.8	0.3	38 803.8
潮白新河	19 590.6	82.5	4 167.5	17.5	23 758.1
蓟运河（含引滦）	6 319.1	29.0	15 450.6	71.0	21 769.7
北京排污河	11 876.7	88.5	1 550.5	11.5	13 427.2
青龙湾河	10 887.6	90.7	1 115.7	9.3	12 003.3
北运河	1 823.6	21.2	6 778.3	78.8	8 601.9
北塘排污河		0.0	8 507.2	100.0	8 507.2
永定新河（含子牙河）	2 696.0	38.5	4 308.1	61.5	7 004.1
独流减河		0.0	6 843.1	100.0	6 843.1
马厂减河	3 870.0	70.0	1 660.4	30.0	5 530.4
南运河	1 767.3	37.8	2 904.1	62.2	4 671.4
句河	2 740.1	63.7	1 564.7	36.3	4 304.8
海河		0.0	3 125.4	100.0	3 125.4
青静黄排水渠		0.0	2 145.9	100.0	2 145.9
黑猪河		0.0	1 780.8	100.0	1 780.8
永定河		0.0	1 316.9	100.0	1 316.9
机排河		0.0	255.6	100.0	255.6
合计	100 259.0	46.0	117 910.5	54.0	218 169.5

表 5-2　2004 年天津市主要河流氨氮入河量

河流名称	入境负荷		境内负荷		入河总量 /t
	负荷量 / t	占比 / %	负荷量 /t	占比 /%	
子牙新河	8 303.0	99.9	12.1	0.1	8 315.1
大沽排污河		0.0	6 612.0	100.0	6 612.0
潮白新河	4 628.2	91.1	450.4	8.9	5 078.6
北京排污河	2 598.6	92.0	226.2	8.0	2 824.8
北塘排污河		0.0	2 469.4	100.0	2 469.4
青龙湾河	2 150.0	92.8	166.1	7.2	2 316.1
蓟运河（含引滦）	68.9	3.8	1 763.2	96.2	1 832.1
北运河	292.8	26.9	796.5	73.1	1 089.3
独流减河		0.0	656.0	100.0	656.0
永定新河（含子牙河）	44.7	7.2	573.6	92.8	618.3
南运河	26.6	6.3	394.5	93.7	421.1

河流名称	入境负荷		境内负荷		入河总量 /t
	负荷量 / t	占比 / %	负荷量 /t	占比 /%	
海河		0.0	382.3	100.0	382.3
句河	26.5	11.2	210.2	88.8	236.7
马厂减河	40.8	17.4	193.4	82.6	234.2
黑猪河		0.0	187.5	100.0	187.5
永定河		0.0	134.6	100.0	134.6
青静黄排水渠		0.0	123.9	100.0	123.9
机排河		0.0	35.1	100.0	35.1
合计	18 180.1	54.2	15 387.0	45.8	3 3567.1

● 污染物入渤海量分析

陆源污染是近岸海域水质污染的主要来源，按照污染源的性质不同，陆源污染源可分为入海河流、工业企业、市政生活源、综合排放源和入海排污河等。2004 年天津市入海总水量为 12.35 亿 m^3，COD 和氨氮的入海污染负荷量分别为 17.43 万 t 和 2.81 万 t。其中，通过河流排入海域的污染物最多，COD 和氨氮的入海污染负荷分别占 65.3 % 和 54.2 %，其次为专用排污河，化学需氧量和氨氮的入海污染负荷分别占 30.7 % 和 44.2 %，因此，减少内陆河流的入河排污量是减少污染物入海量的根本途径（表 5-3）。

表 5-3　2004 年天津市污染物入渤海量

序号	污染物来源	入海水量 / 亿 m^3	污染物负荷 /t	
			COD	氨氮
1	河流	9.23	113 802	15 244.8
2	工业企业	0.119	1 853.1	196.4
3	市政生活污水	0.045	1 521	121
4	综合排口	0.267	3 661.4	140.1
5	专用排污河	2.69	53 455	12 445.7
6	总计	12.35	174 292.5	28 148.0

③ 天津市水环境问题

● 地表水污染问题

水资源短缺是天津市地表水污染的主要问题。天津市位于海河流域的尾闾，随着流域上游地区经济社会的发展和人口增加，入境河流水量剧减，使得天津市的年入海水量由新中国成立初期的 140 亿 m^3 降至不足 10 亿 m^3，有的年份甚至没有入境水量和入海水量。加上近年来连年的干旱少雨，使得水资源矛盾更加突出。目前人均本地水资源占有量只有 160 m^3，为全国人均占有量的 1/15，加上引滦等外调水源，人均水资源占有量也不过 370 m^3，有限水资源基本用于保证居民生活与工业生产，农业用水尚不能有效保障，维持河流基本功能的用水更没有保证。

入境水资源量不断减少，水质状况亦不容乐观，除引滦、引黄的入境水质保持良好，可以达到地表水Ⅱ类或Ⅲ类标准外，其他入境断面均为Ⅴ类～劣Ⅴ类水质。2004 年入境河流带入的 COD 污染负荷量达到 10.02 万 t，几乎与境内各种污染源的化学需氧量入河总量持平，氨氮的入境负荷量为 1.82 万 t，超过境内氨氮入河总量 18.2 %。

● 污染源排放问题

a. 工业污染问题

2004 年工业源化学需氧量和氨氮排放量分别占排放总量的 26.4% 和 23.7%，工业污染仍较突出。归纳起来主要有以下几方面问题：

仍有企业超标排放：虽然天津市近几年工业废水排放达标率维持在 99 % 以上，但仍有一部分重点调查单位 COD 平均排放浓度在 500 mg/L 以上，超过国家污水综合排放三级标准；氨氮国家污水综合排放二级标准限值为 25 mg/L，三级标准对氨氮未做要求，而同样有部分重点调查单位氨氮平均排放浓度在 25 mg/L 以上，这些超标企业排放的废水直接或间接排入水体，对地表水污染有一定的影响。

工业企业水污染处理设施老化、运行不稳定、污染物排放量大：对天津市 1 600 余家企业的调查结果显示，在已有的治理设施中，大量存在着设施老化、运行不稳定甚至不运行的状况，致使部分企业排污超过总量要求。2004 年工业 COD 排放总量为 3.96 万 t，其中年排放量在 100t 以上的有 73 个单位；氨氮工业年排放量为 0.45 万 t，其中年排放量在 50t 以上的有 13 个单位；同时，还有相当一部分企业存在无合理排放去向问题，2004 年有 184 个单位废水无合理排放去向，地渗、蒸发的 62 个，工业企业污染减排的任务十分艰巨。

现行的污水排放标准与减排目标和水环境改善存在矛盾：长期以来，天津市一直采用《污水综合排放标准》(GB 8978—1996)。该标准颁布于 1996 年，距今已超过十年时间，标准制定的基础条件已发生了较大变化，特别是在污染防治技术快速发展和减排要求不断提高的条件下，标准值过于宽泛，污染物排放总量并未得到有效控制（天津市污水综合排放标准虽已颁布，但大部分企业真正实施要到2010年）。另外，现行国标只对污染源排放做出了规定，未能与地表水环境质量和水体污染物环境容量联系。

2004年天津市对重点工业污染源COD监测结果显示，COD排放浓度在150 mg/L以下的企业有851家，占监测企业总数的65%，距离达到地表水V类标准（V类水体标准值为40 mg/L）还有一定的差距；150 mg/L以上的有456家单位，占监测总数的35%，即使全部达到污水综合排放二级标准（150 mg/L），也不能达到地表水环境质量标准。同时天津市地表河流入境水量较少，且污染较重，达标的工业废水排入也会加重河流污染，超过水体自净能力。

另外一个矛盾是现行的《污水综合排放标准》未对排入污水处理厂企、事业单位排放的氨氮、总磷作出要求，使得进入污水处理厂的氨氮、总磷浓度过高，加大了污水处理厂脱磷、脱氮的负担，加之污水处理厂现行处理工艺对脱磷、脱氮的难度较大，致使污水处理厂氨氮、总磷存在超标排放现象，而氨氮、总磷是引起渤海天津近岸海域环境质量恶化的主要原因。

b. 生活源污染问题

2004年城镇生活源COD和氨氮排放量分别占排放总量的53.1%和54.4%，随着城市化进程的加快，城镇生活污染日益突出。城镇生活源污染问题主要有以下几方面：

城镇生活污水及污染物排放量大：截止到2004年尽管天津市已建成污水处理厂7座，但2004年城镇生活污水处理量仅为15 748万t，占全市城镇生活污水排放总量的60.5%，仍有近40 %的城镇生活污水未经处理而直接排放。

污染物入河浓度较高，水质恶劣：天津市收纳城镇生活污水的河流主要为农用河流，水质控制标准为地表水V类水体标准（COD 40 mg/L，氨氮2.0 mg/L）。而2004年天津市城镇生活污水平均入河浓度远远超过了地表水V类水体控制标准，部分河流污染物平均入河浓度也超过农田灌溉的水质标准（标准值为150 mg/L）。在河流入境水量较小的情况下（部分河流无入境水），无法达到地表水的控制标准。

部分地区城镇污水处理厂处理能力不足：以2004年为例，天津市污水处理能力为84万t/d，污水处理厂服务面积达到224 km^2，服务人口达到304.5万人，占天津市城镇人口的33.1%。但这些污水处理厂主要服务于市内六区，市内六区以外地区污水处理能力仅为18.3万t/d，占天津市污水处理能力的21.8%。

根据《天津市市域城镇体系规划实施纲要》，2010年，11个新城和30个中心镇的污水排放量为1.88亿t。目前，各中心镇和新城的污水处理厂拥有率不足 1/4，规划的 70 个一般建制镇的污水处理基本空白，大量城镇生活污水未经处理直接排入地表水体，成为地表水体恶化的重要原因。由 2004 年天津市城镇生活污水调查结果可知，市内 6 区、开发区、保税区城镇生活污水处理率较高外，分别为 69.4%、100% 和 100%；其余区县生活污水处理率普遍较差，其中汉沽区、西青区、北辰区、宁河县、蓟县、静海县城镇生活污水处理率为零，因此城镇生活污水处理厂建设任务十分紧迫。

中心城区管网不配套：中心城区排水设施的服务面积普及率偏低。目前，建成区内污水管网的服务面积普及率为 69.61%，雨水管网的服务面积普及率为 59.09%，主要体现在管网、泵站配套建设不同步，排水设施不能发挥应有功能，建成区雨水补缺配套速度较慢。就 2004 年而言，中心城区存在大片管网空白区，城镇生活污水处理率为 69.4%，尚余 6 000 万 t 的城镇生活污水未经处理直接排放。

目前迫切需要解决南北仓一带、南郊外一带、体育中心一带、芥园西道一带、瑞景东一带、南仓道两侧、国展中心、西青道以南、杨庄子工业区、新开河工业区、北辰科技园区一带、程林庄工业区、鄱阳路一带、金钟河大街南等多片已开始进行开发区域的雨污管网空白问题。

再生水回用率低：国家要求 2010 年再生水回用率要达到 30% 以上。但目前天津市仅有两座再生水厂运行，实际污水再生利用率仅 2% 左右，距国家要求尚有较大差距。

现有污水处理厂面临着升级改造的压力：现有污水处理厂面临着升级改造的压力，国家环保总局 2005 年 10 月发文强调北方缺水地区城镇污水处理厂出水要达到《城镇污水处理厂污染物排放标准》一级要求，对氮磷排放进行了严格要求。然而，天津市现有污水处理厂建设缺乏系统完备的脱磷脱氮工艺，污水深度处理能力也相对不足。根据本次调查，运行的 7 座污水厂化学需氧量、氨氮的监测结果若按《城镇污水处理厂污染物排放标准》一级 B 标准评价，超标率分别达到 38.9% 和 50.8%，因此必须进行升级改造。

c. 非点源污染问题

地表径流污染严重：研究结果表明非点源污染物入河量接近全市污染物入河量的 20%，其对河流影响不容忽视。城镇径流和农田径流污染物入河量占了非点源入河总量的较大比重，其中城市非点源主要来源于市中心城区，市中心城区城市非点源受夏季汛期排水影响较大。受汛期雨水泵站集中排水、雨污合流管道排水、排水管道中累积的污染物随雨水排放的影响，泵站排水水质较差，COD、氨氮等主要污染物均超过《地表水环境质量标准》（GB 3838—2002）V

类标准限值，严重影响市区景观水体水质。而景观河道与市内一级河道之间闸泵相连，水体流动性差，导致水体自净功能下降。受农村非点源影响，全市重点河流（除海河市区段外）均出现不同程度超标。农村非点源污染物中所含固体物质、营养物质、耗氧物质、有毒物质，是导致河流水质变差的原因之一。

畜禽养殖规模化程度低：全市规模化畜禽养殖程度不高。2004年，全市生猪规模化出栏不足生猪出栏总量的一半；家禽规模化更低。这些养殖厂未对粪便和污水进行有效处理，畜禽粪便无害化处理率、资源化利用率低，其处理途径主要为堆积在环境中或还田，粪便污染物普遍存在随着汛期降雨排入周边水体的现象，对地表河流造成严重污染。

农村生活污水未处理排放：据调查，天津市农村人口占总人口的40.5%，大量的农村生活污水或直接排入周边小河沟，或地渗、蒸发，无合理的排放去向，更谈不上污水处理，因此农村生活污水也对地表河流造成严重污染。

④ 改善天津市水环境措施

改善天津市水环境应着手解决两方面问题：一是控制入境水质水量；二是减少境内各类污染源排放量。在保证入境水质达到相应水环境质量标准的前提下，削减境内污染源排放量。按照本项目要求，到2010年年底，主要污染物要在2004年基础上削减10%；2020年实现天津市地表水全面达标。根据研究结果，在考虑天津市国民经济和社会发展前提下，预计到2010年COD和氨氮排放量分别为13.2万t、1.7万t，比2004年分别削减14.1%、10.1%，满足目标要求；但到2020年污染物排放量超过了地表水允许排放量，如不再增加工程措施，将无法确保天津市地表水全面达标。

削减污染源排放量主要包括工程措施和管理措施两大类。

● 工程措施

a. 2010年预测与削减工程

根据预测结果，2010年共排放COD 25万t，氨氮2.8万t，要实现2010年排放目标，需削减COD 11.8万t，氨氮1.1万t。“十一五”期间天津市将新增工业源治理项目140个，可削减COD 4.39万t，氨氮0.43万t；新增生活污水集中治理工程41个、再生水配套工程45个，可削减COD 6.78万t，氨氮0.59万t；非点源治理工程17套，可削减化学需氧量0.65万t，氨氮0.09万t。

b. 2020年预测与削减工程

如“十一五”期间工程措施完全实施，2020年预计COD、氨氮排放量分别为24.6万t、3.0万t。经2020年工程削减后预计排放COD 14.0万t、氨氮1.8万t。

根据预测结果，要实现2020年排放目标，需削减COD 13.1万t，氨氮1.9万t。至2020年，天津市将新增点源治理项目48个，项目主要集中在滨海新区、新四区和三县二区，其中三县二区数量最多。预计可削减COD 10.6万t，超过目标值2.5万t；氨氮削减1.3万t，超过目标值0.6万t。除滨海新区外，其余各区域均不能达标排放，而市内六区和三县二区污染物排放距离目标值相差较大，建议在上述两个区域内增建污水处理厂处理深度或新建污水处理厂，以实现天津市地表水全面达标。

● 管理措施

a. 继续进行以节水减排为目标的产业结构调整

天津市是水资源严重短缺的北方大城市，水资源总量多年平均值为18.1亿$6m^3$（不含入境水量）。人均水资源占有量仅为$160m^3/a$，为全国人均水资源占有量的7%，是全国人均水资源占有量最少的省、市之一。天津的用水大户主要是工业。2004年天津市工业新鲜用水量4.4亿t，占第二产业用水量的84.6%，是第三产业用水量的3.96倍，是天津市生活用水总量的1.42倍。

“十五”期间，天津市陆续对国有大中型企业进行嫁接、改造和调整，在培育和扶持优势产业的同时，压缩用水效率低、污染物排放量高的行业，纺织、造纸等行业中的一批能耗水耗高、规模小、科技含量低、污染严重、技术落后的企业相继在天津“消失”。按照以水定供、以供定需的原则，天津在产业结构调整和工业布局中以节水为先，严格限制高取水工业项目，大力发展优质、低耗、高附加值产品，优化产品结构。同时坚决取缔“十五小”企业，减少污染物的排放。

b. 继续加大对工业污染源的监管力度

加大政府监管力度，以各级人民政府为重点工业污染源治理的第一责任人，负责领导重点工业污染源治理工作，并根据其所属环境保护行政主管部门对重点工业污染源提出的分类处置意见作出处理决定。环境保护行政主管部门对重点工业污染源治理实施统一监督管理；组织实施对重点工业污染源的治理工作；对重点工业污染源提出分类处置意见；定期向社会公布重点工业污染源治理信息。

重点工业污染企业必须严格执行排污许可制度，依法领取排污许可证，并按照排污许可证的规定排放污染物。禁止无排污许可证排放污染物。加快工业企业产业、产品结构调整和技术改造进程，实现清洁生产，实现水资源的梯级利用以节约用水，完善排污申报登记制度。加强排污口规范化，对污染大户实施在线监控，开展主要水污染物的在线监测；同时在充分考虑水体环境容量的前提下，对COD和氨氮等主要污染物的排放实行总量控制。在已经超过环境容量的区域，必须加大现有污染源治理力度，采取严格的削减措施，确保区域内污染物排放量不超过总量控制指标；在未超过环境容量的区域，应按照公开、公平、公正的原则合理分配总量控制指标，颁发污染物排放许可证。

c. 大力推行清洁生产

相对于着眼于控制排污口（末端），使排放的污染物通过治理达标排放的办法而言，清洁生产是要从根本上解决工业污染的问题，即在污染前采取防止对策，而不是在污染后采取措施治理，将污染物消除在生产过程之中，实行工业生产全过程控制。随着生产的发展和产品品种的不断增加，以及人们环境意识的提高，对工业生产所排污染物的种类检测越来越多，规定控制的污染物（特别是有毒有害污染物）的排放标准也越来越严格，从而对污染治理与控制的要求也越来越高。为了达到排放标准，企业也必须不断加大环保投资，使得企业经济效益逐渐降低，影响了企业，也影响了整个社会的经济发展。另外，由于污染治理技术有限，治理污染实质上很难达到彻底消除污染的目的。因为一般末端治理污染的办法是先通过必要的预处理，再进行生化处理后排放。而有些污染物是不能生物降解的污染物，只是稀释排放，不仅污染环境，甚至有的治理不当还会造成二次污染；有的治理只是将污染物转移，废气变废水，废水变废渣，废渣堆放填埋，污染土壤和地下水，形成恶性循环，破坏生态环境。因此，在注重末端治理的同时，也应该在各个行业大力推行清洁生产，做到末端治理与清洁生产并重，才能有效保证环境目标最终实现。

d. 加大对市政污水的监管力度

加大对市政泵站的投资力度。目前天津市大多泵站建于20世纪五六十年代，设计标准偏低，设备老化，泵站本身先天不足，占地小，改造困难，且经过几十年的运转，在污水的侵蚀下，泵站总体功能降低，进水无闸门，检修频率增高，跑、冒、滴、漏现象严重，使得市政污水排放难以得到有效控制。同时分流制系统雨、污水混接现象严重。虽然天津市采取了分流制系统，但由于年久失修以及其他历史或人为因素，目前雨、污水混接现象严重。应加大对市政泵站的投资力度，对泵站进行检修、改造。同时合理规划沿河泵站收水范围，废除一些长期不用、无法使用的泵站，减少沿河的市政污染点，便于了解掌握市政污水排放情况。

e. 加大再生水回用

再生水资源的综合利用，是缓解天津市水资源短缺与防治水污染相结合的一项战略举措，相对于开发其他水源，在经济上是有优势的。与远距离引水相比，远距离引水耗资耗能巨大，但城市污水水量充足，水质相对稳定、就近可取、净化成本远远低于远距离引水。与海水淡化相比，城市污水中所合的杂质少于0.1%，而且可用深度处理方法加以去除；而海水则含有3.5%的溶解盐和大量有机物，其杂质含量为污水二级处理出水的35倍以上。因此，无论基建费或单位成本，海水淡化都超过污水回用。同时污水回用也消除了环境污染，既具有经济效益，也具有社会效益。

（2）水生态与修复专题研究

① 专题研究概述

水生态是水生生物和赖以生存的水环境的整体统称，而水生态学又是研究水体水生态系统与形成这一系统的水生态环境相互作用的科学，因此本项目不含陆生生态的涉水内容和水体、水环境之外污染生态问题。

水生态系统状态既是水体质量的标志，又是水体净化与恶化的主要参与者，合理地控制水生态系统结构就可以有效地调控水环境质量，进而把握水体的可持续利用。因此，研究水生态系统、规划控制水生态系统结构与研究制定水资源、水环境规划的意义同等重大。为此，本项目旨在利用天津市地域内历史以来长期观测和历次相关研究成果基础上辅以现状监测调查，总结水生态演变规律，评价水生态现状，分析水生态退化原因，以研究建立水生态修复、恢复、保护的技术路线，从而制定出适合天津市水生态的修复规划，并研究实施水生态修复规划必要的水资源和水环境条件，达到水资源可持续利用、水环境良性发展的最终目的。

由于人为干扰引发的河流功能丧失，入海淡水量减少、排污增加造成的近海海域功能衰退，对水资源的需求持续增大，致使水资源不合理开发利用引发的湿地缩减、富营养化等诸多水生态问题，目前国际上对水生态恢复研究成为水科学研究的热点。水生态恢复是一项系统工程，国际水生态领域研究普遍认为，水生态恢复的首要关键是尽可能停止或阻止引起水生态系统退化和自我恢复的干扰活动，而恢复活动本身又有主动恢复和被动恢复的区别，此类方法多运用于水生态有限好的自我恢复和迅速恢复能力的水体，在此采用主动恢复往往是不必要的甚至是有害的；主动恢复则是运用人为措施来修复水体水生态缠结申请人破坏达到水生态恢复，而主动恢复又分为：半干涉协助修复 / 恢复，实质干涉控制性修复 / 恢复，实质干涉的控制性修 / 恢复。主动恢复应用于自然水生态系统无法自我恢复或已消失了水生态功能的地方（水体），需要人为主动的积极的修复措施才能达到恢复水体水生态的目的。但应特别注意的是：任何一种修复 / 恢复活动都不可能达到或回归到最初的原始的水生态状态，修复 / 恢复应建立在自身的有限的目标基础上。

本专题主要研究路线如图 5-1 所示。

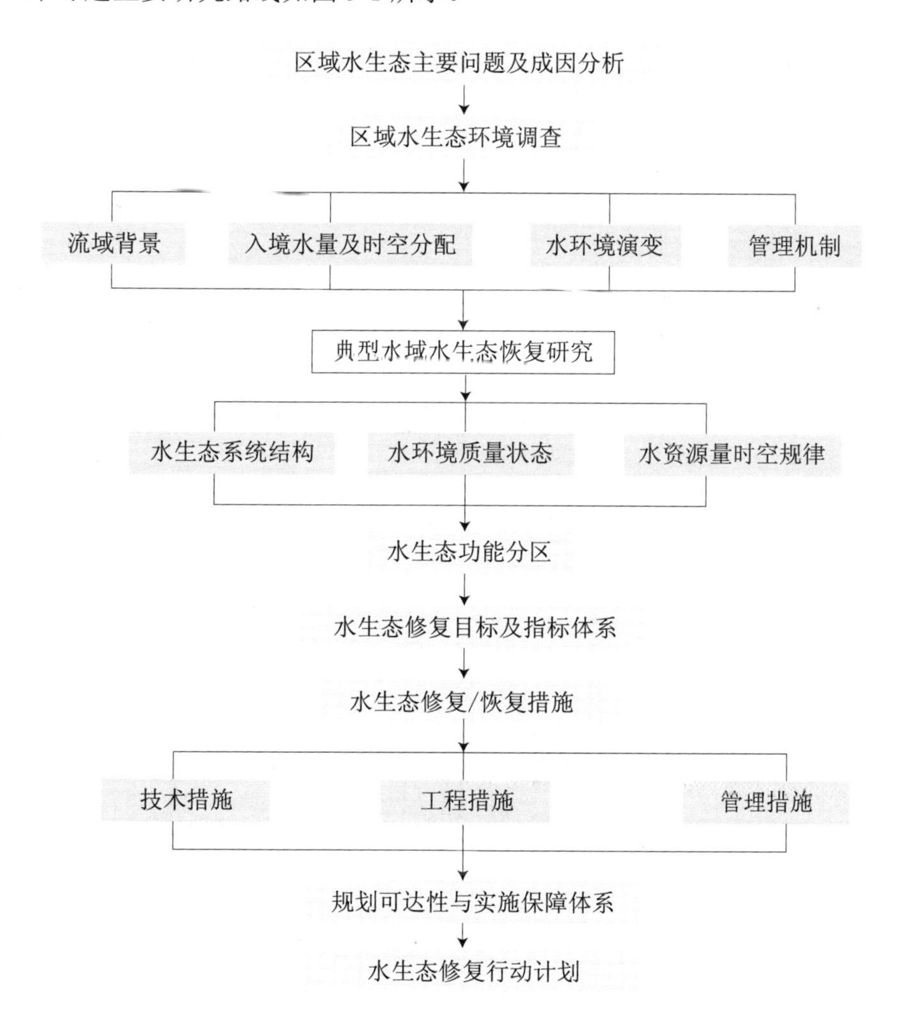

图 5-1　天津市水生态规划研究技术路线

本专题研究从天津市区域内水生态生境（水资源与水环境）调查和选择 3 个典型水域水生态演变的剖析入手，确定水生态规划目标、研究划分水生态分区和不同分区的各自目标与任务，从而确定不同分区的水生态修复、恢复、保护的指标体系，研究确定天津市水生态修复 / 恢复 / 保护的水资源、水环境条件和为满足水资源、水环境条件的工程项目以及生物工程项目，从而提出天津市水生态修复“十一五”规划文本。

② 天津市水生态现状与趋势分析

以下将用图表分析的形式对天津市水生态现状以及存在的问题进行说明。

● 区域水资源的现状与演变

a. 入境水量急骤减少、且向汛期集中（表 5-4，图 5-2）。

表 5-4　天津市入境水量时段变化趋势　　单位：亿 m^3

年限	1950—1959		1960—1969		1970—1979	
时段	全年	汛期	全年	汛期	全年	汛期
来水	144.32	89.34	80.12	40.12	35.88	30.46
汛期占比 / %	61.9		50.0		85.0	
年限	1980—1989		1990—1999		2000—2005	
时段	全年	汛期	全年	汛期	全年	汛期
来水	7.35	6.38	25.39	21.07	8.07	7.43
汛期占比 / %	86.8		83.0		92.1	

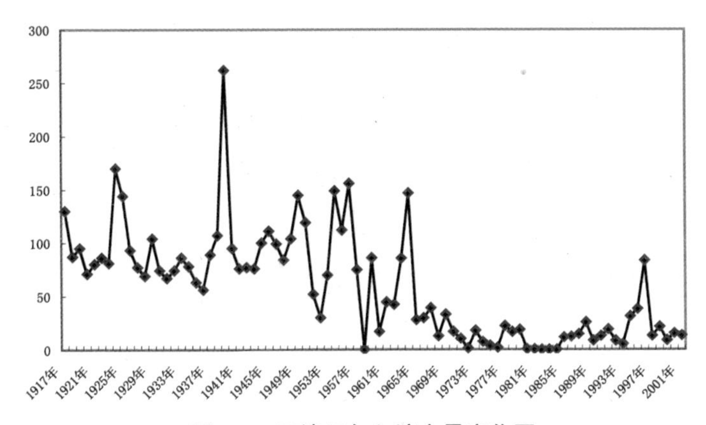

图 5-2　天津历年入境水量变化图

b. 入海水量急骤减少且集中于汛期（表 5-5）。

表 5-5　天津市入渤海径流变化　　单位：亿 m^3

时段 \ 入海径流	年均径流（日历年）	汛期	非汛期	汛期占比（日历年）/ %
1950—1959 年	144.3	89.3	55.0	61.9
1960—1969 年	81.7	49.8	31.9	61.0
1970—1979 年	33.1	27.7	5.4	83.7
1980—1989 年	9.8	8.5	1.3	86.3
1990—1999 年	7.7	6.8	0.9	88.3
2000—2005 年	3.8	3.6	0.2	94.7

c. 河道断流、干涸（表 5-6）。

表 5-6　海河流域平原主要河道干涸、断流情况统计

名称	河段	河段长度 / km	年平均河道干涸天数 /d				
			1960 年	1970 年	1980 年	1990 年	2000 年
蓟运河	九王庄—新防潮闸	189	2	33	115	257	365
潮白河	苏庄—宁车沽	140	4	142	184	197	300
北运河	通县—屈家店	129	8	118	126	202	310
永定河	卢沟桥—海口	199	198	312	362	365	366
海河干流	耳闸—海河闸	73	0	0	0	0	0
子牙河	献县—第六堡	147	84	280	349	328	366
南运河	四女寺—第六堡	306	32	207	320	341	366
名称	河段	河段长度 / km	年平均河道断流天数 /d				
			1960 年	1970 年	1980 年	1990 年	2000 年
蓟运河	九王庄—新防潮闸	189	33	41	300	312	365
潮白河	苏庄—宁车沽	140	45	194	319	197	366
北运河	通县—屈家店	129	99	270	242	358	340
永定河	卢沟桥—海口	199	197	315	361	337	366
海河干流	耳闸—海河闸	73	129	265	298	254	332
子牙河	献县—第六堡	147	124	295	354	328	366
南运河	四女寺—第六堡	306	53	175	302	341	366

d. 湿地逐渐萎缩与干涸（图 5-3）

e. 陆域水环境质量现状与趋势

根据《天津市环境质量报告》（2001—2005 年），天津市主要河流为Ⅴ类水质或劣Ⅴ类水质（表 5-7）。

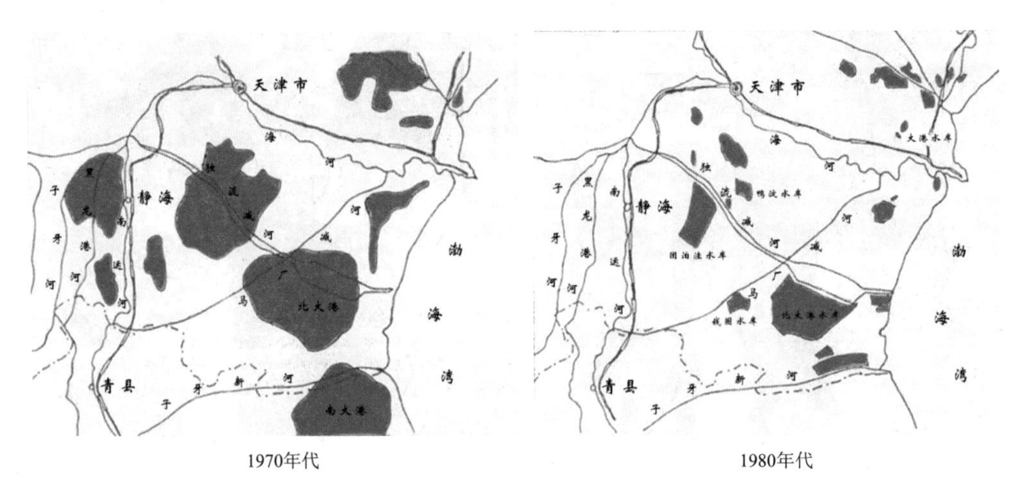

1970年代　　1980年代

图 5-3　天津市中南部地区湿地分布与演变

表 5-7　2001—2005 年天津市 17 条一级河流水质趋势

序号	河流名称	2001 年	2002 年	2003 年	2004 年	2005 年
1	蓟运河	劣V类	劣V类	V类	劣V类	V类
2	泃河	V类	劣V类	V类	V类	V类
3	还乡河	劣V类	劣V类	劣V类	劣V类	劣V类
4	引泃入潮	劣V类	劣V类	劣V类	劣V类	劣V类
5	潮白新河	劣V类	劣V类	劣V类	劣V类	劣V类
6	青龙湾河	劣V类	劣V类	劣V类	劣V类	V类
7	北运河	劣V类	劣V类	V类	V类	V类
8	北京排污河	干涸	劣V类	劣V类	劣V类	劣V类
9	永定河	劣V类	劣V类	干涸	干涸	干涸
10	永定新河	劣V类	劣V类	劣V类	劣V类	劣V类
11	金钟河	劣V类	劣V类	劣V类	劣V类	V类
12	子牙河	劣V类	劣V类	劣V类	Ⅳ类	V类
13	独流减河	劣V类	劣V类	劣V类	劣V类	劣V类
14	大清河	劣V类	劣V类	V类	V类	V类
15	南运河	干涸	Ⅳ类	Ⅳ类	V类	Ⅳ类
16	马厂减河	劣V类	劣V类	干涸	劣V类	劣V类
17	子牙新河	劣V类	劣V类	劣V类	劣V类	劣V类

f. 海域水环境变化趋势

海域水环境变化分如下时期：入海径流急骤变化期（20 世纪 50—80 年代）、陆域污水高排放、海域高污染阶段（20 世纪 80 年代中期—90 年代中期）、氮、磷主要营养盐大量排放阶段（20 世纪 90 年代中期、末期）、海区高营养化与赤潮频发阶段（20 世纪 90 年代末至今）。

入海径流急骤变化带来了盐度升高、升温迟缓、近海渔业衰退（表 5-8，图 5-4）等问题。

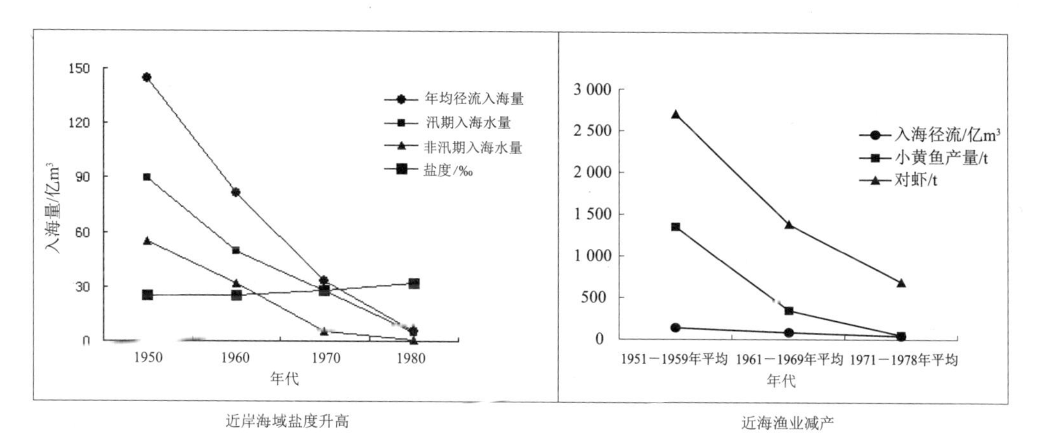

图 5-4　入海径流急骤变化带来的影响

表 5-8　4—9 月入海径流量与同期水温

年份	1966	1968	1970	1972	1974
入海水量 / 亿 m³	23.56	22.04	13.54	0.59	16.76
水温 /℃	22.4	21.6	20.6	20.3	20.4

陆域污水高排放、海域高污染阶段趋势如图 5-5 所示。

氮、磷主要营养盐大量排放阶段污染物入海量变化趋势如图 5-6 所示。

1990 年代以后以叶绿素升高表征的初级生产力提高，引发近岸海域赤潮频发（图 5-7）。

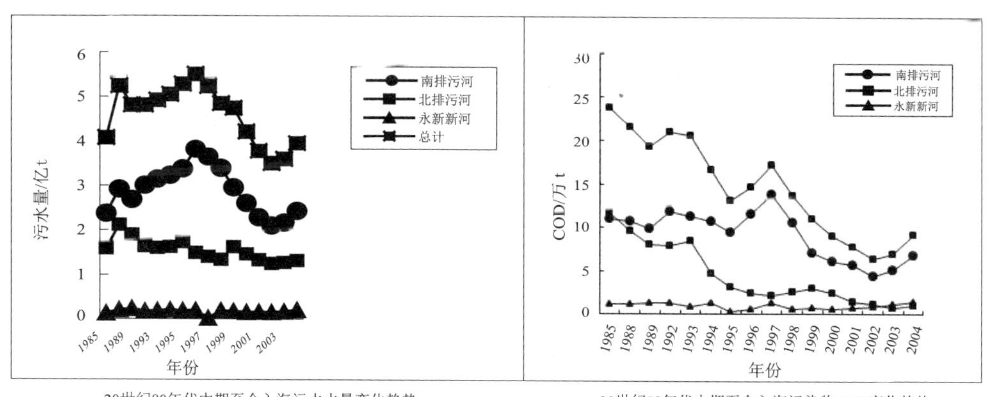

图 5-5　入海污染物排放变化趋势图

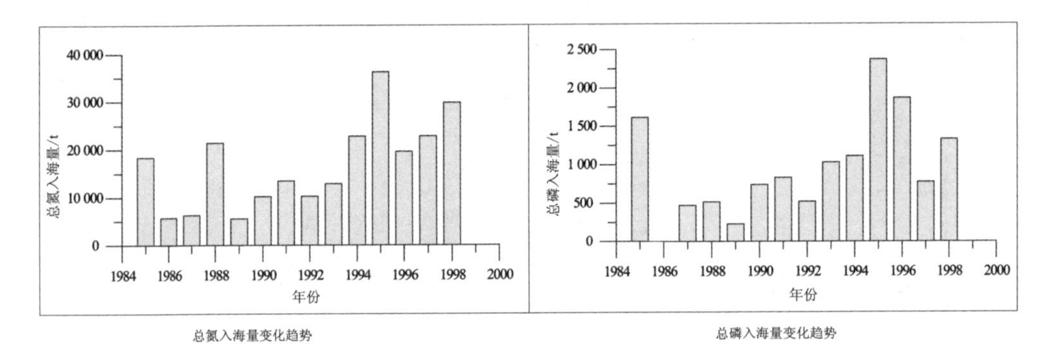

图 5-6　氮、磷营养盐排放入海变化趋势图

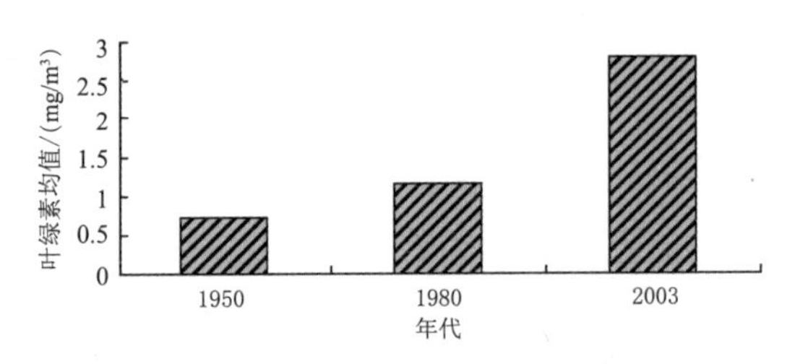

图 5-7　天津市近岸海域表层叶绿素均值变化状况

g. 典型水域水生态现状与演变

选择饮用水水源、景观水体、大沽河口海域为典型水域，于 2005 年 9—10 月进行了现状调查，结合历史监测数据，系统监测分析水生态变化趋势。结果表明：以于桥水库为代表的饮用水源水体富营养化，耗氧有机物、含氮磷有机物污染量加剧趋势，污染物主要来源于河北省遵化县城市污水及入境河流黎河水系；以海河干流市区段为代表的景观水体呈现重污染及重富营养化，污染源主要来自汛期城市污水通过排河雨污合流管道排入和非汛期沉积于河底的污泥污染物释放；以大沽河口海域为代表的近岸海区水体，四类海区（水质）在扩大，海区水生态受到污染与富营养化双重威胁，呈现极度衰退，主要原因来自陆域排放与入海淡水（时空）匮乏。

h. 天津市水生态主要问题与成因

饮用水水环境与水生态安全保障体系有待加强；景观水体水环境与水生态保障脆弱；上游来水水质低劣、水生态极度受损；陆域排污与截流是近岸海区水生态退化的根本原因；近岸填海、滩涂开发使海域水生态退化加速；河口湿地的萎缩与人工化加剧了水生态的恶化；水生态需水量需要切实保证。

③ 水生态修复的资源环境保障

● 陆域水生态需水量

表 5-9 中以最小、适宜、较好水生态需水量分别规划近期、中期、远期水生态需水量。

表 5-9　天津市主要水域水生态需水总量　　单位：亿 m^3

项目		近期	中期	远期
城市河湖		2.94	3.99	4.06
湿地		3.74	4.59	5.94
河道（损失）		4.43	6.22	16.55
小计		11.09	14.80	26.55
饮用水系（水库）		1.05	1.05	1.05
中心河道基流	三河口 1950—2000 年	5.06	17.99	28.10
	六断面 1980—2004 年	3.24	—	
合计	以三河口计	18.01	33.84	55.70
	以六断面计	16.19		

● 入海淡水需水量

研究指出以近岸海域 1980—1989 年 10 年间 4—11 月盐度均值 30.47‰作为最小入海淡水盐度控制基准，以 1955—1982 年 4—11 月盐度均值 28.23‰作为适宜入海水淡水量盐度控制基准，计算最小年入海淡水量应为 15.50 亿 m^3，适宜入海淡水量为 18.18 亿 m^3。

● 水资源来源分析

本研究综观天津市水资源量，现状引滦水量 10 亿 m^3/a，计划引江中线水量 10 亿 m^3/a，当地产流 0.5 亿 m^3/a，原污水资源量 9.5 亿 m^3/a，总计估算 40 亿 m^3/a，扣除生活、生产用水外，合理规划高度可满足水生态需水。

④ 水生态修复的水环境保障

● 水污染排放现状（表 5-10）

表 5-10　2005 年天津市工业、生活污水排放量现状

项目	排放量		排放去向
工业废水	废水排放量 / 亿 t	2.49	0.75 亿 t 入污水处理厂，0.05 亿 t 蒸发渗透 1.19 亿 t 入地表河流；0.04 亿 t 直接污灌
	COD 排放量 / 万 t	4.62	0.12 亿 t 入渤海，0.33 亿 t 入汉沽污水库
生活污水	污水排放量 / 亿 t	4.05	2.76 亿 t 入主要入海河道
	COD 排放量 / 万 t	8.78	

● 水污染排放预测（表 5-11）

表 5-11　2010 年天津市工业、生活污水排放预测

项目	污水排放量 / 亿 t	COD 排放量 / 万 t
工业废水	4.33	8.59
生活污水	5.25	10.17
合计	9.58	18.76

● 水环境污染治理任务

总体削减污染物以 COD 计 5.56 万 t/a，可满足水环境达到 V 类水质目标，饮用水水源达到III类水质目标，即可满足水生态修复的最低标准。

⑤ 水生态分区与目标任务

● 水生态功能区划研究

划分依据为：以水生态环境现状为基础；以天津市相关规划为依托；与水功能区划、水环境区划相结合；与防洪规划相协调。按区划建议可将天津市域划分为五大水生态功能区（图 5-8）。

● 目标任务

a. 海河干流 - 市区河湖水系水生态功能区：修复消除黑臭无生命、无生物水体满足 V 类水体要求。

图 5-8　天津市水生态功能区划图

b. 中部七里海 - 大黄堡湿地水生态功能区和南部团泊洼 - 北大港湿地水生态功能区修复。水生态系统生境条件、湿地净化、调剂功能、满足入海淡水水质水量。

c. 近岸海域水生态功能区：遏制水生态继续恶化，保证入海淡水水质水量，实施增殖放流工程。

d. 北部饮用水水源地水生态功能区：保护水生态系统，以保证水体长期稳定的地表水 III 类以上水质标准。

● 水生态功能区分区指标体系设计——本研究依据五大功能区具体修复任务建立了水质、水量、水生态指标体系。

⑥ 水生态修复功能措施与水生态修复实施保障体系

表 5-12 展示了天津市“十一五”期间水生态修复 / 恢复 / 保护工程项目的主要内容。

表 5-12　天津市“十一五”期间水生态修复 / 恢复 / 保护工程项目的主要内容

分类	项目	投资 / 亿元	预期效果
水资源保障工程	包括河道、湿地等工程共五项	合计 86.60	保证最低水生态需水量 11.09 亿 m^3 和 18.01 亿 m^3
水污染削减工程	包括工业生活、农业污染工程共四项	合计 164.49	削减污染物总量以 COD 计 8.83 万 t
饮用水水源水生态保护工程	包括饮用水、污水生态工程共四项	合计 11.97	削减入库污染物总氮 29.1%；总磷 43.8%；强化水生态自净化能力
市区河湖水生态修复工程	包括市区河道增殖放流工程共三项	合计 4.9	削减氮、磷、悬浮颗粒物抑制底质释放，强化水生态自净化能力
近岸海区生态工程	包括海区水生态保护区资源增殖工程共六项	合计 5.26	将有效地抵制赤潮发生
投资总额		273.22	

水生态修复实施保障体系研究主要汇总了水生态修复必要的组织、机构、法规、制度保障。

5.2.3　天津市水资源与水环境综合管理规划编制

围绕天津市水资源与水环境综合管理目标，规划依据流域二元水循环理论，提出综合考虑流域水资源、水生态、水环境三大要素，构建具有七大核心、六大保障的系统化综合管理框架。通过控制蒸腾蒸发、节约国民经济用水、优化分配地表水、合理开采地下水、治理水污染及修复水生态等具体管理方案，为天津市社会经济的稳健发展提供水资源与水环境保障。

（1）管理目标

建立基于蒸腾蒸发的水资源水环境综合管理体制和运行机制，在行政、法律、经济及技术层面上贯穿蒸腾蒸发管理与水资源水环境综合管理的理念，构建全新的水资源水环境管理模式。

天津市水资源与水环境综合管理的总体目标为：一是提高水资源利用效率，通过控制耗水实现“真实节水”，为经济社会发展目标提供水资源支撑；二是要建立科学的水资源开发利用和保护格局，修复和改善天津市水生态环境，为改善海河流域和渤海湾的水生态环境作出应有的贡献；三是初步形成现代化的基于蒸腾蒸发的水资源与水环境综合管理框架，为资源型缺水和污染严重地区的水资源可持续发展探索新的管理思路。

具体目标以天津市水资源与水环境综合管理规划推荐的方案（即2010D、2010G、2020D和2020H）为基础，细分为七大控制指标，如表5-13和表5-14所示。

① ET管理目标

实施蒸腾蒸发总量控制，减少可控ET，特别是要减少占耗水比例最大的农业产生的蒸腾蒸发。2015年在南水北调中线通一半和不通水的方案下的目标ET分别为611 mm、626 mm；2020年南水北调中线全通东线通一半和不通水两种方案下的目标蒸散发量分别为655 mm、635 mm。

② 取水管理目标

地表水取水管理目标：控制地表水取水总量，优化地表水分配，避免地表水过量开发。2010水平年在南水北调中线通一半和不通水的方案下地表水多年平均取水总量分别为26.13亿m^3、25.07亿m^3；2020水平年南水北调中线全通东线通一半和不通水两种方案下地表水的多年平均取水总量为34.36亿m^3、33.26亿m^3。

地下水取水管理目标：控制地下水取水总量，遏制地下水超采，2010水平年地下水超采量减少10%，2020水平年达到采补平衡。2010水平年在南水北调中线通一半和不通水的方案下地下水的多年平均取水总量分别为5.78亿m^3、6.4亿m^3；2020水平年南水北调中线全通东线通一半和不通水两种方案下地下水的多年平均取水总量为3.89亿m^3、4.08亿m^3。

③ 用水管理目标

国民经济用水管理目标：根据国民经济发展目标和各区县水资源条件，实施国民经济用水总量控制管理，提高水资源的利用效率和效益。2015年在南水北调中线通一半和不通水的方案下国民经济多年平均取水总量分别为28.83亿m^3、28.4亿m^3；2020年南水北调中线全通东线通一半和不通水两种方案下国民经济多年平均取水总量为32.83亿m^3、32.67亿m^3。

生态环境用水管理目标：2010年河湖湿地水生态系统得到普遍恢复，河流保证一定生态基流，湿地面积达到580.3 km^2，全市生态用水达到3.07亿m^3。2020年河湖湿地水生态系统达到中营养系统结构水平，湿地面积增加到646.1km^2，全市生态用水达到5.42亿m^3。

④ 水环境管理目标

对水环境实施排污总量控制，以氨氮和COD为代表的污染物入河排放量

表 5-13　2010 年天津市 IWEMP 方案管理具体目标

		方案 2010D（南水北调中线通水一半情景）				方案 2010G（南水北调中线不通水情景）			
	七大控制指标	多年平均	50%	75%	95%	多年平均	50%	75%	95%
1	地表水总量控制 / 亿 m^3	26.13	29.92	27.73	24.19	25.07	29.05	26.31	21.33
2	地下水总量控制 / 亿 m^3	5.78	4.22	6.03	8.58	6.40	4.97	5.19	8.58
3	国民经济用水总量控制 / 亿 m^3	28.83	30.92	30.72	30.55	28.40	30.80	28.40	27.65
4	生态用水总量控制 / 亿 m^3	3.07	3.22	3.09	2.33	3.07	3.22	3.10	2.26
5	蒸腾蒸发总量控制 /mm	626				611			
6	排污总量控制 / 万 t	1.70（氨氮）/13.20（COD）							
7	入海总量控制 / 亿 m^3	13.76	16.43	6.04	5.00	13.65	14.89	4.86	4.77

表 5-14　2020 年天津市 IWEMP 方案管理具体目标

		方案 2020D（南水北调中线全通，东线通一半）				方案 2020H（南水北调中线全通，东线不通水）			
	七大控制指标	多年平均	50%	75%	95%	多年平均	50%	75%	95%
1	地表水总量控制 / 亿 m^3	34.36	36.74	35.74	32.40	33.26	36.10	34.41	28.77
2	地下水总量控制 / 亿 m^3	3.89	4.38	3.55	5.08	4.08	4.36	3.46	5.22
3	国民经济用水总量控制 / 亿 m^3	32.83	35.78	34.49	33.60	32.67	35.45	33.17	30.58
4	生态用水总量控制 / 亿 m^3	5.42	5.34	4.80	3.88	4.66	5.01	4.71	3.40
5	蒸腾蒸发总量控制 /mm	655				635			
6	排污总量控制 / 万 t	1.03（氨氮）/7.51（COD）							
7	入海总量控制 / 亿 m^3	16.51	18.02	9.43	8.02	16.49	18.01	8.88	8.20

2010 年减少 10%，氨氮和 COD 的允许排放量为 1.70 万 t、13.2 万 t；2020 年达到水功能区要求，全市氨氮和 COD 允许排放量分别为 1.03 万 t、7.51 万 t。

⑤ 入海水量管理目标

2010 年多年平均保证入海水量 13.6 亿 m^3，有效控制近岸海区水生态系统继续向富营养、重污染结构发展，并遏制赤潮风险的增长趋势；2020 年多年平均保证入海水量 16.4 亿 m^3，受损海域水生态系统达到中富养、中污染结构水平，并有效控制赤潮风险。

（2）水资源水环境综合管理措施

根据以上管理目标，天津市主要通过以下六方面的具体措施实施基于 ET 的水资源与水环境综合管理：

① 改革管理体制和机制，构建全新管理模式

② 全面实施可控 ET 管理，实现“真实节水”

③ 实施地表水总量控制，实现区域地表水优化分配

④ 实施地下水总量控制，实现地下水采补平衡

⑤ 加强实施污染治理，实现水功能区达标

⑥ 加强实施水生态修复，改善水生态状况

（3）规划初步效果

在水资源与水环境综合管理规划编制的推动下，天津市的水资源水环境管理工作也取得了一定进展。

① 完成水务管理体制改革

为切实加强水资源统一管理，统筹解决好天津市突出的水问题，经报请国务院批准同意，天津市于 2010 年 5 月组建天津市水务局，为市政府组成部门，将原市水利局职责、市建委城市供水职责、市市政公路局城市排水和有关河道堤岸管理职责整合划入天津市水务局，不再保留天津市水利局，初步理顺了水务管理体制。

② 进一步完善了水资源水环境管理制度

天津市最近几年出台、修订了天津市实施《中华人民共和国〈水法〉办法》《天津市城市供水用水条例》《天津市水污染防治管理办法》和《天津市清洁生产促进条例》，基本搭建起了水资源水环境管理的法规体系框架。天津市于 2008 年初发布并实施了“天津市地方污水综合排放标准”，规定了严于国家污水综合排放标准的地方标准，列出了包括 COD 和氨氮在内的 5 种主要污染物的排放限值和部分行业最高允许排放水量共 6 项指标。

③ 严格了地下水资源管理

天津市政府于2007年划定了地下水禁采区、限采区，天津市水务局根据禁采区、限采区的管理目标，重新核定了地下水用水户的取水许可水量，同时通过提高地下水资源费标准、严格取水许可管理、加强考核等手段推动地下水压采，几年来全市压采深层地下水1亿m^3。

④ 启动实施水环境治理三年行动计划

为切实改善水环境，天津市自2008年起启动实施水环境治理三年行动计划，重点治理本市39条污染较严重的河流，治理内容包括沿岸排污口门的封堵，相应排水管网建设使污水调头，进行污水处理厂及污水处理厂的新、改、扩建等。目前，中心城区的10条河道治理已基本完成，中心城区外围29条河道治理也已完成过半。

⑤ 推动了农业用水管理

在全市推广成立农民用水者协会，鼓励农民自主管水；在大型灌区节水改造工程中配套建设计量设施，探索按量收费，提高农民节水积极性。着力发展都市型节水农业，优化调整农业种植结构。截至2008年年底，全市节水灌溉面积达到343万亩，占有效灌溉面积的65.8%，灌溉水利用系数达到0.63，设施农业面积发展55万亩。

（4）经验体会

① 科学的理念和先进的技术是实现水资源可持续利用的技术支撑

天津市水资源紧缺问题尤为突出，本次天津市IWEMP编制在贯彻了基于蒸腾蒸发的水资源和水环境综合管理理念，在遥感监测蒸腾蒸发等先进技术的支撑下，构建了基于蒸腾蒸发的水资源和水环境综合规划模型，提出了切实可行的水资源和水环境综合管理规划方案，为水资源可持续利用提供了有力的技术支撑。

②“自上而下、自下而上”的理念是顺利开展IWEMP的重要保证

在天津市IWEMP项目启动之初，天津市财政局即牵头就项目概况、项目管理等情况向市政府做专门汇报，得到了市政府领导的支持和认可。在项目实施过程中，市水务局、环保局领导定期听取项目进展并对项目提出指导，从而取得了水利、环保联合报批规划立项、联合报批水功能区划、确定共享清单、课题研究提出规划成果以及节水、治污项目顺利实施等一系列重大进展。各级政府、利益相关者和研究机构通力合作，建立起从点到面、从县（区）到市、从专项规划到综合规划的自下而上的严密体系，有力保障了规划的顺利编制和

实施。

③ 继续完善水利、环保合作机制是实施IWEMP的重要前提

编制完成天津市IWEMP仅仅迈出了全市水资源与水环境综合管理的第一步，但实施IWEMP，真正改善天津市水资源与水环境状况将任重道远，只有继续完善并持续发展水利、环保合作机制，才能切实推进水资源与水环境综合管理工作和天津市IWEMP的有效实施。

5.3 典型项目县水资源与水环境综合管理规划的编制

GEF海河项目中共有16个项目县（市、区），根据各自的水资源与水环境情况和特点，研究编制了县级IWEMP。以下将分别以流域内位于山区的北京市平谷区、以污染治理为代表的河南省新乡县，以及位于平原地区的河北省馆陶县为代表，详细介绍项目县（市、区）级IWEMP的研究编制情况。

5.3.1 北京市平谷区水资源与水环境综合管理规划的编制

（1）平谷区概况

北京市平谷区位于海河流域蓟运河水系的上游，为北京市东部远郊区县。贯穿平谷区的主河流泃河属蓟运河水系的上游段，发源于河北省兴隆县，流经天津市蓟县于平谷区东部海子水库入境，穿越境内10个乡镇，由南部出境流入河北省三河市，泃河北京市界以上集水面积为1 692 km^2。

平谷区地貌由北部、东部、南部山地和中部、西南部平原两大地貌单元组成，总面积942 km^2，山区、半山区面积约540 km^2，占全区总面积的57.3%；平原面积约为402 km^2，占总面积的42.7%。

平谷区处于北京市降水的高值区，降水量相对丰沛。平谷区1980—2005年多年平均降水量为614.4 mm，其中山区为648 mm，平原区为569 mm。平谷区多年平均地表水资源可利用量为7 181万m^3；多年平均地下水总可开采量为16 340万m^3。

平谷山区河流水质综合评价结果为Ⅱ类，水质状况良好，高于水功能区水质标准。平原区河流水污染严重，平谷城区周边及以下河段水质评价结果为劣Ⅴ类。

平谷区现有水库工程9处，总库容1.48亿m^3，其中大、中型水库3座，分别为海子水库、黄松峪水库和西峪水库。2004年泃河上游天津境内建成杨庄截潜工程，使平谷入境水量大幅减少。目前平谷区用水几乎全部取自地下水，地

表水用量很少。

平谷区在2004年建成了两处为北京市区供水的应急水源工程，分为东、西两个相对独立的水源地，东部为夏各庄镇的王都庄水源地，西部为峪口镇的中桥水源地，自2005年每年向北京城区供水量约为8 000万m^3。

2005年平谷区成立了区水务局，原来由区市政管委承担的管理本区城镇供水、排水与污水处理等全部水行政管理职责，交由区水务局承担。但区环保局仍负责各排水户污水达标工作。平谷区水务局以流域为单元设立了6个基层水务站，建立健全了平谷区三级水务管理（水务局、水务站、村级管水员）机制。各水务站主要负责辖区内水资源配置和水利工程建设发展规划、计划和水资源的管理工作。

目前平谷区水资源面临的主要问题是：入境水量减少和出境水量增多致使平谷区地表、地下蓄水大幅减少，地下水位下降过快，水资源紧缺和水环境容量减少的问题非常突出。

（2）平谷区IWEMP规划目标

平谷区IWEMP的编制引入世行专家倡导的基于蒸腾蒸发管理的规划理念，该理念强调在水的利用过程中努力减少额外耗水，尽量让水返回到当地水系统中去，即使是使用再生水也要控制无效耗水。与此同时，严格控制退水中的污染物排放，使水资源得以持续利用，水环境符合水功能区标准。因此本项目主要是从水资源与水环境综合管理的角度来设定规划的目标。

平谷区水资源与水环境综合管理的总体目标：以平谷区水资源可持续利用和水功能区环境修复为总目标，在规划期限内做到社会经济、水资源、水环境的持续协调改善和可持续发展。

关于水资源可持续利用目标，是将地下水采补平衡作为衡量水资源利用是否可持续的关键指标，而减少无效ET是实现地下水采补平衡的根本途径。通过基于蒸腾蒸发的水资源耗水平衡分析，设定目标蒸腾蒸发并提出削减蒸腾蒸发的规划方案和措施。

关于水功能区环境修复目标，是将河流水质达标作为衡量生态环境是否恢复的关键指标。通过入河污染物负荷需求分析，根据设定未来水功能区的水质标准，确定区域排污口退水的污染物容许排放量以及相应的减污规划方案和措施。

因此，平谷区IWEMP规划需要从水量和水质两个方面实现，具体目标为：

① 实现水资源可持续利用（水量目标）：至2010年，使地下水超采的状况至少减少10%，最终到2020年实现采补平衡。

② 维护良好的生态环境（水质目标）：至 2010 年，使入河污染物排放总量降低至少 10%，最终到 2020 年水质达到功能区标准。

（3）IWEMP 方法概述

平谷区 IWEMP 研究编制完全贯彻了 GEF 海河项目要求的基于耗水控制的水资源与水环境综合管理新理念。在规划方法上，通过区域耗水平衡分析和水环境承载力平衡分析，确定了平谷区的目标蒸散发量和目标污染物排放量，再依据水权“三要素”理论（取水量、耗水量、退水量），以目标蒸散发量为约束，通过水资源与水环境规划模型分析，确定了规划期平谷区的取水量控制、耗水控制、再生水回用量和退水量。在此基础上，提出了实现“真实节水”和治污减排的管理措施、政策措施和工程措施。

① 综合蒸散发量的分解

本次规划根据人类用水活动增加的额外耗水是导致区域水资源的不可持续性这一基本认识，对综合蒸散发量的构成进行了解析，提出了区域综合蒸散发量的空间分解方法。在垂直方向上，认为用水地块上的综合蒸散发量是由自然蒸散发量和人工蒸散发量组成，自然蒸散发量是指自然降水产生的蒸散发量，人工蒸散发量是指在用水过程中增加的额外蒸散发量，形成蒸散发量的水量来自人工取水。在水平方向上，依据有无用水活动以及用水过程中人工蒸散发量产生的途径，将区域下垫面划分为生态地块蒸腾蒸发、农业地块蒸腾蒸发和城乡地块蒸腾蒸发。这一分解方法方便在自然水循环和人工水循环之间建立耦合关系，同时也有助于根据人工蒸腾蒸发产生机理和影响因素提出不同用水地块上可能降低蒸腾蒸发的管理措施和工程措施。一般来说，降低蒸腾蒸发的管理措施可以分为两大类：与用水过程有关的管理措施，如灌溉方式、灌溉制度、用水工艺、节水器具等；与用水过程无关的管理措施，如土地平整、地垄、覆盖等农艺措施、设施农业建设、种植结构调整、休耕、雨养农业等。很显然，与用水过程有关的管理措施可以降低人工蒸腾蒸发；而与用水过程无关的管理措施既可以改变自然蒸腾蒸发，也可以影响人工蒸腾蒸发，甚至取消人工蒸腾蒸发。综合蒸腾蒸发空间构成见表 5-15。

表 5-15 平谷区区域综合蒸腾蒸发地块分类

项目	区域综合蒸腾蒸发分类		
ET 地块分类	生态（非用水）地块（ECO）	农业用水地块（AGR）	城乡用水地块（URB）
涉及的地类	自然山林地、水库、水塘、河湖、道路、裸地	农田、果树、鱼塘	城镇乡村居民区、工业园区、养殖用地
蒸腾蒸发组成	仅有自然蒸腾蒸发	自然蒸腾蒸发＋人工蒸腾蒸发	自然蒸腾蒸发＋人工蒸腾蒸发
影响蒸腾蒸发的因素	气候条件、下垫面状况（水面面积、植被覆盖等）	气候条件、下垫面作物结构和鱼塘面积、种植方式、农艺管理、灌溉方式、节水管理等	气候条件、下垫面硬化程度、供排水方式、产业结构、工业用水工艺、生活节水方式等
水循环方式	自然水循环	取用水参与到自然水循环中	取用水自身形成人工水循环，与自然水循环分离
人工蒸腾蒸发产生途径	无	取用水通过水面、作（植）物、土壤产生蒸腾蒸发	取用水在生活、生产用水过程中直接产生耗水

② 情景分析模型技术

本规划在综合蒸腾蒸发理论研究的基础上，利用 3S（GIS、RS 和 GPS）技术和流域水资源与水环境建模技术，提出了基于蒸腾蒸发管理理念的区县 IWEMP 情景分析方法和技术流程。整个规划综合集成了分布式流域水文模型（SWAT 模型）、土壤水平衡模型（AquaCrop 模型）、河流水质模拟工具（WQS 模型），并构建了平谷区水资源与水环境规划模型。

在水资源耗水平衡分析中，利用 SWAT 模型和 AquaCrop 模型分别在流域层次和地块层次进行区域耗水平衡分析，将 SWAT 模型参数和模拟结果作为外包线来率定 AquaCrop 模型并形成耦合关系。区域层次与地块层次耗水平衡分析耦合关系见图 5-9。

在水环境承载力平衡分析中，利用流域水质模拟工具（WQS Tool）用于模拟特定来水和排污条件下点源和非点源污染物对区域河流水质的影响，从而评价平谷区不同水功能区水环境承载能力。

平谷区水资源与水环境规划模型为简单的集总式模型，涵盖供水—配水—耗水—排水—治污—回用等人工水循环的所有环节，用于在目标蒸腾蒸发的约束下，按不同水源特点和用途进行水资源优化配置，确定用水地块的水权三要素分配，即不同用水地块上容许的取水量、耗水量、再生水回用量和退水量。本模型综合了水资源规划的各类指标，将这些指标纳入统一的框架下研究，通

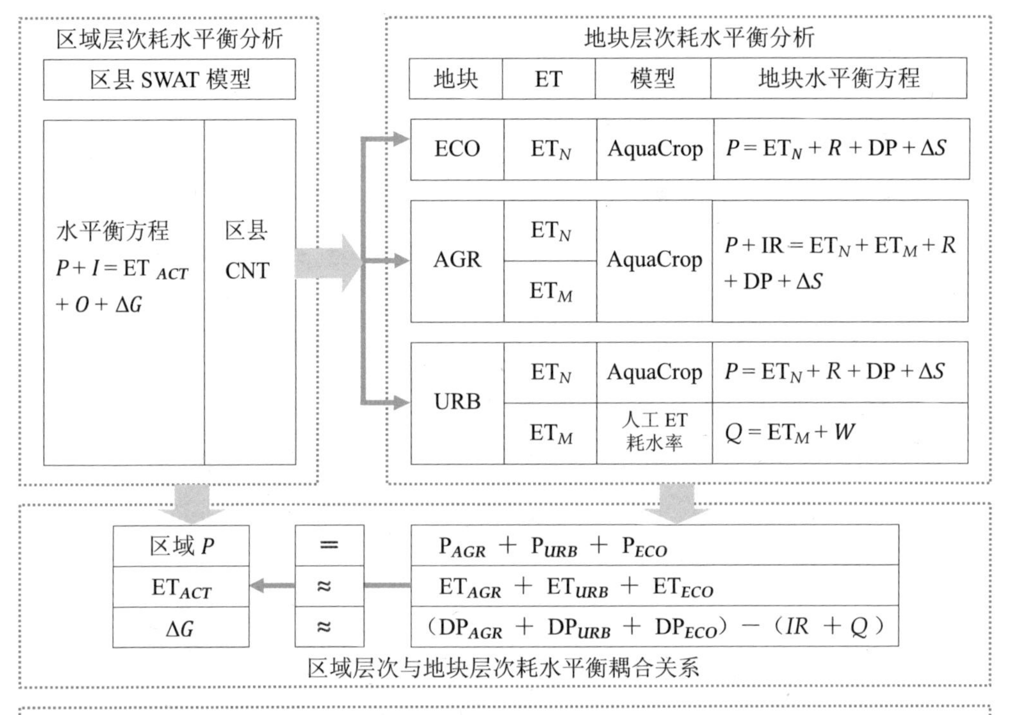

图 5-9　区域层次与地块层次耗水平衡分析耦合

过相互协调，从而理顺各类规划指标之间的依赖和制约关系。

③平谷区 IWEMP 规划流程

基于目标蒸腾蒸发的平谷区 IWEMP 具体规划流程包括现状数据基线调查、现状情景模拟分析、目标 ET/ 污染物拟定和分配、可选管理方案情景模拟、管理方案推荐、水权“三要素”分配六个步骤。

- 现状数据基线调查：以《平谷区水资源综合规划》中水资源、水环境、社会经济等 GIS 数据为基础，建立了平谷市水资源水环境综合管理数据平台。利用 3S 技术和平谷 2005 年 1m 分辨率航拍影像遥感图对平谷区土地利用进行了水土信息基线调查，完成了带有相关用水背景信息的平谷区 1 : 10 000 土地利用详查图。这种土地利用详查为基于地块的耗水平衡分析、构建流域分布式水文模型、蒸腾蒸发管理提供了必要的数据基础。

- 现状情景模拟分析：利用 SWAT 模型进行区域层次现状耗水平衡模拟，利用 AquaCrop 模型进行地块层次现状土壤耗水平衡模拟，利用 WQS 水质模拟工具进行现状水环境承载状况模拟分析。平谷区为山区区县，用水活动主要集中在平原区，为了反映平原区人工耗水状况和合理确定目标蒸腾蒸发，平谷区耗水平衡将针对山区和平原区分别进行。
- 目标蒸腾蒸发和目标污染物拟定：按水资源可持续性原则确定区县目标蒸腾蒸发并分解至不同用水地块。平谷山区降水丰沛，平原区降水量相对偏少又是水资源的消耗区，加上向北京城区供水，地下水处于超采状态，设定平原区目标蒸腾蒸发等于平原区多年平均降水量。根据平谷区水功能区划水质标准，通过构建平谷区河流水质模拟模型（WQS 模型）确定容许污染物排放限制目标。
- 可选管理方案情景模拟：对不同地块选择 / 调整规划措施方案组合，并利用 AquaCrop 模型和平谷区水资源与水环境规划模型进行规划效果检验。
- 管理方案推荐：由达到规划目标的规划措施方案组合形成最终的实施管理方案。
- 水权“三要素”分配：由基于目标蒸腾蒸发的水权“三要素”分配提出水资源开发利用控制指标，用水效率控制指标和水功能区限制纳污指标。

（4）规划成果

本规划完全实践了 GEF 海河项目关于区域水资源与水环境综合管理的创新理念和方法。在流域目标蒸腾蒸发的约束下，通过水权“三要素”分配实施以区域水资源开发利用总量控制、用水效率控制和水功能区限制纳污为核心的水资源与水环境的综合管理，达到了预期的规划效果。

根据规划目标，构建平谷区 IWEMP 规划效果指标体系，用于反映项目后平谷区水资源与水环境的可持续性，见表 5-16。

① 目标蒸腾蒸发：平谷区的目标蒸腾蒸发按平原区的耗水状况确定。山区因用水面积小用水量少，可维持现状蒸腾蒸发不变。设定平原区的目标蒸腾蒸发等于平原区的多年平均降水量，即 569 mm。将平原区的目标蒸腾蒸发换算成全区的目标蒸腾蒸发，则平谷区的目标蒸腾蒸发确定为 533.3 mm。与全区现状蒸腾蒸发值 544.7 mm 相比需要削减蒸腾蒸发值 11.4 mm。规划 2020 年综合蒸腾蒸发为 532.9 mm，小于目标蒸腾蒸发。

② 用水地块水权“三要素”分配：在平谷区目标蒸腾蒸发的约束下，经过用水地块耗水平衡分析和水资源与水环境规划模型测算，2020 年平谷用于本

区的地下水开采量限制在 10 215 万 m³ 以内，比现状 2005 年减少开采地下水 4 080 万 m³。总耗水量（人工蒸腾蒸发）为 3 650 万 m³，较 2005 年减少 1 021 万 m³；城乡地块退水为 2 913 万 m³，较 2005 年增加 216 万 m³。

表 5-16　平谷区基于目标蒸腾蒸发的 IWEMP 效果指标体系

分类	指标	单位	现状 2005 年	2015 年	2020 年
社会经济预测	全区总人口	万人	39.5	45.4	61.4
	城镇化率	%	39.7	60.4	72.6
	地区生产总值（GDP）	亿元	57	214	390
	全区工业增加值	亿元	24.3	96	172
	单位羊头数	万头	45	55	65
	鱼塘面积	亩	13 500	6 750	6 750
	总灌溉面积（大田、果树、菜地）	亩	341 250		324 750
	粮食产量	万 t	4.25		4.9
全区总耗水量（综合蒸腾蒸发）	全区目标蒸腾蒸发	mm			533.3
	全区（942km²）规划综合蒸腾	mm	544.7	537.1	532.9
	蒸发：	万 m³	51 311	50 594	50 196
	生态地块（551.1km²）	万 m³	27 042	27 042	27 042
	城乡地块（100.7 km²）	万 m³	6 137	6 113	6 189
	农业地块（290.2 km²）	万 m³	18 132	17 457	16 965
用水总量控制	全区社会经济总用水量	万 m³	14 295	12 885	13 165
	地表水取水量	万 m³	0	1 150	1 150
	地下水取水量限制	万 m³	14 295	10 835	10 215
	城乡地块（城镇 + 农村）	万 m³	4 423	3 860	4 240
	农业地块（灌溉 + 鱼塘）	万 m³	9 872	6 975	5 975
地下水外调	应急水源地向北京供水	万 m³	5 100	8 000	0
人工蒸腾蒸发耗水控制	全区人工蒸腾蒸发：	万 m³	4 671	3 935	3 650
	城乡地块（城镇 + 农村）	万 m³	1 726	1 665	1 777
	农业地块（灌溉 + 鱼塘）	万 m³	2 945	2 270	1 873
	人工蒸腾蒸发耗水率	%	32.7	30.5	27.7
用水效率控制	全区用水　人均用水量	L/（人·d）	992	778	587
	全区用水　万元 GDP 用水量	m³/ 万元	251	60.2	33.8
	全区耗水（人工蒸腾蒸发）　人均耗水量	L/（人·d）	323	238	162
	全区耗水（人工蒸腾蒸发）　万元 GDP 耗水量	m³/ 万元	81.9	18.4	9.4
再生水回用与退水量	再生水产出量	万 m³	0	24 30	3 400
	再生水回用工业与生活	万 m³	0	900	1 800
	城乡地块河道退水量（含再生水）	万 m³	2 697	2 645	2 913
纳污控制	COD 纳污限制	t			2 300
	氨氮纳污限制	t			220
	新城周边河道水质	类	< V	V	V

③ 用水效率：在所有蒸腾蒸发管理措施、工程措施和政策措施实施到位的情况下，到 2020 年全区人均用水量下降到 587L/（人·d），人均耗水量（人工蒸腾蒸发）为 162L/（人·d）；万元 GDP 用水量下降到 26.2 m^3，万元 GDP 耗水量为 9.4 m^3。全区人工蒸腾蒸发耗水率由现状的 32.7% 下降到 2020 年的 27.7%。

④ 目标污染物排放量：平谷区目标污染物负荷（水环境承载力）为：COD 为 2 854 t，氨氮 262 t。其中平谷区容许目标污染物排放量：COD 为 2 300 t，氨氮 220 t。通过集约化治污工程措施和建设新城环通水系，使新城周边河段水质达到水功能区Ⅴ类水质标准。

（5）规划方案

① 农业地块削减蒸腾蒸发的规划措施

- 调整农业用地类型和种植结构：鱼塘面积减少 50%；大田减少冬小麦面积，双季（复种）面积减少 7 500 亩；露地菜面积减少 16 500 亩，提高设施农业的比重至少要占到 70% 以上。
- 优化灌溉制度：优化果树灌溉制度，研究普及果树滴灌技术；优化冬小麦灌溉制度，依据土壤墒情实施调亏灌溉，减少灌溉次数；优化蔬菜灌溉制度，在设施农业中普遍采用微、滴灌技术，提高用水效率。
- 农业节水工程措施：加大农业节水工程建设力度，“十二五”期间新增高效节水灌溉面积 3.5 万亩，更新改造节水灌溉面积 7.5 万亩，节水灌溉工程配套率达到 100%；加强对农用机井的计量管理，实行“一井一表一户一卡一号”，“十二五”期间在全区 10 个乡镇安装智能水表 1 500 块，农业机井取水量实行远程计量监控。

② 城乡地块水资源可持续利用规划措施

降低耗水率的规划措施包括：

- 调整产业结构，大力发展诸如电子及通信设备制造业等高产值、低耗水的行业，使平谷区的工业向节水程度较高的行业发展。
- 整合新城自来水供水系统，在建设新水厂的同时实施水源置换工程——集中供水置换自备井供水，实行统一管理，降低管网漏失率，杜绝管网渗漏、冒泡现象，管网漏失率将降低到 10% 以下。
- 在平谷区建设城乡集约化集中供水网络系统，到 2020 年通过将平谷区各集中供水单元以主干管连接起来，在平原区形成有不同水源供水的统一供水网络，实现地表水厂和地下水厂之间的联合调度，提高供水效率和保证率。

- 建设雨污分流的城市和镇区排水系统，以降低随意排放引起蒸发损失。

提高用水效率的规划措施包括：

- 加强对工业企业自备井的管理力度，制定合理的工业水价，推动工业节水的发展，提高工业企业的节水意识。
- 在各类企业中定期进行水平衡测试，改进用水工艺，努力提高单方耗水的工业产值。
- 进一步提高节水器具的普及率，特别要提高农村地区节水器具的普及率。“十二五”期间新城节水器具普及率达到100%，农村节水器具普及率达到70%。
- 城乡供水全部实行用水计量信息化，实行用水量累进加价制度，有效控制用户的用水量，鼓励用户节约用水。
- 在工业园区、第三产业及事业单位创建节水型单位，建立社会公众节水参与机制，调动各类用水单位的节水积极性。

提高再生水利用程度的措施包括：

- 研究在工业各行业中提高再生水使用量的可能性，以及提高水的重复使用率的技术。
- “十二五”期间在新城和重点镇的污水处理厂建设深度再生水厂，大幅度提高再生水产出量。深度再生水除供生产生活之用外，其余用于改善河道水质。

③ 水环境修复规划措施

- 落实“海规计 [2002]68 号会议纪要”内容，建立与天津市洵河水量分配长效机制，75% 保证率时，天津杨庄截潜工程应向海子水库下泄 1 386 万 m^3。
- 新城建设河西污水处理厂，2015 年使城区污水处理率达到 93%，2020 年城区污水处理率达到 100%。建设城乡集约化三级治污体系，2015 年前建成镇域集中污水处理厂 10 处，镇域及乡村污水处理率达到 71%；2020 年全部镇域污水处理厂建成，镇域及乡村污水处理率达到 90%。
- 为减少面源污染，2015 年前所有小流域都建成生态型清洁小流域，治理率达到 100%。
- 通过河道生态治理和新城环通水系建设，新城蓄水河段水质主要指标达到水功能区标准。

④ 水资源与水环境管理措施

- 加强基层水务站能力建设，完善三级水务管理体制机制。强化基层水务站在节水、供水、治污、防洪、水源保护等方面的管理职能，形成基层水务有效管理体系。依托基层水务站完善和有效管理村级农民用水者协会分会，完善农村900人的管水员队伍，经轮岗培训后负责村级涉水管理。
- 设立农业蒸腾蒸发管理中心，实行蒸腾蒸发削减监测评价制度。农业地块监测评价制度的流程如图5-10所示。

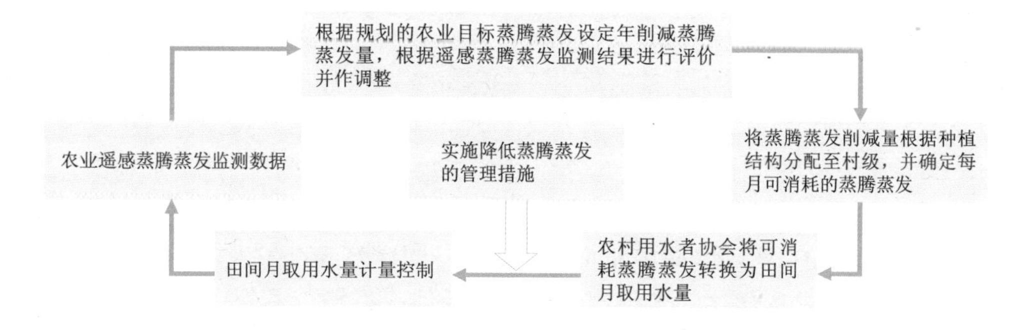

图5-10　平谷区农业蒸腾蒸发管理监测评价流程

- 设立统一的安全供水管理机构，实施节约用水管理。南水北调进京后，应急水源地将划归区政府管理，需成立统一的安全供水管理机构，建设供水网络信息化系统，负责全区供水管网中应急水源地、地下水和地表水供水的联合调度。根据规划的城乡地块取水总量控制，建立节水管理考核制度，细化节水统计分析，进行节水绩效管理等综合考核。
- 设立平谷区河渠水网管理机构，实施限制纳污排放管理。在平谷区东部水网和西部水网以及新城环城水系基本建成之后，成立由水务局和环保局共同参与的平谷河渠水网管理机构，并建立平谷区河渠水网联合调度信息平台，负责协调入境水、水库渠道水量、再生水回补河道的科学调度，负责入河污染物排放、水功能区水质监测等管理。
- 设立再生水利用管理机构，完善鼓励利用再生水的政策机制，把直接利用和间接利用结合起来，不仅环境、绿化、冲厕、降尘等可使用再生水，回补河道和地下水也有更大的利用空间。

⑤“十二五”时期规划指标和应急对策

2011—2015年的“十二五”期间对平谷区水资源情势是一个重要的时间点，

为保证水资源与水环境的可持续性，作为近期行动计划的“十二五”期间重要的约束和规划指标如下：

- 应急水源地向北京城区年供水仍维持在 8 000 万 m^3 左右，直到南水北调进京；
- 2015 年本区地下水开采限制在 10 835 万 m^3 以内，其中农业地块的地下水开采控制在 6 975 万 m^3 以内；
- 2015 年再生水用量达到 900 万 m^3；
- 2015 年万元 GDP 用水量下降到 72m^3，人均用水量下降到 280m^3；
- 2015 年新城污水处理率达到 93%，镇域及乡村污水处理率达到 71%。

由于南水北调工程送水推迟进京，2015 年平谷区地下水承载状况不容乐观。因此，为不影响“十二五”期间经济发展，作为应急对策，只能适当超采地下水。同时在流域层面上与周边市、区县协调增加入境水量，一是按水利部有关文件尽快落实与天津市水资源分配的长效机制；二是在“十二五”期间考虑通过引温入潮工程和西部水网由北京市区向平谷回送部分再生水，缓解地下水超采。“十三五”期间南水北调进京，应急水源地或将停止境外供水，2015 年以后平谷区地下水有比较大的盈余，可以达到地下水采补平衡。

（6）总结与体会

平谷区 IWEMP 在规划技术方法上的创新：根据蒸腾蒸发管理、农田真实节水理念，提出了区域综合蒸腾蒸发空间解析分类方法；引进国际先进的分布式水文模型（SWAT 模型）和 FAO 最新开发的 AquaCrop 模型，提出了在区域层次和地块层次进行耗水平衡分析的建模技术及耦合方法；根据山区区县的蒸腾蒸发分布特点，耗水平衡分析和目标蒸腾蒸发按山区和平原区分别进行分析确定；创建了平谷区水资源与水环境规划模型，实现了用水地块水权“三要素”分配；利用“3S”技术和平谷区 2005 年 1 m 分辨率航拍影像遥感图，完成了带有相关用水背景信息的平谷区 1∶10 000 土地利用详查图。整个规划思路清楚，技术先进，方法可行，为区县 IWEMP 的编制提供了一套完整的解决方案和示范。

规划理念方面的创新：本规划力图将基于蒸腾蒸发的水资源与水环境综合管理规划与国家新时期提出的治水方针——“资源水利”紧密联系起来，在规划中体现了区域目标蒸腾蒸发控制与“资源水利”倡导的水资源开发利用总量控制，用水效率控制和水功能区限制纳污之间的内在关系和一致性，认为目标蒸腾蒸发约束为实施“资源水利”提供了终极理论依据和实践上的可操作性。本规划依据模型分析，提出了平谷区目标蒸腾蒸发约束下水资源开发利用总量控制，用水效率控制和水资源纳污限制指标，为平谷区实施资源水利提供依据。

本次平谷区IWEMP规划通过基线调查、现状情景模拟、目标蒸腾蒸发拟定、可选管理方案情景模拟等步骤，对规划期2020年的水资源与水环境综合管理规划提出了完整解决方案。同时为应对平谷区“十二五”期间水资源紧缺局面，也提出了详细的和具体的规划指标、应对措施和投资估算，体现了与“十二五”规划的衔接，对平谷区“十二五”时期社会经济发展在水资源和水环境方面起到了指导和支撑作用。

5.3.2 河南省新乡县水资源与水环境综合管理规划的编制

（1）新乡县IWEMP规划概述

研究编制和实施县级水资源与水环境综合管理规划（IWEMP）是GEF海河项目的核心。河南省新乡县是GEF海河项目漳卫南子流域项目的示范县（市），其水资源与水环境综合管理规划的研究编制吸取了国内外的先进管理理念，采取“自上而下”和“自下而上”的方法，在战略研究和各子课题研究成果及知识管理系统、SWAT模型、遥感监测蒸腾蒸发等新技术的支撑下，通过调查、分析新乡县的水资源、水环境现状及水管理状况，确定节水、减污的具体目标指标，提出相应的政策、管理措施，并通过规划情景模拟，分析政策措施的合理性，最终确定适宜的规划方案。进一步通过IWEMP实施，逐步建立起水资源与水环境综合管理体制与机制，实现新乡县水资源与水环境的可持续发展利用。

（2）新乡县IWEMP主要成果与经验

① 实施“自上而下、自下而上”的合作机制

项目实施以来，新乡县已初步形成了“自上而下、自下而上”的水资源与水环境综合管理工作模式，并在解决新乡县水资源与水环境问题中起到积极影响。“自上而下”具体体现在中央项目办、漳卫南子流域级和新乡县示范县之间，上级对下级有明确的技术与政策的指导，使新乡县IWEMP工作的开展目标明确，有的放矢。“自下而上”主要体现在新乡县县级（包括各乡镇、村级和个体用水者）进行的水资源与水环境综合管理的规划和实施，包括水权、打井许可、排污许可管理和强制执法、污染排放控制、产业结构调整、“真实节水”措施、污水处理和中水回用等。

② 实现水资源与水环境部门为主的多部门联合协作机制

根据GEF海河项目的总体设计要求，新乡县IWEMP项目的开展实现了跨部门间的协调与合作，即由县环保、水利部门牵头，农业、城建、国土资源等

有关部门密切配合，组织力量研究和编制新乡县水资源与水环境综合管理规划。

为了保证项目的顺利实施，成立新乡县GEF海河项目领导小组，下设GEF海河项目管理办公室和联合专家组，明确职责与权利、人员组成和工作制度；建立协商机制，在规划过程中，请资深政府代表、利益相关者、农民用水者协会及社区共同参与，特别是弱势群体，保证信息的传播和交流，保证项目和其目标利益者之间的协作，根据需要不定期举行咨询和讨论会，征求各方面、各层次代表对项目的看法、意见和建议，并形成会议记录，制订行动计划，以保证项目顺利实施。

在IWEMP的编制过程中，采取上下互动以及横向的结合与合作，使新乡县水资源与水环境综合管理规划同新乡县“生态县规划”、“十一五”发展规划以及其他相关规划密切配合，规划成果满足新乡县“十二五”规划需求，实现流域水质和水量的一体化管理。

③ 积极参加技术培训与研讨，推动技术交流与合作

项目开展以来，新乡县GEF项目办积极组织参加中央项目办有关水资源与水环境综合管理规划编制、SWAT模型开发应用、遥感监测蒸腾蒸发初步成果解析、项目监测评价等方面的培训研讨班十余次。通过不同层次的培训、研讨，促进了项目理念在不同层次人群中的理解，积极参加国内外培训考察和技术咨询研讨，使参加培训和考察的技术和管理人员开阔了思路，了解了国际水资源与水环境综合管理的新形势和技术手段，为项目的顺利实施打下了良好的基础。

④ 主要技术成果

- 开发了新乡县水资源与水环境综合管理信息系统。借助Microsoft Office Access管理数据，运用C#语言，嵌入GIS、SWAT等功能组件，加载DEM、土地利用图、土壤图、气象、水文、农业管理、用水管理及污染物等信息，建立了水资源与水环境综合管理的基础平台和联合管理的数据共享协调机制。
- 以ArcGIS为平台，结合遥感技术，建立了基于SWAT-MODFLOW人工变量耦合的新乡县二元水循环系统。通过水资源评价、蒸腾蒸发模拟、地下水位预报、点源和非点源污染模拟，利用二元水循环系统对其水循环和水质状况进行反演，为水资源与水环境综合管理方案的确定奠定基础。
- 在水量平衡和水环境容量分析的基础上，以新乡县水量平衡和生态平衡为目标，确定了县域水资源与水环境综合管理关键指标体系。
- 建立了基于节水技术体系、污染削减控制技术及管理体系组成的水资源

与水环境综合管理技术体系。根据新乡县实际情况，结合节水、污染控制、管理等技术措施设定不同的情景，形成多种方案组合，运用模糊决策理论对方案进行评价，并根据二元水循环系统模拟、验证各方案相对于预实现目标的完成情况，优选出县级区域水资源与水环境综合管理的最佳方案组合，形成综合管理技术体系。

- 在水资源管理中，引入基于蒸腾蒸发的水资源管理理念，实现“真实节水”。通过控制蒸腾蒸发总量和提高蒸腾蒸发效率，减少水分的蒸腾蒸发，实现了新乡县水资源量的真正节约。

⑤ 新乡县水污染控制示范工程项目

根据新乡县水资源与水环境综合管理规划项目确定的示范工程计划，结合新乡县政府有关要求，新乡县确定了污水治理示范工程——河南龙泉实业集团有限公司污水深度处理工程，目前工程已经完成了相应投资。该项目正常投运后，将使造纸污水中污染物的排放降低80%以上，每天将至少节约原生水资源1.6万～1.8万t。项目减排效果显著，是缓解新乡县原生水资源危机的有效措施，是极行之有效的环保、节能项目。关于新乡县示范工程的具体内容，详见第4章有关章节。

5.3.3　河北省馆陶县水资源与水环境综合管理规划的编制

（1）馆陶县概况

馆陶县地处河北省南部平原区、海河流域漳卫南运河上游，总面积456 km^2，地势平坦。属暖温带半湿润地区，大陆性季风气候，多年平均降雨量531.6 mm。馆陶县为冲洪积平原，各种砂性和黏性土互层，浅层地下水埋深50～80 m，以粉沙和细沙为主，含水层厚度为20～30 m，单井出水量达30～40 m^3/h，水的矿化度在2 g/L以内；地层中部（80～250 m）为咸水层，矿化度2～10 g/L，含水层以细沙为主，其上部微咸水已部分被开发利用；深部（250 m以下）为深层淡水，砂层厚度为40～60 m，单井出水量达60～80 m^3/h，地下水由西南向东北流向，浅层水属降雨入渗补给开采型；深层淡水属上游含水层裸露的补给区补给，补给量微乎其微，应严格控制开采。

馆陶县境内有卫运河通过。卫运河属海河水系，漳河发源于山西省境内，卫河发源于河南省焦作地区，两河进入馆陶县东南后汇合成卫运河，县境内河长达43 km，流域面积150 km^2，多年平均径流量9.8亿m^3，来水量80%左右集中于6—9月的雨汛期，其他季节降雨径流甚少，河水主要是城镇污水。馆陶县春季十年九旱，正值小麦返青后的需水季节，河水水质较差；夏季为雨汛期，河水较充沛，作物一般不需要灌溉。因此，利用卫西干渠蓄水以回灌地下水，就成为馆陶县水资源管理的一项重要任务，而且卫运河枢纽处有进水闸，河水可引入卫西干渠。

馆陶县行政区划为8个乡（镇），总人口28.8万人，其中农业人口26.5万人，全县耕地43万亩，农业人口人均耕地1.6亩。水浇地面积40.5万亩，占耕地面积的94%。

馆陶县农业经济在改革开放以来有着突破性地进展，逐步向农业产业化的方向前进。种植业主要是小麦、玉米、棉花、蔬菜和油料作物等。20世纪90年代以来，种植结构不断调整，目前有高效种养园区，蔬菜温室大棚和果园以及露天无公害蔬菜的种植等。20世纪90年代中期以来，以养鸡为主的饲料也有突飞猛进的发展，产值由20世纪80年代初的5.6%上升到目前的48%，蛋鸡存栏达1 755万只，全县人均达61只，日产蛋达479.5 t。

馆陶县多年平均水资源总量为5 953.4万m^3。其中多年平均地表水资源量为254万m^3，多年平均地下水资源量为5 699.4万m^3。多年平均地表水水资源可利用量为987.3万m^3，其中包括：区域自产地表径流254万m^3；灌溉引用卫运河水733.3万m^3。多年平均地下水水资源可开采量为5 692.1万m^3，多年平均水资源可利用总量为6 679.4万m^3。2014年以后，馆陶县可引南水北调水560万m^3，届时多年平均水资源可利用量为7 239.4万m^3。

馆陶县地表水资源贫乏，地下水资源有限，水资源短缺；另一方面水的利用率和利用效率较低，水质也逐步受到不同污染源的污染。由于地表水严重不足，随着经济发展，工业和城乡居民生活需水量加大，生产、生活被迫大量超采地下水，致使地下水位连年下降。地下水位埋深从1994年的14.9 m下降到2004年的22.0 m，11年共下降7.1 m。

（2）馆陶县IWMEP规划目标

① 总体目标

在充分研究馆陶县水资源和水环境特点及存在问题的基础上，从完善水管理体制入手，加强各部门之间的合作，以知识管理工具和遥感监测蒸腾蒸发技术作为技术支撑，实现水资源与水环境一体化管理。参考战略研究和示范项目的研究成果，采取综合措施，提高水资源利用效率，通过“自上而下、自下而上”和纵横相结合的工作方法。借鉴国际上先进的管理理念和“蒸腾蒸发管理、真实节水”技术，探讨馆陶县水资源与水环境可持续发展的新思路，缓解水资源短缺的危机，改善生态环境。通过项目的具体实施，逐步建立起水资源与水环境综合管理体系与机制，实现水质、水量的统一管理；以水资源的优化配置、高效利用为中心，实施开源节流并重、节水治污、合理开发、综合治理；以水资源可持续利用和良好的水环境促进馆陶县经济和社会的可持续发展。

到2010年，地下水超采区域水位下降速度有较大幅度减缓，地表水体污染比现状有较大改善；2020年超采区地下水达到采补基本平衡，地表水体全部达到环境质量标准和水功能目标。

② 具体目标

- 管理目标：建立和健全水资源和水环境综合管理体系和机制，制定和实施相应的政策法规，提高水资源和水环境综合管理能力等。
- 节水目标：以目标蒸散值为控制，在平水年情况下，到2010年，蒸散值较现状降低应削减蒸散值的10%；2011—2020年，平均每年再降低应削减蒸散值的10%，到2020年基本实现全县水资源供耗平衡。如遇丰水年或枯水年可以允许蒸散值有上下的波动，但多年情况下保持地下水动态平衡。
- 减污目标：提高污水处理能力，到2010年污染物比现状年减少10%，到2020年水质全部达标排放。
- 水生态修复：改善地下水位持续下降的局面，到2010年实现地下水超采量减少10%，2020年实现零超采，使地下水位逐步得以恢复。

（3）IWEMP 规划方法概述

馆陶县IWEMP的研究编制，以知识管理工具和遥感监测蒸腾蒸发技术作为技术支撑，实现水资源与水环境一体化管理。通过项目的具体实施，逐步建立起水资源与水环境综合管理体系与机制，制定和实施相应的政策法规，提高水资源与水环境综合管理能力。馆陶县水资源与水环境综合管理规划技术路线总图见图5-11。

（4）IWEMP 主要成果

① 现状水资源供耗平衡分析

依据目标蒸腾蒸发和现状蒸腾蒸发分析结果，确定馆陶县近期应削减的蒸散发量为42.6 mm，合削减水量1 942.5万m^3；远期应削减的蒸散发量为30.4 mm，合削减水量1 386.2万m^3。供耗分析成果分别见表5-17和表5-18。

② 水资源供耗成果分析

馆陶县土地面积456 km^2，近期可供水量25 818.8万m^3，耗水量27 761.3万m^3，供耗平衡需要削减的水量为1 942万m^3，合42.6 mm。

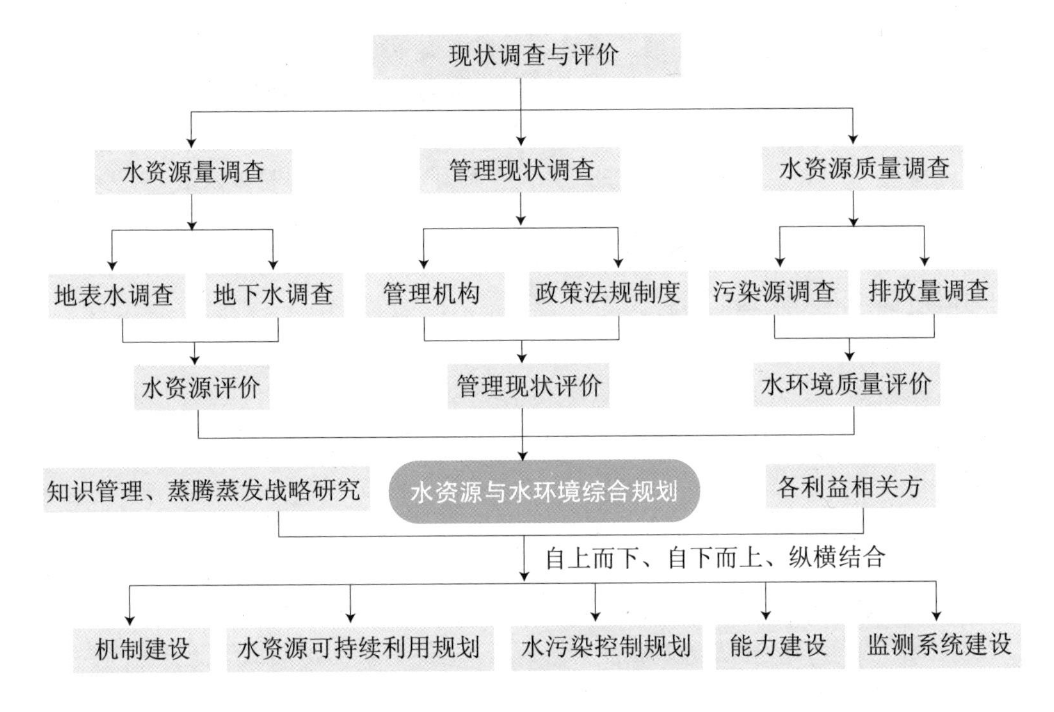

图 5-11　馆陶县水资源与水环境综合管理规划技术路线总图

表 5-17　馆陶县近期供耗分析成果表

名称	现状蒸散值		目标蒸散值（可供水量）		应削减水量	
	mm	万 m^3	mm	万 m^3	mm	万 m^3
馆陶县	608.8	27 761.3	566.2	25 818.8	42.6	1 942.5

表 5-18　馆陶县远期供耗分析成果表

名称	现状蒸散值		目标蒸散值（可供水量）		应削减水量	
	mm	万 m^3	mm	万 m^3	mm	万 m^3
馆陶县	608.8	27 761.3	578.4	26 275.1	30.4	1 386.2

馆陶县各乡镇现状耗水量的分配原则：根据实测蒸散发量计算出的各乡镇现状耗水量，以馆陶县现状蒸腾蒸发（现状耗水量）为 608.8 mm 为控制倍比计算。

馆陶县各乡镇目标 ET 的分配原则：可供水量包括降雨量、卫西干渠蓄水量、卫运河下渗水量。各乡镇的降雨深度均采用全县多年平均降雨量（531.6 mm）；卫西干渠的蓄水量按各乡镇耕地面积占总耕地面积的百分比进行分配；卫运河下渗水量遵循就近原则平均分配到东部四个乡镇：馆陶镇、魏僧寨镇、王桥乡和徐村镇。

③ 不同频率地下水允许开采量分析计算

根据 1980—2005 年可供水量系列，可分析计算得到不同频率的可供水量、目标 ET 以及不同频率的余缺水量。依据不同频率的地下水补给量和地下水以丰补歉的特性，推求不同频率的地下水允许开采量。以此来实现地下水在多年平均情况下的动态平衡。馆陶县不同频率的地下水允许开采量计算结果见表 5-19 和表 5-20。

表 5-19 馆陶县各乡镇水资源供耗分析计算成果表

乡（镇）名称	土地面积 / 亩	耕地 / 亩	现状耗水量 / mm	目标蒸散值 / mm	应削减水量	
					/mm	/ 万 m³
馆陶镇	111 000	35 790	545.6 (+79.6)	566	–20.4 (+59.2)	–151.0 (+438.3)
柴堡镇	96 225	80 190	643.2	586	57.2	367.3
房寨镇	64 950	43 125	616.1	531.6	84.5	366.1
魏僧寨镇	75 000	58 695	645.8	591.5	54.3	271.5
王桥乡	67 500	41 940	627.8	588.1	39.7	178.8
寿山寺乡	76 500	56 865	646.5	531.6	114.9	586.2
路桥乡	116 775	69 585	578.7	550.4	28.3	220.3
徐村镇	76 500	44 250	592.3	584.5	7.8	39.8
合计	684 450	430 440	608.8	566.2	42.6	1 942.6

表 5-20 馆陶县不同水文年份的地下水允许开采量计算成果表

水文年份	可供水量 / mm	目标蒸散值 / mm	余缺水 / mm	余缺水 / 万 m³	地下水补给量 / 万 m³	允许开采量 / 万 m³
丰水年	650.6	584.6	66	3 009.6	7 563.1	4 553.5
平水年	549.4	549.4	0	0	6 023.5	6 023.5
枯水年	464.4	530.4	-66	-3 009.6	4 759.1	7 768.7
多年平均	566.2	566.2	—	—	—	—

④ 水权分配结果

● 地表水水权分配

地表水水权可分配水量包括区域自产径流量、卫西干渠蓄水量及南水北调水。分配原则为：各个乡镇的区域自产径流量用全县多年平均径流深乘以各个乡镇的面积得到；卫西干渠的蓄水量主要考虑了周边乡镇对渠来水直接引用，其他离渠比较远的乡镇（房寨镇和寿山寺乡）不使用渠来水量。使用渠来水量的各个乡镇按各个乡镇的耕地面积占总耕地面积的百分比分配；南水北调水平均分到各个乡镇。各乡镇地表水分配成果见表 5-21。

表 5-21 馆陶县各乡镇地表水水权分配成果表

名称	面积 / 亩			分配水量 / 万 m^3
	土地	耕地	非耕地	
馆陶镇	111 000	35 790	75 210	190.6
柴堡镇	96 225	80 190	16 035	283.7
房寨镇	64 950	43 125	21 825	94.1
魏僧寨镇	75 000	58 695	16 305	228.1
王桥乡	67 500	41 940	25 560	188.1
寿山寺乡	76 500	56 865	19 635	98.4
路桥乡	116 775	69 585	47 190	267.8
徐村镇	76 500	44 250	32 250	196.6
全县	684 450	430 440	254 010	1 547.3

● 地下水水权分配

地下水水权的分配主要给予那些离灌渠或河道远的区域和地表水不够用的区域。各乡镇的地下水分配水量按各乡镇的土地面积占全县总土地面积的百分比进行分配。各乡镇地下水水权分配成果见表 5-22。

表 5-22 馆陶县各乡镇地下水水权分配成果表

名称	面积 / 亩			分配水量 / 万 m^3
	土地	耕地	非耕地	
馆陶镇	111 000	35 790	75 210	923.1
柴堡镇	96 225	80 190	16 035	800.2
房寨镇	64 950	43 125	21 825	540.1
魏僧寨镇	75 000	58 695	16 305	623.7
王桥乡	67 500	41 940	25 560	561.4
寿山寺乡	76 500	56 865	19 635	636.2
路桥乡	116 775	69 585	47 190	971.1
徐村镇	76 500	44 250	32 250	636.2
全县	684 450	430 440	254 010	5 692.1

● 蒸腾蒸发水权分配

蒸腾蒸发水权分配主要根据各乡镇的可供水量包括降雨量、卫西干渠蓄水量及卫运河下渗量来分配的。各乡镇的降水量采用全县多年平均降雨深度再乘以各乡镇的面积得到；卫西干渠的蓄水量主要供周边乡镇引用，其他离渠比较远的乡镇（房寨镇和寿山寺乡）不使用渠水。卫西干渠的水量按各个乡镇的耕地面积占总耕地面积的百分比分配；卫运河下渗水量主要分配到卫运河经过的五个乡镇（魏僧寨镇、徐村镇、馆陶镇、柴堡镇、王桥乡）平均分配。种植结构调整后各乡镇蒸腾蒸发水权分配成果见表5-23、表5-24。

表5-23 馆陶县各乡镇蒸腾蒸发水权分配成果表

名称	面积/亩			目标蒸散值/mm
	土地	耕地	非耕地	
馆陶镇	111 000	35 790	75 210	566
柴堡镇	96 225	80 190	16 875	586
房寨镇	64 950	43 125	21 825	531.6
魏僧寨镇	75 000	58 695	16 305	591.5
王桥乡	67 500	41 940	25 560	588.1
寿山寺乡	76 500	56 865	19 635	531.6
路桥乡	116 775	69 585	47 190	550.4
徐村镇	76 500	44 250	33 000	584.5
全县	684 450	430 440	255 600	566.2

表5-24 馆陶县种植结构调整后各乡镇蒸腾蒸发水权分配成果表

名称	面积/亩			区域综合蒸散值/mm
	土地	耕地	非耕地	
馆陶镇	111 000	35 790	75 210	495.2
柴堡镇	96 225	80 190	16 875	588.4
房寨镇	64 950	43 125	21 825	534.6
魏僧寨镇	75 000	58 695	16 305	573.3
王桥乡	67 500	41 940	25 560	624.8
寿山寺乡	76 500	56 865	19 635	572.7
路桥乡	116 775	69 585	47 190	605.6
徐村镇	76 500	44 250	33 000	534.8
全县	684 450	430 440	255 600	566.2

⑤ 高效用水规划

为实现地下水动态平衡，必须把节水放在突出的位置，依靠科技进步加强管理，全面推行各种节水技术和措施，发展节水型产业，建立节水型社会，提高水资源利用效率。而减少蒸腾蒸发成为水资源利用的核心，馆陶县近期应削减蒸散值42.6 mm，通过实地调查并与馆陶县水利局、农业局等相关部门进行协商，制定如下高效用水规划。

● 种植结构调整

小麦、玉米种植面积减少4.2万亩，棉花种植面积增加4.2万亩；小麦、玉米种植面积较现状减少15 %，小麦、玉米占耕地面积比原有减少10%。可减少蒸散水量380.4万m^3。各乡镇增加的棉花种植面积与其减少的小麦、玉米种植面积相同。

依据传统种植习惯、土壤组成和水资源条件等因素，确定各乡镇的小麦减少种植面积是：馆陶镇减少 3 603 亩、柴堡镇减少 7 050 亩、房寨镇减少 4 500 亩、魏僧寨镇减少 5 820 亩、王桥乡减少 5 212 亩、寿山寺乡减少 5 319 亩、路桥乡减少 6 688 亩、徐村镇减少 4 079 亩，八个乡镇总共减少小麦种植面积 4.23 万亩。

● 灌溉制度调整

小麦、玉米、棉花灌溉定额分别由 140 m^3/ 亩、80 m^3/ 亩、120 m^3/ 亩降低为 100 m^3/ 亩、60 m^3/ 亩、100 m^3/ 亩；在种植结构调整的基础上，可改变灌溉定额可减少 ET 水量 1 475.1 万 m^3。

● 其他措施

对农业采取机械蓄水保墒等其他节水措施可减少蒸散水量 155.5 万 m^3。

按照上述的用水规划，多年平均情况下农业可减少蒸发量 1 855.5 万 m^3，其他措施可节约水量 155.5 万 m^3，共可减少蒸发量 2 011.0 万 m^3，满足需要降低蒸发量 1 942.5 万 m^3 的目标。

⑥ 水污染控制与治理规划

馆陶县作为一个农业大县，以粮食种植为主，水环境污染主要是大量施用化肥、农药造成的面源污染。同时在县城零星分布了几个工厂是全县点污染源的全部来源。本次水污染控制与治理规划以面源污染为主，点源污染为辅。

⑦ 综合管理措施建设

综合管理措施建设包括：建设水权体系、水资源与水环境政策的制定和执法队伍建设、水资源与水环境综合管理措施建设（社区主导型发展机制建设、水权定额管理、完善水价及计量设施、引导农民参与用水者协会）。

⑧ SWAT 模型在 IWEMP 中的应用

本次研究的重点就是结合遥感监测蒸腾蒸发，提出馆陶县水资源与水环境综合管理方案。而其中的关键问题就是对馆陶县水循环过程（水量和水质）进行尽可能精确的描述和研究。SWAT 模型作为一个分布式水文模型在这方面可以很好地解决所遇到的问题。

在给定蒸散值的情况下，模拟多种不同的管理方案，以使区域水量达到供耗平衡。SWAT 模型具有强大的情景模拟功能，这也是项目县做水资源和水环境综合管理和规划所需要的。SWAT 能有效模拟多种农业管理措施、排污措施对水资源和水环境的影响。本次馆陶县 SWAT 模型设置了多种情景进行模拟，主要包括调整种植结构、调整灌溉水量、调整化肥施用量。

通过对 18 种组合方案进行对比分析，以目标蒸散值为基准，推荐两种最优方案。即组合方案 6 和方案 8。组合方案 6：小麦、玉米和棉花灌水量减少 29%，同时小麦、玉米面积减少 30%，棉花面积不变。组合方案 8：小麦、玉米和棉花灌水量减少 40%，同时小麦、玉米面积减少 15%，棉花面积增加 15%。

根据前面的调整化肥施用量对作物产量的影响分析，在水量组合的基础上添加了化肥影响，制定了两个综合方案来分析不同情景产出情况，即：

◆ 71% 灌溉水量 +15% 小麦改为：棉花 +60% 施肥量

◆ 71% 灌溉水量 +15% 小麦改为：棉花 +80% 施肥量

从模型计算成果来看，减少 40% 施肥量尽管使非点源产出减少很多，但产量下降严重，不符合规划的要求。最终选择减少 20% 施肥量作为最优方案。这样最后方案为：小麦、玉米和棉花灌水量减少 29%，玉米、小麦耕地面积减少 15% 全部变为棉花，施肥量减少 20%。

⑨ 近期行动计划

进行监测站（地表水、地下水）调整与建设；计量设施的完善，对全县所有取水井安装计量设施，实施定额管理，实行梯级水费制度，对超额用水量按梯级加价进行收费；开展微咸水开发利用研究；充分利用知识管理系统平台管理全县水资源与水环境；逐步落实蒸腾蒸发管理地下水；充分发挥 WUA 的作用；成立专家咨询委员，与各 WUA 建立沟通渠道。

（5）结论小结

馆陶县以开采地下水为主，偶尔引用地表水，为典型的资源型缺水地区；因不允许向边界河流（漳卫运河）排污，生活和工业污水在当地储存和净化。水资源短缺和水环境恶化已经严重影响了水资源的可持续利用和社会经济的可持续发展，加强对水资源和水环境的综合管理，遏制水资源与水环境恶化趋势，已是当务之急。

本项目从调查、评价项目县水资源、水环境及其管理现状出发，在充分研究县域水资源和水环境自身的特点以及现状管理中存在问题的基础上，首先，从改革水管理体制入手，通过“自下而上、自上而下”和“纵横相结合”的工作方法，找出保障馆陶县水资源与水环境可持续发展的新思路，建立了水资源与水环境综合管理的机构机制，成立了由政府县长任组长，水务、环保、城管、农业、计委、财政等部门“一把手”为成员的水资源与水环境综合管理领导小组，下设办公室和项目联合专家组，实现了项目的多级、横向管理，为实现水资源和水环境综合管理提供了坚实、有力的保证；其次，从水资源可持续和高效利用以及水污染控制与治理的综合视角出发，编制了水资源与水环境综合管理规划，并利用国际先进的SWAT模型对各单项措施及综合措施进行情景模拟与方案优化，最终优选出适宜馆陶县实际的、涵盖了工程与农艺、水量与水质管理的综合措施方案，完全符合水资源与水环境综合管理的理念，模拟结果也显示该方案的实施将会大大降低馆陶县耗水量，实现真实节水，并有效改善馆陶县水环境。

供耗水平衡分析表明：近期目标蒸散值为566.2 mm；远期目标蒸散值为578.4 mm（2014年后引入南水北调水560万 m^3），现状蒸散值（现状耗水量）为608.8 mm（合27 761.3万 m^3），近期需要削减的水量为1 942万 m^3，合42.6 mm；远期需要削减的水量为1386.2万 m^3，合30.4 mm。

不同分配方式依据不同的分配原则对取水水权分配到各乡镇；将小麦、玉米连作的4.2万亩种植面积改种棉花，可减少蒸腾蒸发耗水量380.4万 m^3；在种植结构调整的基础上，改变灌溉定额可减少蒸腾蒸发耗水量1 475.1万 m^3；机械蓄水保墒等其他节水措施可减少蒸腾蒸发水量155.5万 m^3。总计减少蒸腾蒸发耗水量2 011万 m^3，满足需要降低蒸腾蒸发1 942.5万 m^3 的目标。

利用地表水和地下浅薄层淡水及微咸水替代深层淡水；通过结构减排、清洁生产、污水集中处理减少污染物的排放量。

综合管理措施建设包括水资源与水环境政策的制定和执法队伍建设、CDD机制建设、水权体系建设、完善水价及计量设施、引导农民参与WUA。

这说明，县级IWEMP的逐步实施，馆陶县在降低蒸腾蒸发、改善地下水环境、减少污染的同时，农民的收入也有一定程度提高。可以预期，到2020年，是完全可以实现节水增效、改善水环境等各项目标，最终实现馆陶县水资源与水环境的综合管理与规划的一体化。

5.3.4 共性总结

县（区、市）级的IWEMP除了具有上述特点外，它们在编制和今后实施的过程中，都成立了统一的综合管理的机构和机制；采用了SWAT模型和县级、灌区级蒸腾蒸发管理等先进的管理工具；引入和应用了蒸腾蒸发管理的先进理念；建立了知识管理系统管理工具；制定了结合本县（区、市）情况的管理、节水、减污、生态修复、改善环境等规划目标和措施；采用和试点推广了农民用水者协会和社区主导型发展（CDD）等公众参与和管理的模式；并得到了当地政府的审查认可和批准实施，为县级IWEMP的有效实施和不断修改完善奠定了扎实的基础。

第6章 流域级、子流域级战略行动计划

6.1 战略行动计划概述

海河流域级水资源与水环境综合管理战略行动计划（SAP）和漳卫南运河子流域水资源与水环境综合管理战略行动计划（ZWN-SAP）在世行项目评估文件（PAD）中属水资源与水环境综合管理规划（IWEMP）的组成部分。二者的区别主要在于前者为跨行政区域的，后者则是在一个行政区域内。水资源与水环境综合管理规划是GEF海河项目的核心内容之一，为中国和渤海环境项目提供水资源与水环境综合管理方法和实例的最精华成果。

GEF海河项目把IWEMP的重点放在了县级行政区，在全流域总共安排了16个项目县（市、区）做县级IWEMP。这主要是基于从县（市、区）级入手比较容易取得突破的考虑。另外，根据国务院批准的海河流域水污染防治“九五”和“十五”计划的安排，国家对大城市和大工业的污染治理比较重视，已经安排了很多治污工程；而绝大部分中小城镇和小工业受资金的制约行动很慢，农村的情况更差，而这部分污染源的排污量又很大。因此，把IWEMP的工作重点放在县（市、区）行政区，并明确主要执行指标，有利于推动整个流域的水污染防治工作，特别在天津市沿海地区安排一些县区和小城镇，对减少流入渤海的污染物，更能够起到立竿见影的效果。但是仅仅依靠在某些行政区编制和实施县级IWEMP，没有流域级政策、法规和管理体制等方面的支持和保证，是不会持久的。因此，在世行项目评估文件（PAD）中，把做好流域水资源与水环境综合规划列为项目发展总目标中第一具体目标。

海河流域水资源与水环境综合管理战略行动计划是在总结归纳项目八项战略研究主要研究结论、各示范项目县（市、区）开展水资源与水环境综合管理实践经验基础上，与各项目县（市、区）、天津市IWEMP编制组、漳卫南运河子流域SAP编制组“自上而下、自下而上”反复互动交流的情况下编制而成的。

海河流域级SAP针对海河流域的具体情况，从流域层面，提出了实现水资

源与水环境综合管理的目标、任务和具体的行动计划，其主要特点是从完善现行法律、法规、政策、管理体制、机制以及管理机构入手，把改善流域和海域生态环境（增加河流和湿地的环境用水量、停止对地下水的超采、改善水环境质量、减少对渤海的排污量），实现水资源持续利用，以指标形式把减少蒸腾蒸发和减少超标排污总量的任务一直分解落实到项目县（市、区）的 IWEMP 中，使全流域形成了一个“自上而下”和“自下而上”，为了一个共同的目标相互协调工作的局面。这就克服了过去国家政策在基层往往落实不到位的问题。海河流域级 SAP 无疑是我国水资源与水环境管理规划的一个重大突破。它必将会在实现《GEF 海河流域水资源与水环境综合管理项目》的总目标中发挥巨大作用。

漳卫南运河子流域隶属海河流域范围内，流经山西、河南、河北、山东 4 省及天津市的 13 个地市、70 多个县（市、区）。由于漳卫南运河子流域在海河流域水资源紧缺和水环境污染方面的代表性，特别是严重的水污染，以及形成的跨省区的污染纠纷和对下游水源地供水安全的威胁，已严重影响了区域经济的发展和社会稳定，是全流域社会矛盾最集中的支流。并且，由于长期以来缺乏水质水量的统一调度，水质恶化、水量短缺互相制约，已形成恶性循环。因此，经水利部和环保部同意，作为实现流域水资源与水环境综合管理的突破口，单独提出该流域战略行动计划，并明确以治污为主、强化区域间的协调，希望率先加以实施。

GEF 海河项目的研究历经 6 年，其内容充分体现了当代世界水资源的先进管理理念。海河流域级 SAP 和漳卫南运河子流域 SAP 是提供给国家层面的具有可操作性的重要研究成果。

6.2 海河流域级战略行动计划

6.2.1 流域特点

（1）自然特点

海河流域总地势为西北高、东南低，大致分为高山、山地及平原三种地貌类型。本流域属于半干旱半湿润大陆性气候。多年平均气温在 1.5 ～ 14℃。

从水利的角度讲，海河流域的自然特点主要有以下几方面：

河流呈扇形分布、过渡带短：特殊的地理位置使得流域水系分散，干流短小，洪水源短流急，极易发生洪涝灾害。

河系复杂：虽然形成了分流入海的格局，但河口淤积严重，洪水宣泄入海困难。平原地区高地与洼地相连，加之南运河贯穿南北，使南系各河集中天津市附近入海，给防洪除涝造成很大压力。

降水量少、丰枯变化大、暴雨强度大、时空差异大：多年平均降水量仅有535 mm，80% 集中在 6—9 月。降水量的年际变化也很大，干旱年在 200 mm 以下，丰水年达 1 000 mm 以上。同时，无论是 24 小时暴雨强度还是 7 日暴雨强度都创造过中国的最高纪录。

水资源短缺、丰枯明显、水旱灾害频繁、常出现连续枯水年：多年平均水资源量 372 亿 m^3，人均占有量 272m^3，是全国严重缺水地区之一。水资源丰枯明显，年内、年际变化都很大。除了洪涝灾害严重外，旱灾也很突出，素有“十年九旱”之说，且常出现连续枯水年。

（2）社会经济特点

地理位置特殊：全国政治、文化中心的北京市及环渤海地区经济中心和金融商贸中心的天津市均坐落在本流域。

经济发达、人口稠密：本流域是全国经济发达地区之一，面积只占全国的3.3%，但居住人口占全国的 10%，国内生产总值（GDP）占全国的 14%。

（3）存在的主要问题

海河流域以不足全国 1.3% 的水资源量，担负着占全国 10% 的人口、11% 的耕地和 13% 的 GDP 供水任务；流域水资源总开发利用率已达 98%，水资源的过度消耗，流域出现了一系列生态问题，突出的有以下几方面：

① 河道断流与干涸。对 21 条全长 3 664 km 平原河道调查表明：1950 年代，各河流常年不干，1960 年代干涸比例为 20%，1970 年代达到 40%，2000 年干涸比例达 60%，干涸长度达到 2 189 km，有 12 条河流河床干涸天数在 300 天以上。

② 湿地萎缩。白洋淀等 12 个主要平原湿地水面面积，1950 年代为 2 694 km^2，1970 年代降至 866 km^2，2000 年降至 538 km^2。50 年减少了 80%，水生生物大量消亡。

③ 地下水严重超采。1965 年以前海河平原浅层地下水开采量较小，土地盐碱化是主要问题。1970 年代大规模开采地下水后，开始出现地下水漏斗。2004 年地下水超采量达 79.2 亿 m^3，其中浅层地下水超采 41.6 亿 m^3，深层承压水开采 37.6 亿 m^3，形成了 6 万 km^2 的浅层和 5.6 万 km^2 的深层水超采区，局部地区地面下沉严重。9 个主要水源的出流量比 50 年前减少 53%。

④ 水污染加剧。官厅水库、蓟运河和白洋淀于 1970 年代初出现水污染事件。全流域河流受污染程度 1970 年代末为 28%，1990 年达到 66%，2000 年达

到 72%。平原浅层地下水质劣Ⅲ类的面积达 76%，其中有 6.2 万 km^2 为人为污染。

⑤ 河口生态恶化。1950 年代年均入海水量为 241 亿 m^3，1970 年代降到 116 亿 m^3，1990 年代降到 68.5 亿 m^3，2004 年只有 33.7 亿 m^3。河口淤积严重，水生生物生存环境恶化，河口渔场外移，捕捞量下降。

⑥ 渤海生态环境恶化。渤海湾是渤海 3 个海湾中海洋生物最大的产卵场，由于入海水量的减少，使渤海湾的盐度从 25‰上升到 31‰，加上污染影响，使整个渤海湾的产卵和育幼环境破坏，严重影响渔业生产，也使生态系统结构和功能有一定程度的破坏。

除了资源性短缺和水环境恶化，海河流域在水资源与水环境管理上也存在一些严重问题，主要表现在：

① 体制不顺。长期以来在水资源的综合开发和水环境管理方面，分别由政府的几个部门负责，除各级水行政主管部门外，城建、环保等部门也承担了各自的职能。这种“政出多门，多龙管水”的分散管理体制，造成了用水、管水和治水的分散乃至无政府状态，严重制约了水资源合理、高效利用及有效保护。同时流域管理机构缺乏履行职能的必要法律地位，不能有效解决部门职能分割、行政区划分割的问题。

② 机制不灵。长期以来，中国一直实行计划经济体制，相应的水资源管理主要以行政管理为主。这种管理方式在加强国家宏观调控和政令统一、集中力量办大事方面发挥了重要作用。随着社会主义市场经济体制逐步确立，单纯依靠行政手段已经远远不能解决水资源与水环境管理方面的需要。

③ 法规不健全。目前中国水资源法规建设还存在不少需要改进的地方，如不同部门不同时期的法规条例或行政规章有相互冲突、相互矛盾；法律规定过于原则，缺乏可操作性；现行水资源管理法规体系还存在不少空白点。

④ 手段落后。一是缺乏水资源管理的市场调节手段，水权、水市场体系尚处在起步探索阶段，缺乏有效的水资源民主协商制度，不能适应多变的水资源供求关系的需要。二是管理手段科技含量不高，没有建立起覆盖全流域的水资源开发利用和保护信息系统和决策支持系统。

⑤ 认识不足。传统的“以需定供”理念尚未得到根本扭转，忽视生态用水的现象还比较严重，“干旱型节水”思路存在着偏颇与不足，亟须引入新的理念和方法。

6.2.2　海河流域级战略行动计划的任务与目标

为解决海河流域存在的上述水资源与水环境问题，提高水资源与水环境综合管理水平，保障流域经济社会的可持续发展，迫切需要制订流域水资源水环境综合管理战略行动计划（简称“海河流域级 SAP”）。

（1）海河流域级 SAP 的任务

海河流域级 SAP 作为 GEF 海河项目中水资源与水环境综合管理规划的一个重要组成部分，其目的是：“制定一个侧重水污染控制并包括漳卫南子流域政府长期投资计划的漳卫南子流域战略行动计划，制定一个侧重能力建设和一体化综合管理的海河流域级战略行动计划；每个战略行动计划应当明确具体的计划，以降低水的消耗与水污染，改善不同部门间的协作关系，并建立改善地方级的水管理机制”（《全球环境基金赠款协议》2004 年 6 月）。

海河流域级 SAP 主要任务是总结和综合各省（直辖市）及重点项目县（市、区）、子流域水资源与水环境综合管理规划（IWEMP）、漳卫南子流域 SAP、各项战略研究和示范项目的主要结论与成果，编制战略行动计划，解决机构、政策、管理、监测和治理方案等问题，为今后海河流域水资源与水环境综合管理提供指导。

（2）海河流域级 SAP 的目标

① 总目标

推进海河流域水资源与水环境综合管理，实现水资源合理配置，提高水资源利用效率和效益，修复生态环境，有效缓解水资源短缺，减轻流域陆源对渤海的污染，真正改善海河流域及渤海水环境质量，促进流域社会经济的可持续发展。

② 行动目标

- 水资源和水环境综合管理能力得到加强
- 实现水资源总量控制
- 实施蒸腾蒸发管理，实现“真实”节水
- 污染治理取得成效
- 实现水生态修复目标
- 改善渤海生态环境
- 保护城乡饮水安全

③ 阶段性目标

以 2004 年为现状基准年，以 2010 年、2020 年和 2030 年分别为近期、中期和远期水平年，分别制定蒸腾蒸发总量控制、地表水分区控制、地下水超采控制、水污染控制、水生态修复、污水再生利用、综合管理能力建设等方面应达到的阶段目标。

（3）海河流域级 SAP 总体思路

海河流域级 SAP 总体思路可以概括为“贯穿一个理念，围绕一个核心，建立四大体系，落实七项任务”。其内涵分别如下：

① 贯穿一个理念

蒸腾蒸发管理、耗水管理和总量控制是典型的“以水定发展”的科学思维，应始终贯穿于今后海河流域水资源与水环境管理工作之中。

② 围绕一个核心

水资源水环境综合管理是海河流域水资源和水环境综合管理战略行动计划的核心。未来安排的各项行动计划和措施，重点应紧密围绕这个中心来展开。

③ 建立四个体系

包括法制政策和制度体系、监管能力支撑体系、工程建设体系、保障措施体系。

④ 落实七项任务

包括蒸腾蒸发管理、地表水分配和控制、地下水压采、污染削减和功能区达标、生态修复、管理能力建设和饮水安全保障。

6.2.3 海河流域级战略行动计划的主要建议

海河流域级 SAP 系统分析海河流域水资源与水环境现状和存在的问题，总结了 GEF 海河项目的先进理念和成功经验，在充分吸收 8 个战略研究技术成果的基础上，结合海河流域各项水利专业规划并根据流域二元核心模型提供的情景分析方案，制订了流域蒸腾蒸发控制指标、地表水开发利用指标、地下水控采指标、水污染控制指标、入海水量指标等，并提出了节水和蒸腾蒸发控制、污染物总量控制、水生态保护与修复、地下水保护与修复、综合管理能力建设和废污水再生利用 7 个方面的战略行动计划，包括：

（1）行动一：加强能力建设，实现流域综合管理

包括政策、法规、管理体制和机制、监控能力建设、管理系统建设、人才队伍建设等方面的内容。

（2）行动二：实施地表水分区控制，实现区域水平衡

按照与水资源习惯分区相协调，尽可能与行政区划相一致的原则划分控制区；以规划水平年不同入海水量、地下水控采指标为控制条件，根据战略研究

4 制订的各区目标 ET 值和战略研究 7 的成果，利用流域二元核心模型，按长系列降水资料进行调算，得出不同水平年分区控制指标；制订分区控制的工程措施和管理措施。

（3）行动三：实施蒸腾蒸发控制，实现“真实”节水

根据遥感数据，分析流域现状蒸腾蒸发分布；按照保证“粮食不减产、农民不减收、环境不破坏”，有效促进流域各个地区向高效用水的方向发展的前提下，制定和分解目标蒸散值；制订实现目标蒸散值需采取的农业措施、生物措施、工程措施和管理措施；从行动计划的技术经济可行性、用户接受和承受能力、社会和环境影响、技术支撑条件和管理手段基础上分析行动方案的可行性并制订相应的保障措施。

（4）行动四：加强治理污染，实现水功能达标

整合水功能区和水环境功能区，确定水质目标；分析 2010 年、2020 年、2030 年海河流域 COD 和 NH_3-N 的纳污能力，实施总量限排、实现水功能区达标；从产业结构调整、节水减污、强化回用、严格排放标准、加强监测能力建设等方面制订污染物削减措施和保障措施。

（5）行动五：修复水生态，改善水生态环境

规划不同河流的生态功能，制订流域水生态修复目标；以保护城市水源地为重点，以修复河道湿地、地下水和改善水体功能为核心，以强化水资源配置和水功能区管理为关键，在流域上游建立以城市饮用水水源地为主体的生态保护屏障，在流域中游建设以湖泊（湿地）为点、河道（渠）为线、地下水为面的水生态修复系统，在流域下游构建以滨海湿地和入海河口为中心的生态恢复区，实现河（渠）、湖（库）“连通、绿岸、清水、流水”，进而形成防控结合的水生态环境保护与修复保障体系；分别采取河道（湖泊）环境整治、河道水面恢复、湿地恢复、地下水恢复、城市河湖生态环境治理、水土保持生态建设、生态水源配置等工程措施推进流域水生态环境的恢复。

（6）行动六：实施地下水控采和压采，实现地下水采补平衡

按照采补平衡的原则，确定地下水可持续开发利用的标准；制订不同水平年地下水压采目标和方案；从减少需水量、增加可供水量两方面制订相应的措施。

（7）行动七：实施废污水再生利用，增加水源，减少污染

从废污水再生利用的必要性、经济性和可行性等方面入手，建立统一的评价指标体系对各地区废污水再生利用的发展模式进行分区；在总结战略研究 6 所做的 8 个典型城市再生水回用规划经验的基础上，编制流域其他地（市）级

以上城市再生水回用规划；从流域的视角和基于蒸腾蒸发的水权理论，重新认识和探析废污水再生利用问题，将其纳入水资源配置体系，以便优水优用和避免影响下游用水问题；根据战略研究6的研究结论，推荐采用生态塘系统、地下渗滤处理系统和人工湿地系统等生态处理技术处理小城镇污水，并将污水处理与再生利用结合起来；总结天津滨海地区污水管理项目经验并推广到流域其他地区。

6.2.4 海河流域级战略行动计划的保障措施

海河流域级SAP从组织保障、资金保障、科技保障、公众参与、宣传和普及计划等方面提出了保障SAP顺利实施的措施。同时，按照对实现流域水资源与水环境综合管理促进作用明显并与流域有关规划相协调的原则，拟订了优先项目清单。这些项目包括节水、治污、生态保护与修复、地下水保护与控采、综合管理等方面。

我国政府出台了《国务院关于实行最严格水资源管理制度的意见》（国发[2012]3号），该意见从加强水资源开发利用控制红线管理，严格实行用水总量控制；加强用水效率控制红线管理，全面推进节水型社会建设；加强水功能区限制纳污红线管理，严格控制入河湖排污总量等方面提出了具体要求，并从建立水资源管理责任和考核制度、健全水资源监控体系、完善水资源管理体制、完善水资源管理投入机制、健全政策法规和社会监督机制等方面来具体保障政策的落实。

水利部水资源司和环境保护部污防司共同签发了联合文件，承诺后续实施海河流域级SAP中的相关行动计划内容；海河流域级SAP中开列的近期项目清单已经列入相关规划中，如《海河流域综合规划》《海河流域水污染防治“十二五”规划》以及地方有关规划中。

6.3 漳卫南运河子流域战略行动计划

6.3.1 漳卫南运河子流域特点

漳卫南运河是海河流域南系的一条主要排洪入海河道，由漳河、卫河、卫运河、南运河及漳卫新河组成，流经山西、河南、河北、山东四省及天津市，经海河和漳卫新河入渤海（图6-1）。以浊漳河南源为源，至南运河天津市静海县十一堡闸，河道全长932km。河系位于太岳山以东，滏阳河、子牙河以南，黄河、马颊河以北。流域范围位于东经 112°～118°，北纬 35°～39°，流域面积 37 700km^2，占海河流域总面积的 11.9%。流域内地势西南高东北低，上游地处太行山区，大多在海拔 1 000m 以上，上游山区占 67%，中下游平原区占 32.5%。

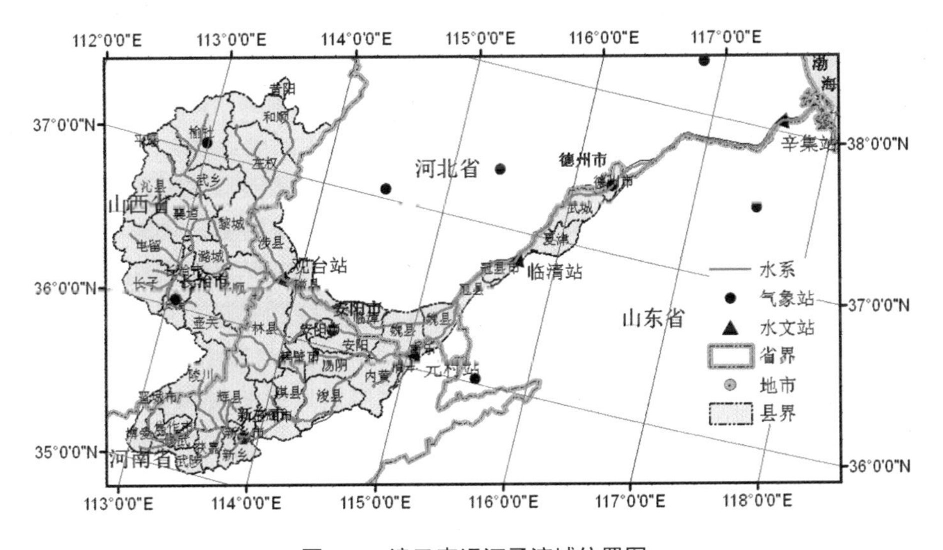

图 6-1　漳卫南运河子流域位置图

漳卫南运河子流域是海河流域一个具有代表性的子流域，水资源和水环境问题更加尖锐，主要体现在：

（1）水资源的短缺与浪费

漳卫南运河子流域的多年平均地下水和地表水的水资源总量分别为 63.8 亿 m^3 和 51.6 亿 m^3，水资源总量为 102.1 亿 m^3。漳卫南运河子流域的水资源短缺状况居海河流域之首，人均水资源量仅为 240m^3，属于资源性严重缺水地区。水资源短缺已严重影响流域的社会经济发展。由于河道来水量的减少，各地的农业灌溉和城市用水逐步转向取用地下水为主。地下水的过度开采，已经导致了地下水水位的不断下降形成漏斗区，由此引起地面不均匀沉降等一系列环境地质问题。同时，流域水资源利用存在严重浪费。本流域灌区灌溉系数为 0.5～0.55，大部分地区仍采用大水漫灌的方式，灌溉技术落后，灌溉定额大，造成了巨大的水资源浪费。工业布局不合理，工业用水循环率不足 20%，万元产值耗水量最高的地区却达 700m^3，远远大于发达国家的工业万元耗水量。

（2）水环境严重污染，饮用水水源地安全受到威胁

漳卫南运河子流域共有入河排污口 311 个，入河排污总量 8.1 亿 t/a，COD 排放量 23.1 万 t/a，氨氮排放量 2.4 万 t/a。排污比例上，山西省入河污水排放量占总入河污水排放量的 10%，河北省占 5%，河南省占 70.9%，山东省占 14.1%。河南省是排污控制的重点省份，城市污水处理能力不足、设施建设滞后。目前，大多数城市的污水处理厂和污水管道建设相当落后，城市生活污水、工业废水，以及城郊畜禽养殖废水和农业面源污染，造成了河流的严重污染。

由于污染源得不到有效控制，漳卫南运河流域水污染严重。卫河及其以下各控制断面河流水质均为劣Ⅴ类，卫河源头大沙河及主要支流共产主义渠、汤河、浚内沟、安阳河均受到严重污染；入渤海水质全部为劣Ⅴ类，对渤海污染威胁较大。河流污染也威胁流域主要水源地的饮用水安全，特别是岳城水库、山东德州减河水源地。

（3）水生态恶化

自 20 世纪 60 年代中期后，漳卫南运河河道开始非汛期断流。近年来由于上游径流减少，中下游河道相继枯竭断流。同时水体污染加剧，生态环境恶化，湿地萎缩，功能衰退。目前，海委漳卫南运河管理局管理的 800 多千米平原河道已全部成为季节性河流，难以保证正常的河流生态需水。

（4）近海水质污染

流域入海水量剧减，污染物在海口淤积。由于漳卫南运河水资源极度匮乏，加之水资源过度开发，全河系一般年份已经没有入海水量。作为漳卫南运河河系主要入海河道的漳卫新河，只有在上游出现较大洪水时才会有入海水量。海水侵蚀对入海口及渤海海湾的水生态环境造成了严重破坏。况且，为数不多的年份有入海径流，却还向渤海湾排入了大量的污染物质，加剧了渤海湾生态环境遭破坏的问题，造成巨大的经济损失。

（5）跨省界河流污染严重，水事纠纷突出

省际水污染问题在漳卫南运河子流域十分突出，主要包括河南省污水通过卫运河和漳卫新河对山东省滨州市的污染，以及山东省德州市污水对河北省吴桥县的污染。纠纷一直没有得到有效解决。

（6）管理机制存在问题

目前水利、环保两部门间的沟通、协调和信息共享机制等方面还存在不足，流域水资源与水环境综合管理机制不健全，水质、水量缺乏统一调控。流域管理机构和地方环境保护机构不能很好的协作。环境保护治理投资不到位，实施

的污染防治规划不能全部完成。从水资源与水环境综合管理上看，法规、政策、体制、制度、标准等方面都存在很大的局限性和制度欠缺。

6.3.2 漳卫南运河子流域战略行动计划的主要内容

（1）概况

漳卫南运河子流域战略行动计划为GEF海河项目的重要内容，计划在漳卫南运河流域范围内探讨水资源与水环境综合管理的协调机制和行动计划，旨在提高流域水资源与水环境的综合管理水平，减轻流域水污染状况，从而改善渤海的水环境质量。鉴于上述问题，环境保护部、水利部选择以漳卫南运河子流域水资源与水环境综合管理作为突破口进行统筹协调，探索有效解决缺水与污染防治问题。

漳卫南运河子流域SAP研究编制过程中以水资源与水环境综合管理理念为基础，采用国际先进的蒸腾蒸发管理和总量控制技术，通过蒸腾蒸发管理、遥感监测、知识管理系统等先进手段运用，系统规划、全面协调，形成了综合性、实用性、可行性的水资源和水环境综合管理行动计划，实现漳卫南运河子流域水资源和水环境综合管理。

项目设计以2004年作为基准年、2015年作为近期年、2020年为远期年。漳卫南运河子流域SAP严格按照项目工作大纲设计思想和要求，并采纳环保部污防司要求和专家建议，力求建立"一个机制"、保障"六个目标"，确立水资源水环境综合管理机制，实现水环境改善、水资源合理利用、水生态安全、饮水安全、调水安全和近海安全等。战略行动计划设计了综合管理、污染控制、节水、水生态恢复、输水安全、饮水安全、近海水质安全和产业结构调整8类战略行动计划和优先行动计划，提出相关的行动项目和工程，以及战略行动计划实施的监测与评价机制、保障措施。

（2）指导思想

① 以水资源与水环境综合管理理念为基础，采用国际先进的蒸腾蒸发管理和总量控制理念，通过蒸腾蒸发管理、遥感监测、知识管理系统等先进手段运用，系统规划、全面协调，形成了综合性、实用性、可行性的水资源和水环境综合管理行动计划，实现漳卫南运河子流域水资源和水环境综合管理。

② 以科学发展观为指导，以"让江河湖泊休养生息"为原则，维护流域水资源水环境安全，建设资源节约型和环境友好型社会，实施节能减排措施，使流域的社会经济发展达到人与自然的和谐统一，实现流域水资源与水环境的综

合管理，促进可持续发展。重点解决跨省界污染问题，保障饮用水水源地水质安全。

（3）编制原则

① 可持续原则　客观分析现状问题，根据流域存在的问题，进行全面、科学规划，使成果具有可行性和前瞻性。

② 侧重新技术应用　结合侧重新技术（蒸腾蒸发、知识管理、SWAT 模型）的应用，实现水质和水量管理的整合。

③ 上下互动以及横向的结合与合作　结合中国国情和水情，强调上下（“自上而下、自下而上”）互动以及横向的结合与合作，突出中央、流域、省、市、县的分工协作机制，充分考虑地方政府的需求和公众参与，提高战略行动计划的可操作性。

④ 与国家、流域和地方规划相衔接　在充分吸收 GEF 海河项目相关研究成果的基础上，注重与流域和区域的水资源、水污染防治规划、其他相关规划密切配合，与流域的“节能减排”规划相结合，为漳卫南子流域水资源与水环境综合管理和“十二五”规划提供科学依据。

⑤ 以流域污染控制为重点，实现流域综合管理　漳卫南运河子流域污染控制为主，并充分结合水资源管理和生态修复，实现流域综合管理。

（4）“一个机制、六个目标”

漳卫南运河子流域的水资源与水环境综合管理战略行动计划是实现流域水资源与水环境综合管理的基础，实现“一个机制”、保障“六个目标”：

“一个机制”是指环保部和水利部协调决策，四省一市（河南省、河北省、山东省、山西省和天津市）与流域管理机构（漳卫南运河管理局）等相关利益方相互支持、共同协作，并形成部门间、流域与区域间水资源与水环境综合管理的可操作机制。

“六个目标”是指：

① 污染控制与饮用水安全目标

污染物排放削减至总量控制目标范围内，达到整合水质目标；实现省界水质达标，减少污染纠纷；进行水源地污染控制，实现水源地供水安全。

② 水资源利用与地下水恢复目标

进行地表水水资源进行优化配置，满足生产、生活、生态用水要求；实现蒸腾蒸发节水目标，减少地下水开采，地下水实现采补平衡，并逐步恢复地下水位。

③ 生态安全目标

保证流域生态流量，进行河道生态修复，实现河流生态健康。

④ 流域节水目标

实现农业、工业和生活节水目标，实现以耗定水，逐渐减少流域水资源无效耗水。

⑤ 近海水域水质目标

满足漳卫新河入渤海水量、水质目标要求，达到近海生态保护目标。

⑥南水北调输水水质安全目标

进行输水河道综合整治，结合南水北调治污规划，实现南水北调工程输水干渠达到地表水III类水质要求。

（5）漳卫南运河子流域 SAP 的行动目标

漳卫南运河子流域 SAP 的行动目标是在水资源与水环境综合管理机构和机制建设的基础上，全方位推行“节水为本，治污优先；陆海统筹，修复生态；水权建设，资源再生”的新理念，实现节水、减污、生态修复，保障南水北调水质，改善渤海生态质量。

① 提高水资源和水环境综合管理能力

在漳卫南运河子流域内建立漳卫南运河子流域利益方决策领导人参加的领导小组和相应的专家组，形成环保部、水利部及四省一市代表联合行政决策，环保部、水利部项目办联合组织实施并督促进度的综合协调管理机制，形成跨部门、跨行政区域的水资源与水环境综合管理体系和机制，统一实现水资源保护和水污染控制，并使这一机制持续运行，成为先行者和示范。

建立综合管理的组织机构，制定和实施相应的政策法规，建立和运行各种相关的软硬件设施，提高水资源与水环境综合管理能力。

提高水资源与水环境综合管理的量化水平。使用遥感监测蒸腾蒸发技术，实现蒸腾蒸发定额管理；应用SWAT模型实现流域水资源优化分配和水质规划；使用流域知识库形成综合管理的决策支持。

② 污染治理达到新的水平

实施产业结构调整和技术革新，落实流域水污染控制对策，减少流域点源和面源污染，增加污水处理工程建设，提高污水处理能力，增加污水处理回用量，将入河排污量削减至河道纳污能力之内，逐步实现断面达标。结合国家环境考核责任，实现省界断面水质达标和入海污染总量的控制目标，水功能区达标率得到提高。

③ 流域水资源达到综合与可持续利用

在明确水资源总量，保证地下水不超采和逐步恢复，保证流域生态流量和入海水量基础上，对全流域水资源实施优化分配和调度，明确分省断面水质水量指标。

实施蒸腾蒸发管理，减少流域综合蒸腾蒸发，以控制地表水过度开发利用，减少地下水开采，逐步达到采补平衡；全面节约生活、生产用水，推广农业节水技术，实施高效用水措施，逐步达到区域和流域多年平均水量平衡，支撑水资源总量控制目标的实现。

④ 实现水生态修复目标

严格水库调度，保证生态环境用水量，流域河道和湿地针对不同类型特征进行生态修复，对其加强保护和管理，长期发挥生态功能。

⑤ 改善漳卫南运河流域入渤海的海域生态环境

增加河流入海水量，减少对渤海的排污量，按照水质水量目标，落实相应的管理对策。

⑥ 确保居民饮水安全

对南水北调东线、中线沿线污染物进行控制，保护输水水质达到规划要求。对于流域重要生活用水水源地加强保护，合格率达到 100%。

⑦ 建立水资源、水环境综合管理的检查评价指标系统和绩效评估系统

以基线调查为基础，全面建立水资源、水环境综合管理的监测评价指标系统和绩效评估系统。

⑧ 以示范县（市）为基础，全面实施流域战略行动计划

通过制定并实施山东省德州市、河南省新乡县、山西省潞城市水资源与水环境综合管理规划，确定示范项目，并纳入漳卫南运河子流域综合管理战略行动计划的优先行动计划。

（6）战略行动计划

基于上述任务，制定了战略行动计划，主要战略行动包括：

① 综合管理能力战略行动计划

在机构改革、机制建设、法律法规制定、管理能力建设、职工培训和公众宣传等方面制定近期、远期战略行动计划，最终建设成手段先进、监管有力、部门合作、信息共享、决策科学的流域水资源和水环境综合管理体系，满足流域可持续发展的需要。

② 污染控制战略行动计划

在流域水功能区水质、省界断面水质、污染物排放分区总量、污水处理能力和处理效率和非点源治理等方面确立了近期、远期目标，并针对这些目标，制定了相关战略行动计划。

③ 节水战略行动计划

确立基于水量平衡，制定流域水资源利用、地下水恢复、蒸腾蒸发管理和水资源配置等近期、远期目标，并制定相关行动计划。

④ 流域水生态安全战略行动计划

确立了流域分河段生态需水量和生态修复目标，针对这些目标，制定了相关战略行动计划。

⑤ 南水北调输水安全战略行动计划

结合《南水北调东线治污规划》，确立漳卫南运河段水质目标，并制定相关战略行动计划，确保输水线路水质安全。

⑥ 饮用水安全战略行动计划

根据流域重要生活用水水源地、城市饮用水水源地合格率、农村饮用水合格率等近期、远期目标，制定相关战略行动计划，保障流域居民饮用水安全。

⑦ 近岸海域水质安全战略行动计划

确定了入渤海水量、水质目标，制定相关战略行动计划，维护近海水域安全。

⑧ 产业结构调整战略行动计划

结合流域产业结构情况，制定近期、远期目标，并制定相关战略行动计划，从深层次解决流域水资源水环境问题。同时，针对水资源水环境问题，制定了优先行动计划。

6.3.3　漳卫南运河子流域战略行动计划的主要建议

（1）把漳卫南运河子流域 SAP 纳入流域和地方政府“十二五”规划，切实做到真正实施

漳卫南运河子流域 SAP 从以下几个方面编制了战略行动计划，对每一种战略行动计划，提出近期、中期和远期具体的目标，制定实现不同目标需要开展的战略行动。

把战略行动计划与地方政府或流域相关规划进行有效的结合，把相关建议纳入地方规划。这些战略行动计划的实施，可以有效地改善漳卫南运河子流域水资源水环境问题，实现环保部、水利部提出的污染控制目标和饮水安全目标。

（2）做好战略行动计划实施的监测和评价

战略行动计划的实施成效，需要制定监测评价计划进行监测，发现问题，及时调整目标和战略行动。

战略行动计划实施的监测包括：实施进度的监测评价和目标执行结果监测评价。成立监测评价机构，每年对监测结果进行评价和管理，发布评价结果和评价报告，并提出战略行动指导建议。

（3）落实保障措施

战略行动计划的实施，一方面与地方政府规划相结合，另一方面还要从各方面落实保障实施，主要包括：

①加强统一领导，落实目标责任

漳卫南运河子流域水资源和水环境综合管理是一个跨地区、跨行业的复杂系统工程，涉及部门多，工作难度大。在漳卫南运河流域水资源与水环境综合管理委员会领导下，本着“由上到下、由下到上”的指导思想，中央和地方各级政府要组成跨部门的战略行动协调机制，总体负责，强化战略行动的项目管理与监督，统筹协调战略行动计划实施中涉及的若干重大问题，如水资源上下游分配、各省市总量控制指标和蒸腾蒸发削减问题。

战略行动计划编制完成之后，需要得到地方政府和流域机构的认可，因此，需要进一步与地方政府有关部门和流域机构沟通，完善战略行动计划并纳入流域和地方政府“十二五”和“十三五”规划进行实施。落实各级人民政府的环境保护和水资源利用目标责任制。规划实施的责任主体是地方人民政府。各省市人民政府要把规划目标与任务分解落实到市（县）级人民政府，制定年度实施方案，并纳入地方国民经济和社会发展年度计划组织实施。地方各级人民政府要实行党政“一把手”亲自抓、负总责，按期高质量完成规划任务。国务院各部门要分工负责、各司其职、各负其责。建立问责制，对因决策失误造成重大环境事故、严重干扰正常环境执法的领导干部和公职人员，要追究责任。流域管理机构和各级地方政府的水利、环保部门密切合作，提升监管能力，切实强化执法。严格标准体系，完善相关法规。

②拓宽融资渠道，加大资金投入力度

坚持政府引导、市场为主、公众参与的原则，建立政府、企业、社会多层次、多元化投入机制，开拓地方、国家、社会、国际等多方面的资金渠道，包括中央投资、省市地方投资、银行贷款、社会集资及国外资金等，落实规划项目建设资金。国家重点关注漳卫南运河子流域，在资金和项目安排上给予倾斜；各级地方人民政府将其纳入本级基本建设投资计划，并对污染处理设施的建设用地、用电、设备折旧、税收等实行政策优惠。重点治理企业要积极筹集治理资金。企业改制要明确治理污染的责任。鼓励专业化公司承担污染治理设施的建设或运营。争取纳入地方规划，利用国家和地方资金进行实施。争取GEF海河项目二期投资。

③ 加强科技支撑，提高管理能力

流域水资源和水环境综合管理工作需要强大的科技支撑，特别是GEF海河项目理念指导下，在水资源与水环境综合管理战略行动计划中，采用多种模型进行模拟，如SWAT模型、环境容量计算模型、污染物削减模型等，模型的使用提高了战略行动计划的编制科学性和效率。

在项目实施中，遥感监测蒸腾蒸发技术是GEF海河项目所引入的一个主要的国际先进的创新方法，是实现以“蒸腾蒸发管理”为核心的水资源管理的基础，是GEF海河项目区别于传统水资源管理的主要特征，需要建立蒸腾蒸发管理中心和科研投入。

漳卫南运河流域水资源水环境综合管理的知识管理系统是基于环保、水利两个部门最急需共享的监测数据清单，并分级制定共享方案，建立基于GIS的漳卫南运河子流域的水质、水量综合管理信息系统，建立地表水、地下水水量和水质管理和决策支持模型，建立完整的数据库和地理信息系统（GIS）。在实际管理中不断改进，才能满足综合管理需求。

④ 实施规划评估，推进计划行动实施

实行规划年度评估制度。流域内各级政府要建立与总量控制相适应的统计、监测与考核体系。每年对规划实施进展、水质情况、排污总量、蒸腾蒸发削减和环境管理等情况进行年度分析和评估，及时调整计划进度，推进行动计划实施。

⑤ 公众参与机制和宣传培训

为了保障战略行动计划的顺利实施，应制定和实行全民参与和广泛宣传的教育计划，调动全社会的积极性，推动规划任务的实施。要通过设置热线电话、公众信箱、开展社会调查或环境信访等途径获得各类公众反馈信息，及时解决群众反映强烈的环境问题。

⑥ 建立舆论监督机制，保证战略行动计划实施

环保、水利、建设、卫生等部门密切配合，建立环境信息共享与公开制度。公民、法人或其他组织受到水污染威胁或损害时，可通过民事诉讼提出污染补偿等要求，使合法的环境权益得到保障。

第 7 章　项目成效与经验总结

7.1　项目实施的成效

GEF 海河项目在立项之初，世行项目评估文件（PAD）中即对项目需要完成的目标任务进行了定性或定量的规定，基本内容涉及地下水超采、污染物入河排放和污染物入海排放等。2006 年本项目监测评价体系正式运行之后，考虑到“蒸腾蒸发管理、真实节水”理念对于项目的重要作用，在监测评价内容中特别增加了关于蒸腾蒸发削减的指标内容。此后每年，项目各级监测评价组都对项目实施过程中的影响指标是否达到项目预期目标进行跟踪监测，并汇总年度监测评价报告。

2011 年，项目“监测评价终期报告”对自基线调查以来项目历年的实施成效进行了汇总分析，其结果基本上能够反映从自项目启动以来，至 2010 年项目结束时，项目各项重要影响指标的完成情况，这也反映了项目是否实现了预期目标这个根本问题。中央项目办监测评价组在每年向世界银行上报的年度监测评价报告后，都对历年指标的完成情况进行汇总。表 7-1 是“监测评价终期报告”中对项目目标指标完成情况的统一汇总。

根据表格统计结果：除 2010 年入渤海污水总量完成项目期目标值 64.8% 任务量之外，蒸腾蒸发指标、地下水超采量削减，入河、入渤海污染物的削减均基本满足项目期目标值的要求。其中，蒸腾蒸发指标为间接监测值，根据各影响因素的分析，亦可认为蒸腾蒸发已达到项目期预期目标。具体说明如下：

① 蒸腾蒸发监测值提供了两种计算方法：遥感监测蒸腾蒸发通过计算 16 个项目县（市、区），根据面积加权平均得到（本结果由海委蒸腾蒸发小组统一提供）；水平衡计算蒸腾蒸发值为 16 个项目县（市、区）水平衡蒸腾蒸发的面积加权平均值；蒸腾蒸发目标值根据水平衡计算法得到，数据来源于各项目县（市、区）的 IWEMP，IWEMP 暂未能给出目标值的由战略研究 4 结果代替，总目标值也由各项目县（市、区）面积加权得到。此处蒸腾蒸发数据为当年蒸腾蒸发实测数据，不代表“真实节水”蒸腾蒸发的损耗。2010 年水平衡计算蒸腾蒸发值潞城市采

用了2009年数据。

② 地下水分浅层地下水和深层地下水两种；此处超采量为16个项目县（市、区）的总和。

③ 世行项目评估文件（PAD）附件中明确指出：项目区内16个县（市、区）每年排放16.4万tCOD和1.9万t NH_3-N，这些污染物中的约60%排入河流，而后通过河流水系，最终排向渤海。据此，16个项目县（市、区）每年污染物的入河量应为COD：9.8万t，NH_3-N：1.1万t。项目基线年（2004年）监测统计的COD和NH_3-N入河数据分别10.9万t/a和1.2万t/a，这与PAD的估算基本相当。由于海河流域的河道，大多为季节性河道或基本干枯，河道水量大多很少，因此，由于沿途河道底泥和河岸土壤的吸附、渗透，绝大部分污染物难以经过这样的河流排入滨海。对于这些沿途底泥和岸边土壤，通过清淤和河岸修复，使得这部分污染物得到处理。由于这样的情况，造成基线水平年排入渤海的COD和NH_3-N分别为9 845.3 t/a和856.7 t/a。基线年入渤海的污染物数据采用了2001—2004年环境统计公报相关数据的平均值。

④ 污染物入渤海量的数据，来自项目区的入渤海的排放统计。项目区入渤海的排放处，分布在天津市的宝坻区、宁河县与汉沽区3项目区县内。三区县排入渤海的污染物量之和，即为项目区入渤海排放量。

⑤ 根据《项目协议》，项目期内（至2010年）至少完成长远目标的10%，即完成项目考核指标。

除上述重要目标指标之外，天津市滨海地区小城镇污水管理也是项目的重要组成部分，但相对较为独立。为此项目监测评价针对项目PAD文件与《项目协议》要求，专门设计了影响指标，指标内容包括：

① 滨海地区小城镇污水管理措施得到有效实施（通过为营城污水处理厂的建设提供技术援助、建立小城镇财务激励机制等措施）；

② 项目期内，滨海区县削减长远目标值10%的废污水排放量；

③ 减少向渤海的污染物排放（每年至少一个滨海小城镇减少10 000 t COD和500 t NH_3-N）；

④ 完成大沽排污河清淤的技术援助工作，消除220万m^3污染底泥，一次性减少10 000 t石油、2 000 t锌和500 t总氮。

其中指标①为定性影响指标，评估结果表明该目标已实现；指标②与前文“污染物入渤海物排放量”目标指标内容一致。根据监测结果显示，第③、④项指标的内容也已实现项目既定目标，其监测内容分别见表7-2和7-3。

表 7-1　GEF 海河项目项目期重要目标指标监测结果汇总

监测时段	监测项目	蒸散发值 /mm			地下水超采量 / 万 m^3		污染物入河排放量			污染物入渤海排放量		
		遥感监测	水平衡计算	降水量	浅层	深层	污水总量 / 万 t	COD/t	NH_3-N/t	污水总量 / 万 t	COD/t	NH_3-N/t
实际监测值	基线水平	586.9	603.6	570.2	41 885.9	27 201.2	38 701.4	108 372.7	12 152.9	6 244.1	18 661.4	1 821.6
	2005	516.1	549.6	505.7	22 444.0	21 302.6	36 829.8	101 790.3	11 196.6	6 634.8	20 096.0	1 399.6
	2006	515.9	545.6	439.0	43 502.0	21 560.1	29 902.1	83 728.3	9 453.1	3 595.1	8 523.0	913.2
	2007	535.0	558.3	496.9	25 246.1	20 710.5	27 792.2	64 143.5	8 256.2	3 379.4	8 927.6	923.8
	2008	545.8	587.7	587.8	–101.4	18 350.0	27 623.5	59 998.7	7 380.5	3 343.8	7 968.6	855.0
	2009	563.4	534.2	540.4	21 169.6	14 527.9	24 960.9	40 133.1	5 562.9	2 676.7	6 613.4	750.0
	2010	524.0	549.6	518.4	15 370.9	14 733.5	25 767.3	38 614.8	4 665.3	5 531.0	6 951.0	804.7
削减量		62.9	54.0	51.8	26 515.0	12 467.7	12 934.0	69 757.9	7 487.6	713.1	11 710.4	1 016.9
指标完成情况	项目期目标值（2010）	579.1		—	37 697.3	21 386.7	35 229.1	91 727.3	10 508.0	5 143.5	8 468.3	820.5
	余任务量	–55.1	–29.5	—	–22 326.4	–6 653.2	–9 461.8	–53 112.5	–5 842.7	387.6	–1 517.2	–15.8
	完成任务百分比 %（与项目期目标值相比）	806.4	220.41	—	633.03	214.42	372.50	419.08	455.21	64.79**	114.88	101.57
	长远目标值（2020）	543.2		—	0.0	0.0	19 005.6	61 424.7	5 548.2	1 926.0	8 468.3	820.5

** 与基线数据相比，天津市 3 区县入渤海污水排放总量、COD 和 NH_3-N 在 2006 年出现了非常显著的下降趋势。监测统计数据显示部分区县尚未达到项目期目标值的削减要求，这是因为，项目实施之处尚未开始实施“十一五”规划，而“十一五”期间天津市被列为国家发展战略区域，经济规模、工业生产和人口规模都发生了飞跃，所以在 2005 年，污染排放监测数据较基线水平有了较大增加；但之后的项目期内，主要污染物排放总体呈下降趋势，这主要是因为 2006 年起汉沽区采取了工业污水收集措施、2009 年宁河境内大型生产企业关停。由于项目期目标值是根据基线年水平设定的，未考虑目前及“十二五”期间天津市发展规模的实际需求，所以截至项目期结束的 2010 年，部分指标（污水排放量）尚未满足项目目标要求。随着汉沽污水处理厂的运营以及一批污染控制工程的实施，天津市项目区县将在项目期之后逐步实现项目长远目标。

表 7-2 GEF 海河项目小城镇污水排放管理指标监测结果（基于汉沽污水处理厂工程）

主要污染物 \ 监测值	基线水平（2004）	建成后（2009）		目标值
	处理量 / (t/a)	日处理量 / (t/d)	年处理量 / (t/a)	年处理量 / (t/a)
COD	0	27	9 855	10 000
NH_3-N	0	1.7	620.5	500

注：此表根据天津市建委项目办提供的汉沽区营城污水处理厂建成后的运营指标监测数据设计。原项目目标内容为“每年至少一个滨海小城镇减少 10 000 t COD 和 500 t NH_3-N”，此处由汉沽营城污水处理厂建成后试运行的日处理能力推算得到年处理能力，结果显示目前基本达到项目目标值的要求。

表 7-3 GEF 海河项目大沽排污河治理污染物削减量监测结果

年份 \ 监测内容	污染底泥 / 万 m^3	石油 /t	锌 /t	总氮 /t
2004 年（基线）	0	0	0	0
2009 年	626	28 670	1 820	13 378
削减量	626	28 670	1 820	13 378
目标值	220	10 000	2 000	5 000
是否实现	完成	完成	基本完成	完成

注：项目目标要求大沽河治理改造应削减 220 万 m^3 污泥中所含的 10 000 t 石油、2 000 t 锌和 5 000 t 总氮，此数据为施工前根据污泥样品抽样结果预测的含量；而通过大沽河清淤改造工程，实际清淤共计 626 万 m^3 污泥，所消除的实际污染物含量如监测数据，与治理前的估算存在一定出入。除污染物锌的消除指标略低于目标值之外，其余全部实现了目标任务，考虑到目标值的估算误差，故认为大沽排污河污染物消除的目标基本实现。

根据对项目实施内容与实施效果的具体分析，项目监测评价报告得出的基本结论为：GEF 海河项目在实施期内完成了所有项目内容，并基本按期实现了《项目协议》与《项目评估文件（PAD）》中提出的各项“操作规划”目标，具体表现在：

① 以汉沽为试点的天津市滨海小城镇废污水管理已经开始实施，汉沽区营城污水处理厂已开始试运行，通过废污水收集与处理、工业预处理、废污水回用等措施，以及后续财政激励机制的实施等，将持续削减滨海地区小城镇排入渤海湾的污染物。

② 16 个项目县（市、区）实现了在项目期内减少了 10% 的污水与主要污染物的排放。根据项目基线调查数据和历年的监测评价监测数据显示：项目实施后，废污水和污染物的排放逐年下降；截至 2009 年，16 个项目县（市、区）的入河污水排放量、COD 和 NH_3-N 削减量都已经完成项目期任务要求。

③ 项目期内，16 个项目县（市、区）实现了灌溉用地下水超采削减 10% 的目标。根据项目基线调查数据和历年监测数据显示：截至 2009 年，深、浅层地下水均已达到了削减超采量的目标值。

④ 2010 年，汉沽区营城污水处理厂开始试运营，根据日处理污染物数据推算得出：汉沽区营城污水处理厂的持续运营，将每年减少 9 855 t COD 与 620.5 t NH_3-N 的排放，基本满足天津市一个滨海小城镇每年减少 10 000 t COD 与 500 t NH_3-N 的项目目标。

⑤ 天津市大沽排污河治理工程已经完成，工程监测数据显示：大沽排污河治理工程共清除了 626 万 m^3 污染底泥，并一次性减少了 28 670 t 石油、1 820 t 锌、13 378 t 总氮等污染物，基本满足处理 220 万 m^3 污染底泥，实现一次性减少了 10 000 t 石油、2 000 t 锌、2 000t 总氮的目标。

7.2 GEF 海河项目的实施经验

GEF 海河项目的成功实施，为我国流域的水资源与水环境综合管理提供了一个非常好的范例。项目实施历经 7 年，形成了很多国内领先的技术与管理成果；同时在实现水资源与水环境综合管理目标的过程中，也遇到了很多实际的障碍和困难。这些都是项目实施过程中的宝贵经验，可以供我国其他流域乃至世界其他流域学习借鉴。为实现流域的水资源与水环境综合管理，从管理到技术，有些核心问题是必须解决的；GEF 海河项目在这些关键问题方面进行了独特的尝试，并积极归纳总结经验，以使这种良好的机制得以可持续地维持下去。

本节内容介绍了在我国开展水资源与水环境综合管理，并开展战略行动计划或综合管理规划的要素。同时，也指出了实现这些规划过程中可能存在的不确定性因素和可能存在的困难。通过本节内容的介绍，读者将获知在编制一个合理的水资源与水环境综合管理规划过程中，其基本流程、基本内容组成方面将有哪些重要环节，以及面临怎样的障碍；同时，在公众参与和“自下而上、自上而下”、“纵横结合”工作方式上都有哪些成功经验。

7.2.1 跨部门合作机制的建立

（1）合作机制建立的背景

GEF 海河项目的关键是它需要最大限度的横向和纵向相结合的合作。横向结合包括跨部门的合作以及在环保和水利部门之间以及其他包括农业和建设部门之间活动的协调。纵向结合包括中央级和海河流域各部门之间，漳卫南运河子流域、天津市和北京市 / 河北省重点县（市、区）之间的直接联系和稳固合作。因此，建立一个能够良好运行的项目合作机制成为项目成功实施的必要条件。基于此，在 GEF 海河项目准备期，世界银行要求中国政府提交一份合格的 GEF

海河项目合作机制文件，作为世界银行批准该项目的法律文件之一。

在GEF海河项目实施中建立环保与水利部门之间良好的合作机制是加强横向联系的核心内容，也是该项目成功与否的决定因素和重要标志，所以在项目设计时就高度重视两部门合作机制的建立，并进行积极的探索，力争创造有益的经验。2004年7月国家环保总局污染控制司和水利部水资源司经过充分协调，共同制定了《关于建立全球环境基金（GEF）海河流域水资源与水环境综合管理项目合作机制的意见》（以下简称《项目合作机制》）。

（2）GEF海河项目合作机制的主要内容

《项目合作机制》共分以下七个部分：

① 第一部分确定了项目合作机制总体目标，即保证GEF海河项目的顺利实施，为GEF海河项目执行提供良好的工作环境和沟通渠道，增进合作各方的相互了解，为各部门今后的良好合作提供机制保证，积累有益经验。

② 第二部分确定了项目合作机制的适用对象，即包括中央水利主管部门和环保主管部门、海河流域项目区各级人民政府、流域管理机构、水利部门和环保部门。

③ 第三部分确定了项目合作机制的基本理念，即实事求是、相互尊重、求同存异、相互促进、及时沟通、分工负责、互相配合。要求各级GEF海河项目办的成员和专家都应本着这一合作理念开展工作，及时进行沟通和协调。中央项目办［水利部和环保部（原国家环保总局）GEF海河项目办］将贯彻这一合作理念，并以此作为项目管理的首要纪律要求，监督其执行情况。

④ 第四部分明确了对各级项目办合作的统一要求。建立联合工作制度，统一对国际一体化工作、统一对上级请示工作、统一对下级部署工作。建立联席办公会议制度，原则上按照两部门轮流主持和承办协调会议。建立联络员制度，通过联络员手册加强沟通和联系。建立管理信息系统（MIS）和专用网页系统，水利部GEF海河项目办负责MIS系统日常管理维护，环保部（原国家环保总局）GEF海河项目办负责专用网页的日常管理维护。

⑤ 第五部分明确了项目管理中的跨部门具体分工。水利部GEF海河项目办分管海委、北京市、河北省GEF项目办，以及项目年度实施计划汇总、采购管理、管理信息系统（MIS）和上半年综合管理工作；环保部（原国家环保总局）GEF海河项目办分管漳卫南运河子流域、天津市水利环保和建委GEF项目办，以及年度财务报告汇总、财务管理、监测评价和下半年综合管理工作。对于项目所有分包合同全部责任到部门，对环保部门牵头负责执行的项目，环保部门将获

得 2/3 的 GEF 赠款资金，同时承担相应的国内配套资金；水利部门牵头负责执行的项目，水利部门将获得 2/3 的 GEF 赠款资金，同时承担相应的国内配套资金。

⑥ 第六部分确定了管理中的仲裁机制。其中行政管理仲裁，采取"自下而上"逐级向上一级项目协调领导小组请示仲裁，最高行政管理仲裁机构为水利部和环保部（原国家环保总局）GEF 海河项目指导委员会；项目管理仲裁，采取"自下而上"逐级向上一级项目管理办公室请示仲裁，最高项目管理仲裁机构为财政部国际司领导下的中央 GEF 海河项目协调小组办公室；技术仲裁，采取"自下而上"逐级向上一级联合项目办专家组请示仲裁，最高技术仲裁机构为中央联合专家组。

⑦ 第七部分明确了两部门合作的五个关键领域。一是专项规划环境影响评价，按已颁布实施的《环境影响评价法》要求，应编制专项规划环境影响报告书的，应按照有关要求认真完成，并做好流域与区域的衔接工作；二是建设项目环境影响评价，必须按要求做好建设项目环境影响评价工作，同时完成项目水土保持方案的编制工作，将项目区的环境管理与资源生态管理结合起来；三是水域纳污能力和排污总量控制，由水利部门提出项目区水域纳污能力的核定工作，并提出限制排污总量的意见，由环境保护部门据此提出排污控制的执法要求，在分期、分区分配排污总量工作中，按上述原则共同磋商确定；四是水功能区与水环境功能区监测，逐步协调项目区水域水质目标，使其既满足水功能区的水质要求，也符合环境管理的目标，争取在项目区统一监测数据，共同发布有关水质监测信息；五是取水许可和排污许可，探索取水许可和排污许可的协调统一，逐步建立取水许可和排污许可在水质、水量要求的协调统一。

（3）合作机制对 GEF 海河项目产生的影响

以《项目合作机制》作为起步，首先在项目内构建了横向合作网。其后海委、漳卫南运河子流域、北京市、河北省、天津市 GEF 项目办，根据《项目合作机制》的精神，分别制定了各自的《GEF 海河项目合作机制行动计划》，构建了中央、流域（子流域）省（市）、县（市、区）四级纵向合作网，而且进一步丰富了合作内容。《项目合作机制》实施七年以来，成功地推动了项目进展，在项目进展中又不断发展了新的项目合作机制，对促进水资源与水环境的综合管理起到了举足轻重的作用。归纳起来，合作机制对 GEF 海河项目的贡献包括以下几方面：

①《项目合作机制》成功地推动了项目进展，保证了项目取得重大标志性成果。一是制定了 17 个水资源和水环境综合管理规划，涉及直辖市 1 个，市级 3 个，县级 13 个，地区包括天津市、北京市、河北省、山东省和山西省；二是

环保部污染防治司与水利部水资源司共同制定了《海河流域级知识管理系统数据共享协议》，确定了共享原则、共享机制、双方数据交换范围和要求；三是促进了环保与水利部门在项目实施期进行实质性合作，双方联合批准每一份咨询服务合同、联合组成每一个实施体、联合执行每一项行动计划，联合验收批准每一份技术成果报告，从而保证了GEF跨部门项目的顺利执行。

② 在项目进展中又不断发展、完善和更新了项目合作机制。在《项目合作机制》制定初期，更多关注项目的前期，而对项目后期的监督检查和成果验收关注不足，为此又进一步补充制定了项目技术成果联合审查审批制度和检查验收管理工作制度，并且根据项目发展情况每年对《项目合作机制》进行不断更新，从而使《项目合作机制》在项目实施中发挥了日益重要的作用。

③《项目合作机制》所建立的创新合作理念和合作制度，激发了各参与方的积极性和参与度。它建立了一个崭新的合作平台，使各参与方的意愿得以充分表达，信息得以有效交换，成果得以共同分享，实现了共同建设和共同受益的合作目标。同时它所培育的一支几百人的来自全国各地的环保、水利联合工作专业队伍，以及他们从项目中获得的水资源与水环境综合管理知识，将使该项目得以可持续和可复制。

（4）项目合作机制的其他深远影响

《项目合作机制》是一项制度创新，它对于GEF国际项目，对于中国跨部门重大科研项目的管理、跨部门合作研究和流域水污染防治都有积极的贡献和重要的意义，主要表现在以下方面：

① 国际GEF项目希望增加项目利益相关方的参与度和关注度、以扩大项目的影响和作用，但参与度高也意味着管理难度大，实施成本高。《项目合作机制》将利益相关方制度化地纳入项目中，保证了在整个项目实施期内全程而有效地参与，提高了参与度和参与的质量，同时用制度规范了项目管理活动，明确了规则，明确了责任，减少了不必要的消耗，也保证了对一个复杂项目实施有效的管理。由于这种合作覆盖范围广，合作内容丰富，合作受益面大，随着项目成果的逐步推广，这种项目合作机制必将会在国内外GEF项目管理中起到积极的示范作用。

②《项目合作机制》第一次创造了一套完整的跨部门项目管理流程和完善的项目管理机制，从计划审批、招标采购、合同分包、财务管理、资金分配、信息管理、检查评估到最后成果验收，由于没有先例，所以每个环节的合作焦点和合作方式，都是经过多次的协调后达成了，它对中国跨部门重大科研项目

管理提供了可借鉴的经验和模式。

③ 跨部门合作研究是当前公共行政领域一个重要的研究内容，《项目合作机制》为该领域的研究提供了一个很好的范例，它提高了政府管理的绩效、降低了政府管理的成本，符合建设服务型政府的方向。其在实践过程中创造的理念与方法，开发的技术与工具，积累的经验与教训，以及对各方有重大分歧的焦点问题的碰撞，都是在建立跨部门合作方面进行的有益探索。

④ 环保和水利部门是流域水污染防治和水资源保护的核心机构，《项目合作机制》通过专门设计的各层级、各方面、长期的合作活动，广泛地推动了两部门在流域水污染防治和水资源保护领域的深度合作。从开始分别向世界银行报告，到最终共同签署流域数据共享协议，实现了从形式到内容的全方位合作，取得了突破性进展，得到了世界银行的高度评价，其合作成果将被应用到中国流域水污染防治和水资源保护管理工作中，并在此基础上得以进一步发展和完善。

7.2.2 项目理念在规划编制中的应用

以“海河流域水污染治理战略行动计划”为例，该子项目是GEF海河项目的重要组成部分，由三个基础性专题研究，分别是“海河流域水质综合区划评估”、“基于综合区划与纳污能力的陆域污染负荷核定”和“基于污染负荷的污染削减方案”，以及一个集成性专题研究“海河流域水污染治理战略行动计划”组成，其中既有对流域污染治理传统理论的整合深化，又不乏针对具体技术问题的方法学挖掘。最重要的，是对流域治理整体理念、技术路线和执行机制的创新提升，这些内容正创新性地应用于海河流域的污染治理规划编制工作和规划的具体内容中。

（1）创新机制的应用

GEF海河项目基本理念认为：流域管理是一系列的“自上而下”和“自下而上”同步进行的活动。同时强调：项目成功的关键是需要最大程度的横向与纵向的结合。体现在流域规划编制中，可概括为一系列的“上下联动，横向协调”的活动。设计这种机制的目的是为了使规划能够加强部门协调、区域协调，联防联治，形成合力，建立中央、流域、省（市）、县（市、区）的分工协作机制，明确责任，提高可操作性。

① 上下联动

“自上而下”的活动通常传达的是上级规划编制小组的普适性要求，如中央部委组织编写“省级重点流域水污染防治规划编制要求”。一是明确提出省级规划现状与形势分析、规划总体设计、控制分区与优先单元、重点任务以及政策保障措施等方面的内容形式要求；二是对规划编制中的一些关键问题，如分区体系、目标指标设置、项目申报等作出规范说明。省（自治区、直辖市）、地（市）和县（市、区）各级之间，上级对下级也有类似的指导义务。

“自下而上”的活动通常是下级规划编制小组依照普适性要求，编制提供相关规划文本和材料，既为自身尺度规划服务，也为上一级集成采纳。在流域规划编制中，“自下而上”与“开门编规划”的理念不谋而合，其中很重要的活动就是公众参与环节，向社会公开《重点流域水污染防治规划编制大纲》，听取公众意见，了解公众意愿，采纳公众建议。

② 横向协调

“横向协调”通常是一种沟通协作机制，既指同一层级的不同部门之间的协调与合作，也有多层次的协调问题。横向协调机制能否起到好的效果，关键是在这个过程中，各方能否相互传递想要的信息，将彼此合理的诉求充分纳入规划。

体现在规划编制中，中央层面，环境保护部联合国家发展改革委、住房和城乡建设部、水利部、农业部和工信部等部委联合组成领导小组，通过部际联席会等形式协调解决规划编制中出现的重大问题；海河流域规划编制小组由环境保护部环境规划院、海河流域水资源保护局和北京市政设计研究总院技术牵头，七省区相关部门及北京市农科院等技术单位组成，完整的专业人员构成有利于落实规划编制的各类要求。省、市、县层面也采取类似的分工协作机制。

（2）创新思路的应用

① 三级分区

针对海河流域河系复杂、跨多个省市界的基本情况，系统分析流域水系结构、发展格局、污染排放、控制断面、水质状况等因素，采用“自上而下”和“自下而上”相结合的技术方法，以行政区与水资源三级区叠加初步确定控制单元范围，进一步划分控制单元。

控制单元划分原则为：① 问题导向，识别超标断面，寻根溯源找到汇水区；② 流域全覆盖，全流域系统分析；③水陆结合，以水定陆，并实施断面考核，水上确定水质保护目标，最终控制陆上污染物排放；④ 根据发现问题和解决问题的实际动态调整，可适当合并、分解和删减。

全流域形成覆盖全流域 7 省（自治区、直辖市），24 个地级市，219 个县（市、区）及 85 个国控断面的 7 个控制区、73 个控制单元方案，建立流域、控制区、控制单元三级分区管理体系，形成流域污染治理空间管控的基础框架。

② 三水优先

针对海河流域水资源严重短缺、水环境严重污染的现实基础，而未来海河流域水资源短缺、水质差的局面难以扭转，水污染物排放量大、水环境负荷重的压力难以缓解，经济快速增长、城镇化持续发展的趋势仍将继续，在此情景下，饮用水安全保障、城市水环境综合整治以及跨界水污染协同治理成为“十二五”期间海河流域尤为紧迫的三大问题。

深入系统分析流域内水质敏感、污染负荷高、跨界纠纷严重等突出环境问题，将污染物排放量大、水环境质量差并环境风险高、对社会民生可能造成较大影响等作为筛选优先单元的基本准则，将优先控制单元分为饮用水安全保障型、城市水环境改善型、跨界水协同治理型三种类型。

全流域初步确定 15 个优先控制单元，其中北京市 1 个，天津市 1 个，河北省 5 个，河南省 3 个，山西省 3 个，山东省 1 个，内蒙古自治区 1 个。

（3）创新技术的应用

① 知识管理系统的应用

知识管理（KM）系统是充分利用 3S（GIS/GPS/RS）技术，形成的一个流域水资源与水环境综合管理信息的存储、管理和共享中心，从而实现水利、环保部门信息资源的共享应用。

GEF 海河项目开发应用的二元核心模型，首先对在充分考虑天然产汇流关系及河道水力联系以及人类规划 / 管理 / 使用水资源活动等因素基础上，从自然和人工两个层面进行单元格的划分，划分模拟计算单元和规划管理单元；分析研究海河流域水资源与开发利用现状、水功能区与水环境功能区、入河排污口、渤海断面和省界断面，确定主要节点和控制断面。

② 两功能区的整编技术

基于河段路径系统的编码模型是美国地表水文数据库（NHD）构建的基本模型，或者说是本质，该模型有 4 个特点：① 每个河段都有一个唯一的地址码，与任何相关的点、线及面状事件都能在该编码系统中派生出一个唯一编码；② 该编码系统包含了可以进行河段上下游路径搜索的信息，利用该信息进行编程可实现实时检索；③ 与地理信息系统（GIS）结合，水文信息反映全面、综合性强，可动态管理；④ 稳定性好，可扩展，不因水网的变化导致编码的重排。

采用基于河段的编码模型，实现河流水系上不同区划的连接和归并。利用基于河段路径的线性度量性与其动态分段功能可方便地生成各个区划单元的河段编码，不仅水环境功能区而且水功能区都有了自己相同与不同的河段编码，以此为连接点将两类区划放在一张表中综合分析：对于重叠部分，即有可能矛盾的地方，多数情况下是某一具体的区划的一段的重叠，对比分析区划的水质保护目标，根据高标准保护的原则，就高的水质目标；而对于不重叠的区划，也就是两类区划在具体的河段水系上各据其地，两区划处于互补关系，不进行水质目标的协调。将协调水质目标的重叠部分和不重叠部分的两类区划重新组合，即形成新的流域功能区划。

整编范围落实到204个水环境功能区和138个水功能区，整编以后形成729个区段。

（4）创新任务措施的应用

围绕着力解决海河流域突出环境问题，规划明确了优先保障饮用水安全、持续推进节水减污、全面提高污水处理水平、积极开展重点城市水环境综合整治、实施更加严格的环境监管措施等重点任务。

为确保“规划”顺利实施，提出五项政策措施：一是完善环境保护目标责任制；二是实施“取水”“排污”双总量控制；三是全面推进流域生态环境补偿；四是实施水资源水环境协调管理；五是运用经济政策促进节水减污等。

7.2.3　关于水量管理的经验：以河北省为例

本项目在水量管理方面提出了蒸腾蒸发管理的新理念，它是一个创新点，是我国水资源管理中前所未有的。蒸腾蒸发管理是通过减少蒸腾蒸发（ET）来达到“真实节水”（从资源的角度节水而非用水的节约）。减少蒸腾蒸发可从三个方面来实现：加强水的管理、改变种植结构及对田间、土壤的相关措施。包括减少输水损失、科学灌溉、改良种子、改变种植结构、温室大棚、秸秆覆盖、休耕免耕等。通过本项目已建立了海河流域遥感蒸腾蒸发管理中心、北京市遥感蒸腾蒸发管理分中心，以及开发应用了遥感监测蒸腾蒸发技术；各区域已逐步应用本项目开发的蒸腾蒸发水管理工具，作为核定地下水取水许可，确定应减少的地下水开采量；监督取水许可在流域是否严格执行和科学发放；评价水资源与水环境综合管理规划对流域增流、减污、生态修复的作用等。

蒸腾蒸发管理的先进性表现在：它是从水资源可持续利用的角度入手，而不仅仅着眼于用水，它较传统的水资源管理方法目光更为远大。它用“耗水平衡”的理念、方法，替代了传统的夹杂了太多的人为因素的“供需平衡”；它用“真实节水”着眼于水资源的节约替代了传统的更多着眼于“用水节约”的节水；它反映了自然界水的循环过程中的水的真正的消耗，可以使水资源得以合理的可持续的利用。因此，蒸腾蒸发管理是我们通过本项目学到的一项十分重要的水资源管理理念和方法。下面将以河北省项目县水资源与水环境综合管理规划中水量管理为例加以描述。

河北省项目区，以开采利用地下水为主。水量管理就是所谓的地下水管理，其本质就是蒸腾蒸发管理，它以耗水平衡为基础。项目的实施经验表明，管理好地下水，需要做好以下几项工作。

（1）必须明确项目区的水资源余缺类型和水平衡方法

① 资源型缺水与非资源型缺水的判别

判别项目区水资源余缺的依据，是当地多年平均降水量 $P_{均}$ 与当地多年平均综合蒸发蒸腾消耗量 $ET_{均综}$ 的对比关系。

当 $P_{均} \geqslant ET_{均综}$ 为天然水资源有余或平衡，即非资源型缺水地区。发生于干旱季节和干旱年的缺水问题，是暂时性的，技术上有可能通过增建水资源调蓄工程，提高水资源利用率解决。这类地区雨季和丰水年有渍涝威胁，应解决好排水问题。发生干旱现象时，是否要从区外引水灌溉？要慎重考虑，因为旱季引外水灌溉，雨季就需多排水，否则就会导致渍涝灾害。

当 $P_{均} < ET_{均综}$ 为资源型缺水地区，天然水资源不足。河北省是典型的资源型缺水地区。这类地区除丰水年外，多数年份水资源短缺；开发地下水灌溉，如不注意节水和控制地下水开采量，会引起地下水位持续下降，破坏生态平衡。因此，这类地区发展灌溉，须从多方面加强节水措施，减少蒸腾蒸发，使综合蒸腾蒸发量与当地多年平均降水量相平衡。有条件引用区外水资源时，应做好排灌工程和计划用水，严格控制引水量，防止产生盐渍化。这类地区有些情况下也需排水，排水目的是排盐，保持项目区盐分平衡。

② 两种水平衡的本质区别

所谓的两种水平衡，即水资源的供需平衡和供耗平衡。

供需平衡：就农业灌溉而言，供包括地表、地下水的可利用量，需就是灌溉需水量（充分供水的蒸腾蒸发减去有效雨量），供、需都不包括包气带内的水量。它适用于非资源型缺水地区，如果将其用于资源型缺水地区，会造成水资源的供需严重失衡。

供耗平衡：在多年平均情况下，供包括降水量和入出境水量差，耗就是区域综合蒸腾蒸发，供、耗都包括包气带内的水量。它既适用于资源型缺水地区，也适用于非资源型缺水地区，只是后者的蒸腾蒸发为需水量而已。

我国对供需平衡的供水量有严格的定义，为了避免混淆，世行专家把供耗平衡叫做“耗水平衡”。

（2）必须牢牢把握水资源可持续利用的大方向

① 水资源管理的基本原则

- 水资源可持续利用原则：水资源的可持续利用，最终体现在水资源的耗水平衡上。也就是说，通过蒸腾蒸发管理，采取综合措施降低无效蒸腾蒸发和奢侈蒸腾蒸发，实现水资源多年平均的供耗零平衡。
- 生活和工业用水优先原则：应该首先要照顾城市生活和工业用水，然后才分配农业和生态环境用水。农业用地的蒸腾蒸发有较大的调节范围，因此农业应充分挖掘自身的节水潜力，以适应日趋紧张的水资源形势。
- 按流域或行政管辖区分区管理蒸腾蒸发的原则：为使有限的水资源在经济社会建设中发挥最大的效益，避免由于争水引起矛盾和冲突，以及对生态产生破坏作用，必须以流域或者行政单位管辖区为单元，分区管理蒸腾蒸发和统筹水资源的配置。

② 基线蒸腾蒸发、目标蒸腾蒸发与现状蒸腾蒸发的确定

①基线蒸腾蒸发：是实施蒸腾蒸发管理之前的区域多年平均综合蒸腾蒸发或丰、平、枯3个典型年综合蒸腾蒸发的平均值。

②目标蒸腾蒸发：便于操作的目标蒸腾蒸发，是水资源可持续利用状态下多年平均蒸腾蒸发。由于这种情况下各种水的蓄变量为零，则得多年平均的目标蒸腾蒸发为多年平均的降水量与入、出境水量差之和。

河北平原的纯井灌区，多年来没有产生降雨径流，非常相似封闭的水文单元，由于入、出境水量差为零，其目标蒸腾蒸发就是多年平均降水量。

③现状蒸腾蒸发：是实施蒸腾蒸发管理之后当年的实测蒸腾蒸发，主要用于实施效果的监测评价。

（3）必须全面贯彻总量控制、定额管理的治水方针

① 水资源的总量控制

通过各种节水措施，逐步地使区域的综合蒸发蒸腾量$ET_{综}$趋近于目标蒸腾蒸发量，最终实现多年平均的蒸腾蒸发量$ET_{均综}=ET_{目标}$。

在实际操作中，可以通过基线蒸腾蒸发减去当年实测的综合蒸腾蒸发计算由于实施蒸腾蒸发管理带来的资源型节水量$\Delta ET=ET_{基线}-ET_{综}$；还可以通过基线蒸腾蒸发减去目标蒸腾蒸发计算出实施蒸腾蒸发管理前最大可能的或叫做潜在的资源型节水量，即节水潜力$\Delta ET_{潜在}=ET_{基线}-ET_{目标}$。进而得出$ET_{降低}\%=\Delta ET/\Delta ET_{潜在}$。还可通过给定下一年计划完成的“$ET_{降低}\%$”，得出

下年计划降低的蒸腾蒸发值“$\Delta ET_{下年}$”，以及下年计划控制综合蒸腾蒸发达到的水平“$ET_{综下年}$”。

② 用水量的定额管理

● 蒸腾蒸发的分配

首先，蒸腾蒸发的降低不可能一步到位，应先根据民众和国民经济的承受能力确定“$ET_{降低}\%$”；进而确定下一年应控制的综合蒸发蒸腾量 $ET^{下年}_{综}$。

其次，根据“$ET^{下年}_{综} = \gamma \cdot ET_{耕} +（1 - \gamma）\cdot ET_{非}$”和“$ET_{非} = 0.6ET_{耕}$”反求 $ET_{耕}$，就是耕地上多种作物的平均蒸腾蒸发量。若取垦殖系数 $\gamma = 0.7$，则 $ET_{耕} = ET^{下年}_{综}/0.88$。对于非耕地上的蒸腾蒸发，可作为生活、工业、环境及其他公益事业用水量。

最后，根据“$ET_{耕} = \sum \delta_i \cdot ET_i$”反求单一作物蒸腾蒸发 ET_i。这里 $ET_{耕}$和各种作物的种植比 δ_i 是已知的，关键是需要各种作物蒸腾蒸发与某一种作物蒸腾蒸发的比值，否则方程无法求解。河北省项目区根据世行贷款节水灌溉一期项目以及河北省灌溉试验站网 20 多年的监测数据，得出了主要作物蒸腾蒸发与冬小麦蒸腾蒸发的比值分别为：冬小麦＝ 1.0、夏玉米＝ 0.825、棉花＝ 1.175、蔬菜＝ 1.490。

这样一来，不同农户，尽管耕地平均蒸腾蒸发相同，由于种植结构不同，单一作物的蒸腾蒸发可能不同，这也就促使农户为了追求更高的用水效益，必须调整种植结构。

● 定额的确定

首先，确定农田灌溉定额。

分配给种植某种作物的毛灌溉定额 $M_i=(ET_i - P_{ei})/\eta_{灌}$，分配给种植多种作物耕地上的毛综合灌溉定额 $M_{灌}=(ET_{耕} - P_e)/\eta_{灌}$，$P_{ei}$ 为第 i 种作物生长期内的有效雨量，P_e 为某地块全年有效雨量，$\eta_{灌}$为灌溉水的利用系数。M_i 和 $M_{耕}$可作为水权分配的依据。

其次，确定生活、工业用水定额。

根据相关规范和条例，选择有代表性的住户和企业调查或监测某区域年人均生活用水定额和工业年单位产值用水量。

● 定额的落实

定额的落实，需要取水许可、水权分配等等措施的应用，还需要自负盈亏、自主经营的市场经济体制和社区主导、公众参与的民主发展机制的配套。所谓“自负盈亏、自主经营的市场经济体制”，就是在各乡、村成立农民自主参与灌溉管理的用水者协会（WUA），进而形成“自主管理灌排区（SIDD）（Self-Management Irrigation and Drainage District）”。所谓“社区主导、公众参与的民主发展机制”，就是基于农民用水者协会的社区主导型发展（CDD）机制。它在已建和新建的WUA基础上，更为广泛、深入地发挥社区公众参与的作用，尤其是低收入者、妇女和老人等弱势群体的参与。

项目期内，河北省5个项目县新建WUA共57个、累计有280个，为项目的可持续发展打下了良好的基础。

（4）必须认真落实各项节水措施

① 水权分配与管理措施

● 初始水权的分配

对于农田灌溉，分配给某一农户的年取水量$Q_{户}=M_{耕}\times A_{户}$，分配给某一农户种植第i种作物的取水量$Q^{i}_{户}=M_i\times A^{i}_{户}$，$A_{户}$和$A^{i}_{户}$分别为某一农户耕地的灌溉面积和灌溉耕地上第种作物的播种面积。

对于生活和工业用水，分配给某一住户的年生活取水总量$q^{生活}_{户}=q_{人均}\times N_{户}$，分配给某生产厂家工业年取水总量$q_{工业}=q_{工业}\times P_{产值}$，$q_{人均}$、$q_{工业}$分别为某区域年人均生活用水定额和工业年单位产值用水量，$N_{户}$、$P_{产值}$分别为某一住户的人口总数和某生产厂家的工业年产值。

至于生态环境取水量，包括绿地灌溉、景观水面、道路喷洒等用水，属于公权性用水，由政府部门根据生态环境状况统筹安排。

● 灌溉水权的调整

每年农田灌溉的初始水权，是采用分配的灌溉耕地平均蒸发蒸腾量$ET_{耕}$或某一作物蒸腾蒸发量ET_i与多年平均的有效降水量P_e或P_{ei}计算得出的。一旦遇到特旱年份，实际降水量太小，而农民不得不增加灌溉取水量、抗旱保产，以维持粮食安全的需要。结果所有农户的灌溉用水都超过了初始水权分配的水量，使得节奖超罚的激励政策难以落实。此种情况下，应该采用当年的实际有效降水量与$ET_{耕}$或ET_i一起重新计算用于水权分配的$M_{耕}$或M_i，进而对初始水权进行重新调整。调整后的水权变大了，有的农户超标了、有的农户没超标，节奖超罚的激励政策得以公平落实。

若遇到湿润年份时，采用同样的方法，调整后的水权就变小了。这样，在水权变大、变小的调整中，逐步向着以丰补歉、多年调节的采补平衡——水资源的可持续利用靠近。

② 降低蒸腾蒸发的其他措施

- 工程措施：渠道衬砌、管道输水灌溉、喷灌、滴灌。它们以提高灌溉水的利用效率为主，但也有减少输水过程中明渠水面及岸边蒸腾蒸发耗水损失的作用。
- 农业措施：平整土地、改进种植结构和栽培技术、普及抗旱高产优良品种等。如改进种植结构：若按冬小麦、夏玉米、棉花平水年需水量分别为 400 mm、350 mm、450 mm 计算，河北省项目区多为冬小麦、夏玉米连作，耕地平均蒸腾蒸发量为 750 mm，复种指数为 2。若将复种指数降为 1.5，即某块耕地一半种棉花、一半冬小麦和夏玉米连作，则耕地平均蒸腾蒸发量为 600 mm。可见，仅改进种植结构，耕地上的平均蒸腾蒸发量就降低了 150 mm，效果非常显著。
- 管理措施：除了上述基于 WUA/CDD 机制之上的总量控制、定额管理、水权分配、按量计征、节奖超罚管理措施之外，建立或完善节水减排政策、法规、条例也是不可缺少的。

（5）必须做好实施效果的监测评价

① 三个降低 10% 的量化目标评价

所谓三个降低 10% 的量化目标，即到 2010 年 GEF 海河项目结束时，项目区超目标蒸腾蒸发量、地下水年超采量和超目标入河排污量要分别降低 10%。采用的评价方法是：降低 % =（基线值－实测值）/（基线值－目标值）%。表 7-4 显示，超目标蒸腾蒸发量（水平衡结果）、超目标排污量（COD 加 NH_3-N）和地下水年超采量分别降低 40.43%、84.34% 和 51.58%（浅层）、58.77%（深层），满足了不低于 10% 的要求。

②水资源可持续利用目标的量化评价

在水资源可持续利用的条件下，地下水位理论变幅，$\pm\Delta h=[P-P_{平均}+(I_{地表}-O_{地表})]\div\mu$，式中，$P$、$I_{地表}$、$O_{地表}$、$P_{平均}$分别为当年的降水量、入出境地表水量和多年平均降水量。

干旱年时，允许地下水位有一定的下降，但实测降幅不能超过理论降幅；湿润年时，地下水位应该有一定的回升，且实测升幅不能小于理论升幅。否则，就多用了地下水，就不能实现以丰补歉、多年调节的采补平衡，也就是说不能实现水资源的可持续利用。表 7-5 显示，①成安、肥乡 2 县，由于降水量较小，不得不抽取较多的地下水用于灌溉，几乎所有年份实测降幅都超过了理论变幅；②馆陶、临漳 2 县，由于降水量较大，部分年份地下水位有所回升，但回升的幅度小于理论升幅。因此，上述年份没有实现水资源的可持续利用。事实上，项目设

表 7-4　河北省 GEF 海河项目关键考核指标监测与评价结果

时间与完成情况 \ 监测项目		蒸腾蒸发量 /mm			地下水超采量 / 万 m^3		污染物入河排放量		
		遥感监测	水平衡计算	降水量	浅层地下水	深层地下水	污水总量 / 万 t	COD/ t	NH_3-N/ t
监测值	基线值（2004 年）	616.12	600.10	546.54	17 601.03	6 846.00	4 901.70	8 460.14	1 369.92
	实测值（2005 年）	471.13	639.55	604.95	6 485.14	5 867.00	4 927.31	8 409.11	1 349.90
	实测值（2006 年）	445.14	588.33	397.10	20 158.03	7 301.00	3 346.06	6 022.30	679.28
	实测值（2007 年）	496.29	574.29	438.01	16 049.51	6 929.00	1 828.24	3 327.95	521.05
	实测值（2008 年）	517.40	578.03	517.84	5 277.60	5 009.00	1 873.69	3 305.47	483.80
	实测值（2009 年）	524.00	554.36	513.90	8 192.00	5 013.00	1 860.97	3 164.70	490.97
	实测值（2010 年）	465.58	579.48	521.70	8 522.90	2 822.50	1 821.93	2 983.20	456.74
	削减量	150.54	20.62		9 078.13	4 023.50	3 079.77	5 476.94	913.18
指标完成情况	项目期目标值（2010 年）	609.42	595.00		15 840.93	6 161.40	4 547.82	7 828.78	1 243.66
	余任务量	–143.84	–15.52		–7 318.03	–3 338.90	–2 725.89	–4 845.58	–786.92
	项目期目标完成任务 /%	2 246.12	404.34		515.77	587.72	870.30	867.48	723.26
	长远目标值（2020 年）	549.10	549.10		0.00	0.00	1 362.94	2 146.55	107.33
	长期目标完成任务 /%	224.61	40.43		51.58	58.77	87.03	86.75	72.33

计时，只要求降低超目标值的10%，没有实现水资源的可持续利用是正常的。

表7-5　地下水位实测变幅与理论变幅　　单位：m

年份	名称	成安县	涉县	肥乡县	临漳县	馆陶县	加权平均
2005	实测变幅	−1.83	2.90	−0.49	0.20	0.15	−0.37
	理论变幅	−1.53	3.84	0.31	0.14	1.51	0.10
2006	实测变幅	−4.54	3.10	−5.50	−3.50	−1.12	−3.64
	理论变幅	−3.65	−4.07	−3.19	−4.28	−3.57	−3.79
2007	实测变幅	−2.95	0.10	−3.30	−3.00	0.44	−2.38
	理论变幅	−2.46	−8.97	−2.49	−3.98	0.79	−2.49
2008	实测变幅	−0.41	1.60	−0.90	−0.80	0.26	−0.52
	理论变幅	−0.14	−4.91	−0.67	−1.12	−0.42	−0.71
2009	实测变幅	−0.70	0.62	−0.40	0.15	−0.40	−0.25
	理论变幅	−0.61	−10.90	−0.07	0.46	0.56	0.05
2010	实测变幅	−1.30	6.91	−0.30	−2.25	0.95	−0.97
	理论变幅	−1.28	−2.29	−0.55	−2.23	1.73	−0.94

7.2.4　综合的水质与水量管理经验：以天津市为例

天津市是我国北方地区经济中心和国际港口城市，天津滨海新区开发开放纳入国家发展战略，使天津市在全国经济格局中占据更加重要的战略地位。同时，天津市是严重缺水地区，水资源开发利用程度高，污水排放量大，引发一系列生态环境问题，水资源已经成为天津市经济社会可持续发展面临的最紧迫、最直接、最主要的资源性约束因素。因此，天津市迫切需要制定一套切实可行的水资源水环境综合管理政策和措施，实现以水资源的可持续利用支持经济社会的可持续发展。在GEF海河项目的支持下，天津市自2004年起由市水务局和环保局牵头，全面开展市级水资源与水环境综合管理规划的编制工作。

（1）水资源与水环境综合管理（IWEM）的组织情况

① 组建水资源与水环境综合管理机构

为弥补现阶段管理体制的不足，切实做好水资源与水环境综合管理规划，保证规划的可实施性，天津市成立了GEF海河项目领导小组和项目办。由市财政局、市建委、市水务局、市环保局等部门主管领导为领导小组成员，以市水务局和市环保局为主组建水利环保联合项目办，具体负责组织天津市IWEMP编制工作。为保证IWEMP与天津市建委项目办组织实施的世行贷款天津环境发展二期项目（TUDEP2）大沽河治污建设项目的有机结合，两个项目办共同聘任协调员，负责沟通、协调两项目间管理链接和技术相互支持等方面的关键问题，以保证大沽河治理项目成为天津市水资源与水环境综合管理规划不可分割的一部分。

天津市水务局和环保局对IWEMP的编制高度重视。项目实施以来，一直执行联合审查制度，对项目办提交的所有咨询合同的任务大纲及技术建议书进行联合审查，以保证规划工作从起步阶段就充分体现两局共同的意愿。在规划编制过程中，市水务局、环保局有关部门定期了解规划进展及阶段成果，及时将管理的要求及对规划的意见通报给项目办和承担单位，通过严格编制过程管理提高规划质量。

② 严格执行规划程序

按照天津市政府出台的中长期规划管理办法，需报天津市人民政府审批的中长期规划，编制前要履行立项程序，由规划编制部门向天津市发改委提出规划编制方案。为此，市水务局和环保局联合将IWEMP编制方案报天津市发改委，该规划于2007年10月获得天津市发改委的立项批准，走出了项目顺利实施关键的一步。

③ 提高公众参与能力和热情

公众参与是IWEMP规划编制和实施的重要基础，建立农民用水者协会是广大农民用水者参与规划和水资源水环境管理的平台。为做好协会组建工作，为公众搭建参与平台，2004年项目启动之初，项目办即组织重点区县管理人员和农民用水者代表赴河北省馆陶、成安县等世行节水灌溉项目区学习、取经。在其后的几年里，项目办先后举办了由中央项目办专家和世行专家进行授课的培训班，在项目的不同阶段分别召开了不同形式的用水者协会座谈会和经验交流会，区县项目办也组织多次业务培训、宣传和经验交流活动。目前大部分农民用水者协会都能在水费收缴、灌溉管理、工程维护等方面发挥重要作用，为IWEMP规划管理措施的制定和实施奠定了基础。在区县IWEMP规划编制过程中，曾向农民用水者协会发放相关调查表，农民代表提出了很好的意见和建议。

2006年，水利部、民政部、国家发改委等部委联合部署全国开展农民用水者协会组建工作，市水务局在GEF海河项目工作的基础上，统一部署全市各区县全面开展农民用水者协会组建工作，目前全市区县共组建农民用水者协会100多个。市政府政研室在对协会管理情况进行调研后，市领导对农民自主管水、创新农业节水模式工作给予了充分肯定。

④ 建立技术合作机制

为明确IWEMP规划目标，天津市水务局和环保局分别修订了原有的水功能区和水环境功能区，统一成一套水功能区划，并联合上报市政府。市政府于2008年初批准了两局共同划定的水功能区划，确定了各河段、水库的功能要求和水质目标。新的水功能区划较以往的水功能区或水环境功能区，实现了三个突破：一是由水务局、环保局共同编制、市政府批准实施，管理标准统一、权威；二是严格了水质管理目标，提高了水环境管理要求；三是在流域统一框架下划定，做到了上下游有效衔接，更加科学合理。

为使IWEMP规划能够得以真正实施，保证已建立的GEF海河项目的创新理念、水利环保的合作机制能够持续发展，按照项目的要求，天津市水利环保项目办启动了天津市知识管理系统开发建设工作，由市水务局、环保局结合管理工作需要，兼顾与现有信息系统的对接及考虑未来管理空间的发展，建立双方信息共享机制，共同开展需求分析，截至项目结束，已基本完成知识管理系统开发并在两局相关业务部门进行试运行。

为提高IWEMP规划的科学性和可操作性，坚持在流域统一管理下进行规划的原则，天津市水利环保项目办积极组织参加中央项目办、海委项目办组织的研讨会、培训班，掌握各项战略研究等项目的最新进展情况，与相关单位研究、确定有关规划指标，以保证天津市水资源水环境综合管理规划与流域管理目标一致。同时，项目办每年举办不少于三次的培训班、研讨会及技术协调会，加强各专题研究、市级规划与三区县规划的互动交流，解决技术难题及技术衔接问题，力争把IWEMP规划做实做细。

⑤ 选择技术全面的专家队伍

为提高IWEMP规划技术质量，天津市水利环保项目办聘请水资源、水环境的专家组成了联合专家组，负责规划的日常技术管理、协调工作。IWEMP规划的技术支持力量并不局限于项目办联合专家组，项目办根据规划进展的需要，适时采用咨询、阶段成果审查等形式，邀请项目外的相关专家为规划编制献计献策，做到了规划编制工作能够及时与天津市经济社会的发展变化、重点工作相结合，提高了实用性。

（2）IWEMP规划实施的初步效果

在IWEMP规划编制的推动下，天津市的水资源与水环境管理工作也取得了一定进展：

① 完成水务管理体制改革

为切实加强水资源统一管理，统筹解决好天津市突出的水问题，经报请国务院批准同意，天津市于2010年5月组建天津市水务局。该部门为市政府的组成部分之一，将原市水利局职责、市建委城市供水职责、市市政公路局城市排水和有关河道堤岸管理职责整合划入天津市水务局，不再保留天津市水利局，初步理顺水务管理体制。

② 进一步完善了水资源水环境管理制度

完善了规章制度体系。天津市最近几年出台、修订了天津市实施《中华人民共和国〈水法〉办法》《天津市城市供水用水条例》《天津市水污染防治管理办法》和《天津市清洁生产促进条例》，基本搭建起了水资源水环境管理的法规体系框架。严格了技术标准，天津市于2008年初发布并实施了“天津市地方污水综合排放标准”，规定了严于国家污水综合排放标准的地方标准，列出了包括COD和氨氮在内的5种主要污染物的排放限值和部分行业最高允许排放水量共6项指标。

③ 严格了地下水资源管理

市政府于2007年划定了地下水禁采区、限采区，市水务局根据禁采区、限采区的管理日标，重新核定了地下水用水户的取水许可水量，同时通过提高地下水资源费标准、严格取水许可管理、加强考核等手段推动地下水压采，几年来全市压采深层地下水1亿m^3。

④ 启动实施水环境治理三年行动计划

为切实改善水环境，天津市自2008年起启动实施水环境治理3年行动计划，重点治理39条污染较严重的河流，治理内容包括沿岸排污口门的封堵，相应排水管网建设使污水调头，进行污水处理厂及污水处理厂的新、改、扩建。目前，中心城区的10条河道治理已基本完成，中心城区外围29条河道治理也已完成过半。

⑤ 推动了农业用水管理

在全市推广成立农民用水者协会，鼓励农民自主管水；在大型灌区节水改造工程中配套建设计量设施，探索按量收费，提高农民节水积极性。着力发展都市型节水农业，优化调整农业种植结构。截至2008年年底，全市农业节水灌溉面积达到343万亩，占有效灌溉面积的65.8%，灌溉水利用系数达到0.63，设施农业面积发展55万亩。

（3）天津市加强水资源与水环境综合管理的几点经验

① 管理阶层的重视是建立项目合作机制的重要保证

项目启动之初，天津市财政局即牵头就项目概况、项目管理等情况向市政府做专报，得到了天津市政府的支持和认可。项目实施过程中，市水务局、环保局领导班子定期听取项目进展情况汇报，研究项目中遇到的重要问题，从而取得了水利环保联合报批规划立项、联合报批水功能区划、确定共享清单等一系列重大进展，保证了水利、环保合作机制的持续发展。

② 科学的理念和先进的技术是实现水资源可持续利用的技术支撑

天津市水资源紧缺问题尤为突出，地下水超采严重。本 IWEMP 的编制在遥感监测 ET 技术的支撑下，采用了基于 ET 的水资源和水环境综合管理规划模型，提出了切实可行的水资源和水环境综合管理规划方案，为水资源可持续利用提供了有力的技术支撑。

③ 继续完善水利环保合作机制是实施 IWEMP 的重要前提

编制完成 IWEMP 仅仅迈出了水资源与水环境综合管理的第一步，实施 IWEMP、真正改善天津市水资源水环境状况还任重道远，只有继续完善并持续发展水利环保合作机制，才能切实推进水资源水环境综合管理工作和 IWEMP 的有效实施。

7.2.5 数据共享

（1）必要性与意义

实行流域的水资源与水环境综合管理就是要实现水质与水量的整合，实行流域的污染物和水量的双总量控制和断面的水质目标考核，将污染物削减量和节水量流域统筹确定分年度的、可适当调整目标并经过计算模拟科学的分解到流域内的各个行政单元和工程措施点上，此种水质水量的综合规划与管理需要一个基于流域的知识存储模拟发布系统，用其可持续的将来自环保、水利、城市建设等不同部门，分散异构的关于水资源量、用水排水、污染物排放量、水环境质量、耗水等数据整合，情景模拟计算和方案发布，为流域的水资源和水环境实施科学的综合管理提供支持，因此没有数据的共享方法和技术手段就不能建立综合管理的知识库，没有数据共享机制的保证也不能实现知识库数据的持续更新。

（2）数据共享技术

水环境与水资源综合管理知识库以河段为基本线索将来自不同部门、不同类型的涉水数据进行关联，首先建立基于河段的路径系统，采用一定的方法将不同部门、不同类型的监测点位、排污口、取水口以及闸坝等连接到河段上、产生其稳定的河段编码，从编码中可以判断断面间的彼此位置、关联上下游监测数据；也可以将不同的分区，比如线性的水（环境）功能区划、面状的集水区等都关联到河段上，形成其河段编码，从而保证了水上的监测点和规划或模拟的分区都在一个体系下统一编码，实现各类数据内在关联，完全实现从站点到河段到河流到分区最后到流域的有机连接，满足流域从上到下、从下到上、水质水量、节水与减污的综合规划与管理所需的数据整合和共享。

（3）数据共享协议

为保证海河流域和漳卫南运河子流域水资源与水环境综合管理战略行动计划、天津市和示范项目县（市、区）水资源与水环境综合管理规划近期行动计划的有效实施，建立的流域级、子流域级、天津市、北京市级和示范项目县（市、区）级各级别的知识管理系统，需要不断更新各类水质、水量相关数据，水利部水资源司与环境保护部污染防治司经充分研究协商后，一致认为实现水资源水环境相关数据共享，是水利、环保部门合作机制建立与完善的重要组成部分，是流域级知识管理系统可持续运行管理的基础。为此，两部门签署了海河流域知识管理系统数据共享协议，海河流域级水资源水环境相关数据共享内容主要包括水文、水质、地下水、气象、污染源五个方面的监测数据资料。

为持续实施数据共享将实行如下 5 个机制：

① 在上述水利、环保部门规定的相关数据资料范围内，共享数据交换实行无偿免费制度。

② 协议双方分别在水利部水资源司、环保部污染防治司指定一个主管业务处室，协调研究和检查指导海河流域级水资源水环境相关数据共享交换等业务管理工作。

③ 协议双方分别制定各自共享数据的监测收集制度和计划，相互交换，分别落实。

④ 在环境保护部环境规划院、水利部海委信息网络中心运行管理的海河流域级知识管理系统中，分别设立一个镜像共享数据库，每月 1 日由上述两个技术承担单位将海河流域级水利、环保部门收集存储的共享数据进行交换，以供双方进行信息共享使用。

⑤ 每半年由协议双方分管领导共同主持召开一次联席会议，检查总结前一阶段本协议执行情况，研究解决存在的有关重大问题。

7.2.6 污染控制方面的主要经验

（1）污染负荷控制

造纸工业是海河流域工业污染控制的关键。以漳卫南运河子流域为例，目前存在着超标排放、小规模企业较多、草浆生产比例高（占 65%）等问题。造纸工业水污染物排放新标准对海河流域的 COD 减排力度具有明显的效应。如果现有企业能够达到新标准的 COD 排放浓度要求，造纸企业的 COD 排放量将会大幅度降低，2010 年将达到国家“十一五”规划 COD 削减 10% 的目标。因此，新标准的实施对改变流域的污染结构、升级造纸产业结构和流域污染控制具有重要的意义。

提高排放标准是工业污染控制的重要途径。目前海河流域工业排放达标率低，一方面说明污染减排存在一定的空间，但是也给今后制定更严格的排放标准，或者实行限排带来一定的难度。海河流域虽然在北京市、天津市、山东省等部分省市已经开始实施地方排放标准，但山东省仍然没有达到实行的标准。

在流域的污染控制方面，国家于 2008 年 7 月发布公告明确了在太湖流域执行特别排放限值的具体行政区域范围，并规定了第一批共 13 项国家排放标准中特别排放限值。在太湖流域实施的时间，加大了对类似太湖等环境敏感地区污染物排放的控制力度，收到了明显的效果。对于海河流域而言，由于河流基流量较小，污径比较大，即便是达到国家排放标准的要求，河段水质仍然难以达标。因此认为海河流域对于重点污染行业提高排放标准，在部分经济发达地区，如北京市、天津市等地，可以率先实施水污染物特别排放限制标准，以加快污染控制的步伐。

（2）产业结构的调整

工业结构不合理可导致结构性污染严重。工业结构具有一定的弹性，通过工业结构的优化在一定程度上可解决结构性污染问题。

海河流域是我国社会经济发展中心，其正处在工业化发展阶段。因此，海河流域的工业结构将面临合理化和高级化的双重任务，一方面要消除工业发展与环境污染的矛盾，另一方面要促进工业结构升级。通过产业结构调整，改变各行业污染物的排放量，从而达到降低水环境污染程度，改善生态环境的目的，这是国家从宏观角度进行水环境保护的重点措施。海河流域大部分地区存在产值与污染物排放不成比例的现象。以漳卫南运河子流域 3 个项目县（区、市）为例，新乡市造纸、化工和医药产值占总产值的 20.6%，COD 和 NH_3-N 排放量分别占 75.9% 和 88.6%。特别是造纸行业，产值仅占 6%，COD 和 NH_3-N 的比例却分别高达到 67% 和 45%。德州市的造纸行业产值 14.56%，COD 排放占 92%。潞城市炼焦行业新鲜用水占 12.32%，COD、NH_3-N 排放量贡献率则分别高达 31.88% 和 35.26%。新乡市在不进行工业结构优化的情况下，要维持工业的稳定发展，即使通过技术提高大幅度降低单位产值的污染物排放系数，到2030年主要污染物的排放量仍将超过环境容量的3～5倍。因此，必须通过工业结构的调整达到水环境的保护目标。

产业结构有其自身发展的规律，但发展到一定阶段出现各种矛盾冲突之后，可以通过结构升级和调整，使其跨越某些过程和阶段，向着经济与环境系统的良性循环发展。通过对新乡市的工业优化结果表明，对新乡市工业结构进行优化，分别设定了延续方案、规划方案、技术改进方案、增加环境容量4种情景，对不同水平年的情景方案进行预测和优化，得到不同情景下地区行业经济结构、用水结构和产污结构等优化配置结果。结果表明，3种情景优化方案在2010年、2020年和2030年的工业总产值要比延续方案增加8%～52%，工业用水总量减少6%～35%，COD排放量削减50%～80%，NH_3-N排放量可削减36%～82%。研究结果显示：现有的水资源量不能满足需求，实施跨流域调水，增加河道水量等方法来提高环境容量，再结合产业结构调整，是控制水污染的有效途径。

重点污染行业结构调整受众多因素的影响，可参考国家已经出台的产业结构调整指导目录，或者地方制定的相关的产业结构调整指导性文件，进行有步骤、有重点的调整。

7.2.7 水资源与水环境综合管理中的公众参与

在加强水权管理和取水许可管理中引入的社区主导型发展和建立农民用水者协会是保证水资源使用者和其他业主们参与水资源和水环境管理行动的一项重要机制。它在本项目中得到了很好的示范试验及普遍推广。社区主导型发展是为了实现可持续的利用水资源必须强调并执行的那些困难的选择的情况下，能最大限度保证水资源使用者和社区的所有权。并将尽最大可能建立更多的农民用水者协会，以保证农民们的参与。农民用水者协会已被证明是与农户分享的高效的灌溉管理手段，并可对海河流域严重的水匮乏开展地下水的恢复工作。社区主导型发展激发了个人和团体来负责改进他们自己的生产服务及管理创新，与此同时，他们也得到了自身能力的提高。是一个“自下而上”公众参与的好方式。社区主导型发展在河北省的馆陶县、成安县两个项目县试点区所进行的示范、试验，取得了令人满意的成果，将在海河流域更大范围拓展社区主导型发展的经验，具有良好的前景。

项目区开展农民用水者协会及社区主导型发展的参与式管理方式方法，已正确地纳入所有的IWEMP的编制和实施过程中，成为本项目的主要目标和标志之一，也将为农民的增产增收提供可靠的保障。以下将以河北省示范项目县为例，介绍社区主导型发展实施的成功经验。

（1）社区主导型发展实施的背景

海河流域是我国资源型严重缺水地区。近年来，为维持流域经济社会发展，每年不得不超采地下水近80亿m^3，由此造成了一系列环境地质问题。水资源短缺和水环境恶化已成为制约流域经济社会发展的重要因素。虽然多年来，流域水利、环保等部门采取了严格的管理措施，取得了一定的成效。但是，因长期以来流域水资源与水环境管理主要依靠行政推动，公众参与程度较低，致使社会公众对水资源开发利用与节约保护缺乏动力和归属感，不能自主自愿参与，部分政策措施难以完全执行，在一定程度上加剧了区域水资源短缺和水环境恶化的趋势。

为有效解决流域水资源危机，改变流域内水质恶化、水资源严重超采的状况，减轻海河流域对渤海的污染。2004年水利部、国家环保总局与世界银行合作，利用GEF赠款开展了海河流域水资源与水环境综合管理项目。因海河流域农业用水占70%，节水潜力较大，为强化农民参与，实现经济社会发展与水环境保护双赢，2005年选择海河流域内水危机最为严重的河北省馆陶县和成安县的部分村镇，开展了适宜中国当地状况的准社区主导型发展机制示范建设。三年多来，通过实施社区主导型发展宣传与培训、健全社区主导型发展组织机构与制度、制定示范区经济社会与资源环境协调方案、建立项目融资与管理实施机制，增强了农民参与意识和主人翁责任感，促进了民主化用水管理的形成，极大地推动了区域水资源与水环境综合管理的开展，有效缓解了当地水资源危机，保障了区域经济社会可持续发展。

（2）社区主导型发展开展的主要行动

① 加强宣传培训，提高公众参与意识

2005年通过对社区主导型发展宣传对象、内容和形式进行了认真谋划和实施，结合示范村实际和项目建设需要，确定以村组织、社团组织和工、副企业等人员为重点进行社区主导型发展宣传。主要宣传内容包括社区主导型发展的概念与建设意义、社区主导型发展主要建设任务、当地水资源形势、节水与水环境保护基本知识，以及公民的参与权利。让社会公众特别是社会弱势群体知道，参与本村水资源和水环境管理是他们的权利，也是他们的义务。社区主导型发展培训主要针对示范村中有一定文化程度，且具有组织、带动和影响作用的骨干人员。主要培训内容包括社区主导型发展建设理念与实施程序、GEF 水资源与水环境管理项目知识、项目专业技术知识和技能，以及有关法规政策及项目管理知识。

通过宣传与培训，赢得了村民和村组织的支持与合作，增强了公众的节水、惜水意识，提高了群众参与项目实施的积极性，为社区主导型发展建设与实施奠定了坚实的基础。

② 健全组织机构，明确职责与运行程序

2005 年先后建立了县、乡、村三级社区主导型发展组织机构。县社区主导型发展工作小组主要为乡和村社区主导型发展小组提供业务咨询和技术支持。乡社区主导型发展工作小组主要为村社区主导型发展工作小组提供政策指导和组织协调工作。村社区主导型发展工作小组工作较重，主要负责村社区主导型发展议事制度与议事规则的制定，各种规划的起草、各项与水资源开发利用、管理和保护有关的项目和措施的落实、监督、协调等工作。

考虑我国国情和示范项目区实际情况，项目采用了准社区主导型发展模式，即并非将项目资金和项目决策权完全交付社区群众，而是采用“上下结合”方式，在充分发挥社区成员个体智慧的基础上，让社区主导型发展组织和行政组织共同分析、协商决策。同时，社区主导型发展组织建设仅限于水资源与水环境管理专业工作层面。实际运行程序是：先由村级社区主导型发展小组负责组织村民提出有关开展水资源和水环境管理方面意见或建议，归纳与汇总形成一个倾向性意见，之后，向县、乡两级社区主导型发展小组进行咨询。县、乡两级社区主导型发展小组综合考虑各种客观因素，给予具体指导和咨询，经相互反馈，形成最终决策意见，由村社区主导型发展小组执行实施。

③ 搞好实施运行，解决实际问题

首先，利用社区主导型发展组织开展了基线调查，找到了制约示范项目区社会经济发展的水资源与水环境主要问题：一是地下水严重超采，水资源供需矛盾突出。二是农业种植结构不合理。高耗水的粮食作物（如小麦）种植面积较大，约占 60% ～ 70%。三是水资源管理滞后，存在浪费现象。农业灌溉水利用系数低，且基本无计量设施。生活用水喝“大锅水”，跑、冒、滴、漏严重。四是水污染及水环境恶化。农田大量施用农药、化肥等，给地表与地下水造成了一定的污染。垃圾、粪便随意倾倒现象严重，给周边生活环境带来了较大影响。五是参与项目建设与管理意识较差。受传统项目建设管理模式的影响，村民对水资源与水环境方面建设项目的融资、实施与管理等不够关心，有的关注也是被动参与，致使项目建设进度慢、质量低、运行效率差，甚至出现了一些经济问题。

针对上述问题，近年来充分发挥社区主导型发展组织作用，按照前述运行程序，共同研究提出了解决问题的对策措施：一是结合实际，提出了区域水资源合理开发利用方案。如为减少馆陶县北董固村深层地下水超采，村社区主导型发展小组召集全体村民，广泛征询意见和合理化建议。经初步归纳汇总，形成了打辐射井开采浅薄层淡水灌溉、直接利用微咸水灌溉、采用大管井工艺开发利用浅薄层淡水和微咸水实施灌溉、实施西水东调替代有咸水区深层淡水开采等四种倾向性意见。考虑到四种意见各有利弊，在有关专家的指导下，社区主导型发展小组采用层次分析法，对实施方案进行了筛选。经充分讨论并张榜公布，全村村民同意采用大管井工艺，将浅薄层淡水和微咸水混合开采，实施农业灌溉。目前，在馆陶县北董固村建设大管井 21 眼，成井深度 70 m 左右，出水量 30 ～ 40 m^3/h，矿化度 2 ～ 3g/L。农业灌溉成本由原来的 38 元 /（亩 • 次）降为 12 元 /（亩 • 次）。在收到良好经济效益的同时，也大大降低了北董固村深层淡水开采量，改善了水环境。二是制定了农业种植结构调整方案。如馆陶县北董固村将棉花种植比例由过去的 35% 左右提高到 53%，同时对小麦、玉米等粮食作物实行集约化管理，推广节水高产品种。成安县高母村从 2005 年到 2007 年，粮经种植结构由 70：30 调整为 50：50，棉花种植增加了 20% 以上。成安县武吉村提出降低粮食作物的种植面积，扩大棉花、花生、莴苣等经济作物的种植面积，收到了良好的效果。三是开展了以蒸腾蒸发管理为核心的用水总量控制与定额管理制度。结合示范区节水型社会建设，将蒸腾蒸发与地下水开采量挂钩，并将其按承包耕地面积分配到每家每户，作为宏观用水指标控制。如北董固村农业水权分配综合蒸腾蒸发量 547 mm，耕地蒸腾蒸发量 602.4 mm，地下水开采量 37.7 万 m^3。武吉村综合蒸腾蒸发量 642.9 mm 左右，耕地蒸腾蒸发量 706 mm 左右，地下水可开采量为 34.3 万 m^3。高母村综合蒸腾蒸发量为 596.5.4 mm 左右，耕地蒸腾蒸发量 711.4 mm 左右，地下水可开采量为 35.6 万 m^3。通过用水计量设施安装，建立健全节水激励制度，积极实施农艺节水措施，使节水与用水户利益挂钩，激发用户实施节水的内在动力，提高水资源的利用效率和效益。四是制定并实施了水环境保护与治理方案。通过加强牲畜粪便的无害化处理、禁用剧毒高残留农药、平衡施肥、开展咸水利用管理，改善生产条件，保护土壤环境，提高作物产量。五是经村民投票表决，制定了项目建设融资、实施、管理与监测方案，保障了各项措施落到实处。

（3）取得的成效

① 农民参与意识和主人翁责任感增强

通过社区主导型发展试点建设，农民从思想上转变了观念，增强主人翁责任感和参与水资源水环境意识，不仅主动分析、讨论本村发展所面临的困难和问题，而且主动解决项目设计、施工和资金不足等问题，主动寻求政府和有关技术人员的支持和帮助。在工程建设中，积极投工投劳，保证了各项工作顺利实施。

② 村民自治能力得到提高

农民在社区主导型发展小组的指导下，通过参与水资源与水环境综合管理各项活动，制定社会经济与资源环境协调发展各种方案，参与项目建设融资、实施、管理和监测等任务，提高了村民自我管理、自我发展的能力。

③ 农民用水者协会的凝聚力和作用显著增强

农民用水者协会作为一个群众性的管水自律组织，是推动社区主导型发展建设的骨干力量。在社区主导型发展建设过程中，农民用水者协会充分发挥自身优势，不仅使农民充分认识到自己在水资源管理方面的权利和责任，而且使农民自发参与水资源和水环境管理的各项工作，认真讨论所面临的问题和需要采取的措施，表现出前所未有的参与态度和合作精神。群众看到了农民用水者协会的作用，提高了农民用水者协会的凝聚力。

④ 实现了经济、社会与水资源的协调发展

示范项目区通过以蒸腾蒸发管理为核心的用水总量控制与定额管理制度实施，促进了工程、农艺和管理三大节水措施的开展，提高了水分生产效率和水资源的利用效益。特别是通过采取削减小麦种植面积，扩大以棉花为主的经济作物的做法，示范项目区种棉面积已由原来的35%提高到50%，种棉收入比种粮食收入高800元/亩，减少灌溉用水50%以上，增加了农民收入，改善了农民生活，实现了经济发展与减少用水的双赢。三年来，示范项目区经济保持了较高的增长率，而用水量却实现了零增长，使当地水资源危机得到了一定的缓解。

⑤ 改善了生态环境质量

通过土壤成分监测，实行平衡施肥，有效地控制了化肥尤其是氮肥的施用量，示范项目区使用化肥量由原来的135 t/a，减少110 t/a，减少18%，施肥结构也有了明显改善，氮肥所占比例减少50%，改为微肥、复合肥与有机肥，秸秆还田率达100%；农药的使用也基本换为低残留、易分解的生物农药。化肥、农药的施用量大幅度降低，减少了面源污染，改善了生态环境。

（4）小结

经过五年多社区主导型发展试点建设的探索与实践，示范项目区农民参与意识普遍提高，民主化用水管理基本形成，当地水资源危机得到了有效缓解，农民收入大幅度增加，区域经济发展与水环境改善实现了双赢。虽然项目的决策权、控制权并未完全交给农民，但这种准社区主导型发展模式符合水资源与水环境管理现状，符合中国现阶段实际。目前，示范项目区取得的成功经验，正逐步向河北省、北京市、天津市及漳卫南子流域等GEF海河项目区推广。尽管社区主导型发展模式大规模推广需要一个过程，甚至有些问题仍需不断地总结、提高、改革和创新，但是，让农民充分发挥作用的社区主导型发展模式，是解决区域水资源水环境和经济社会协调发展的有效途径。

7.2.8 项目创新经验总结

GEF海河项目在实施过程中，形成了很多国内外领先的技术成果和管理经验。归纳起来，本项目的创新点主要体现在以下方面：

（1）建立了水资源与水环境综合管理的方式

管理是一切社会活动成败的根本。本项目首次引入和建立了水资源与水环境综合管理方式，采用了联席会议决策机制，并在项目活动中对所有利益相关方的参与都进行了追踪、互动。所有的项目人员和其他利益相关者（农民、私营部门、专家和政府官员）都积极参与到项目的管理和实施工作中，主要体现在两点：

① 建立了“自上而下”和“自下而上”的合作机制

海河流域水资源与水环境综合管理是一系列的“自上而下”和“自下而上”的双向活动。“自上而下”的活动包括建立法律、政策、规章制度、标准以及水分配；“自下而上”的活动包括在县一级（含乡镇、村级以及个体用水者）进行的水资源与水环境综合管理活动的规划和实施，包括水权、打井许可管理和强制执法、污染排放控制、产业结构调整、“真实节水”措施、废污水处理、中水回用等。建立“自上而下”和“自上而下”的合作机制，是GEF海河项目成功实施的关键。

② 最大程度地进行横向和纵向的结合

实现流域综合管理目标的关键是最大程度进行横向和纵向的结合。横向结合主要是跨部门的合作，水利部、环保部之间的横向合作，同时与农业、建设等其他部门之间的行动协调与合作，以及这些机构相对应的各省、市、县机构之间的合作。项目的成功之处还在于行政层面的纵向合作，体现了国家级、海河流域级、漳卫南子流域级、省（市）级、县级以及村级用水者协会之间的持续沟通与互动。同时，该项目最大程度地进行横向和纵向的结合，建立了横向和纵向的项目协调机制，签订了数据共享协议，在海河流域和漳卫南子流域形成了联合决策会议制度，县级成立了跨部门决策委员会。在河北省、天津市的项目区试行了由水利部门和环保部门联合审批取水许可和污水排放许可制度，加强了对污水排放的控制；北京市水务局和环保局共同制定水功能区，共同完善了污染物排放控制指标。另外，水利部和环保部将准备签署水资源保护和水污染防治合作协议等，在体制与机制上有效地实现水资源与水环境的综合管理。

（2）实践了耗水控制（ET管理）的水资源管理新理念

所谓"ET管理"，就是以耗水量控制为基础的水资源管理，是资源型缺水地区加强水管理的必然趋势。在本项目中，世界银行将ET管理作为项目的核心，主要是针对海河流域长期超采地下水、入渤海水量大幅度减少的现状提出的水管理理念的转变。这一理念同我国提出的实行最严格水资源管理制度的要求是相一致的。

本项目引入了国际上正在开发应用的遥感监测蒸腾蒸发先进技术，初步进行了遥感监测蒸腾蒸发数据与地面监测数据耦合、遥感监测蒸腾蒸发数据与分布式水文模型数据耦合、不同尺度蒸腾蒸发监测数据的验证与耦合，使测定各种尺度的蒸腾蒸发和空间分布成为可能，为大范围的蒸腾蒸发管理提供了有效监测手段，在流域与区域初步建立了蒸腾蒸发与可调控的用水指标间的关系、蒸腾蒸发与用水总量间的关系、蒸腾蒸发与用水效率间的关系、蒸腾蒸发与排污总量间的关系等；制订了不同地区、不同阶段目标蒸腾蒸发，进行了区域管理各个层次取水（用水总量、地下水超采量）、耗水（目标蒸腾蒸发）、排水（出入境或入海水量、排污总量）等指标的水权分配，调整了蒸腾蒸发在时空上和部门间的分配，提高各部门蒸腾蒸发利用的效率，减少低效和无效蒸腾蒸发，增加高效蒸腾蒸发，推广应用综合节水技术。实践了耗水控制的水资源管理新理念，有效地减少了流域与区域地下水的超采，真正实现了水文系统的资源节约，使得水资源利用的公平性得以有效到落实，促进了人水和谐及经济发展和社会进步。

（3）开发了海河流域范围的知识管理系统

本项目在国内首次开发建设了基于整个海河流域范围的知识管理系统（包括蒸腾蒸发测量技术的运用），该系统包括水资源与水环境方面的数据共享，以及多种不同的用于水资源和水环境管理的模型和决策支持系统。该系统建设于海委和各地方政府有关部门，并且在各项目单位都安装了分散的知识管理工具，实现了流域内的各地方政府和用水户之间在流域级别和县级的水量与水质统一管理，取水许可和排污许可综合管理，水资源、水环境监测信息资源共享，海河流域水资源与水环境最新成果、知识的共享以及具体行动的互动协调，使得流域级别的和实地的监测指标之间形成了定量的联系（例如，目标蒸腾蒸发值或目标污染排放量），极大地推动了流域的水资源与水环境的综合管理和科学决策。

（4）创新了流域水资源水环境综合管理规划新方法

针对中国水资源管理和水环境管理分别在两个行政主管部门（水利部和环保部），管理过程中容易出现职能交织。本项目由水利、环保部门牵头，农业、城建等有关部门密切配合，组织力量研究和编制了天津市和16个项目县（市、区）水资源与水环境综合管理规划，以及海河流域、漳卫南运河子流域水资源与水环境综合管理战略行动计划。强调省（直辖市）和各项目县（市、区）政府对水资源与水环境综合管理规划（IWEMP）具有所属感。在重点项目县（市、区）的水资源与水环境综合管理规划编制中，成立了由县（市、区）政府主管县（市、区）长为组长，水利、环保、计划发展、财政、农业等部门有关领导参加的项目协调领导小组，统一组织协调和检查指导综合规划编制工作，同时成立了水利、环保、城建、农业方面专家组成的联合专家组，对综合规划提供技术指导。同时，建立了不同行业部门广泛合作、利益相关者尤其是用水者协会基层组织广泛参与的综合规划编制模式。这种由水利、环保等部门共同编制一项流域与区域的水资源水环境综合管理规划的行动在中国尚属首次。本项目从水循环过程及伴随水循环的污染物迁移转化过程内在作用关系的基础出发，将水资源合理配置与污染治理工作紧密联系起来，真正实现水资源量和质的科学管理，创新了流域水资源与水环境综合管理新方法。以使地表水与地下水的使用量和污染排放量能够恢复到可持续性水平，从而实现项目目标、各蒸腾蒸发定额或目标值、各个水功能区的水质目标，同时考虑到了河流中的生态需水量，以及实现渤海的流量和水质目标。

（5）引入了小城镇污水处理与管理激励机制

在我国相当多已经完工的小型污水处理厂并不能维持它们的日常运营与维护，因为从用水户收取的污水处理费太低，难以涵盖运行维护的成本。因此，投资者都不太愿意对这种污水处理厂的建设、运行和维护进行投资。为了解决这个问题，通过对这些污水处理厂提供日常运营补贴的方式来吸引投资者，这种补贴会一直提供，直到征收的污水处理费达到运行管理成本。

本项目结合世行贷款天津市环境发展二期项目（TUDEP2）的建设实施，引入滨海地区小城镇污水处理财政激励机制，通过提供日常运营补贴的方式，开创性地解决了已建污水处理厂不能维持日常运营与维护的现实。运行结果证明这种机制是有效的，并可以将其中的相关经验推广到海河流域其他小城镇的污水处理和管理工作中。

（6）开展非点源污染控制研究并提出对策

目前在我国，随着点源污染的大量削减，非点源污染在水体污染中所占的比例正逐渐增加。在北方地区，大多数的非点源污染物都残留在污染形成的地方，而不是进入到河流中去，它们会形成潜在的污染源，并且一旦在洪汛期间被冲到河流里便会造成极其严重的水体污染。本项目首次由环保、水利、农业部门共同组织开展了海河流域非点源（NPS）污染控制方面研究，并将研究中取得的成果在漳卫南子流域进行了应用，其经验教训为其他主要污染为非点源污染地区开展污染控制工作，提供了对策建议。同时，它们可以被推广到中国的其他干旱或者半干旱地区。

7.3　全球环境基金海河项目的“十二五”推广方案

7.3.1　背景

2004—2010年，在全球环境基金（GEF）资助下，实施了“中国GEF海河流域水资源与水环境综合管理项目”，这个项目是在世界银行的技术指导下，由中国的水利部、环保部组织海河流域管理机构和漳卫南子流域、河北省、北京市、天津市及16个项目县（市、区）水利、环保部门共同实施，其目标就是促进对海河流域进行水资源与水环境综合管理，减少直接流入渤海的流域水污染物负荷量，以改善海河流域以及渤海水环境。

GEF海河项目是中国第一个陆海统筹、水资源与水环境统筹的规划类项目。由于中国流域管理存在着条块分割现象，一直难以形成水资源、污染控制和海洋环境统筹的规划管理机制，造成规划的目标、方案存在着重复和互为冲突等状况，影响了流域规划科学制定和实施，已经成为制约我国流域水污染控制的重要因素，亟待迫切解决的问题。

针对如何借鉴国际先进理念解决中国流域统一规划的问题，GEF海河项目经过6年多的组织实施，在各有关部门、各级项目办、专家组和项目技术承担单位的共同努力下，在流域与区域水资源与水环境综合管理机制建议与完善方面取得了大量成功性经验，获得了极为显著成效。具体包括在：① 形成了先进的流域管理理念，关心水资源利用、污染排放与海洋响应的关系，要求以河流保护、海洋保护需求共同确定流域水资源利用与水环境保护的行动计划；② 建立了以节水、增流、减少氮磷负荷的流域水资源、水环境综合管理技术体系，制定了流域水资源与水环境保护综合管理规划，实现了水资源和水环境工作管理；③ 构建了水利、环保、城建、农业、海洋等多部门参与水资源与水环境综合管理的良好合作机制；④ 建立了海河流域、子流域级、省（直辖市）和项目县（市、区）级知识管理系统，初步实现了水资源与水环境相关信息共享机制；⑤ 在水资源管理方面，强化“需水管理”的理念，以“耗水控制”替代“用水控制”的管理模式，引进遥感监测蒸腾蒸发的先进技术，建立蒸腾蒸发技术应用管理体系，并开展基于蒸腾蒸发的水权管理；⑥ 在行动计划制定与实施方面，建立了“自上而下”和“自下而上”的同步系列活动，横向和纵向结合的工作方法；⑦ 相关利益方共同参与规划研究与实施，建立了统筹的协调委员会；⑧ 形成了多部门、地区共同享用的环境保护知识库系统。

GEF 海河项目将完成结项，其引进的水资源、水环境综合管理的先进理念和一系列有效技术手段和管理工具的开发应用，将对于我国“十二五”期间的重点流域规划以及渤海环境保护规划具有借鉴意义。2008 年国务院批准的《渤海环境保护总体规划》和即将制定的“十二五”重点水污染防治规划，都需要真正意义上形成跨部门合作、上下互动的治污机制，需要构建多部门、多地区共同享用的水资源水环境保护知识库系统（KM）。

新的推广项目正是要对 GEF 海河项目的成果进行总结，分析其与国家重点流域水资源保护、水污染防治规划、渤海环境保护总体规划以及国家水体污染控制与治理科技重大专项的衔接，实现其研究成果在中国其他流域规划中的推广和应用，从而使得研究成果发挥更好的效益。

7.3.2 目标

制定详细的 GEF 海河项目成果推广方案，并依据此实施计划方案，采用培训、咨询、指导以及出版等多种形式进行成果推广，将项目的特点及主要成果在重点流域“十二五”水资源保护和水污染防治规划、渤海环境保护规划实施中得到集中体现，从而促进 GEF 海河项目成果在更大的范围内得以实施并获得显著的社会效益，并促进我国流域水资源保护、水污染防治能力和管理体制机制的完善。

7.3.3 推广范围

（1）项目成果对重点流域规划、渤海环境保护以及水专项的借鉴意义分析

分析国家“十二五”规划编制和实施的需求，分析GEF海河项目成果在中国海河流域级其他重点流域近期实施的可行性，研究成果与“十二五”规划编制和实施的衔接性，总结提出具有重要推广价值的项目成果和关键技术。

（2）GEF海河项目的关键技术指南编制

编制GEF海河项目关键技术指南，以便于推广应用，具体包括水资源与水环境综合管理规划编制基本要求、遥感蒸腾蒸发技术应用与管理、陆海统筹基本要求、多部门协调机制、自上而下和自下而上的合作机制、河流编码开发应用等。

（3）制定GEF海河项目的成果推广方案

制定GEF海河项目成果推广行动方案，明确推广的形式（培训、出版、咨询等）、推广的内容、推广的时间表和参与咨询专家等，建立与重点流域规划编制单位、区域规划编制单位以及其他部分规划编制的合作机制。

（4）知识库系统的推广咨询方案

知识库系统开发应用是GEF海河项目的重要技术成果，为流域、子流域、省（市）和项目县（市、区）级水资源与水环境管理提供了有效的管理工具，如何在省（市）、县（市、区）级全面推广应用知识库系统将是一项重要任务和成果。因此，建议制定知识库系统说明书，对知识库系统的功能和运行管理进行技术培训和咨询服务。

（5）召开成果专家咨询会

为实施GEF海河项目已取得的技术成果在流域和区域水资源水环境综合规划和管理中的推广，在不同的阶段，应向相关部门、流域管理机构、研究单位、中外专家，组织不同形式的汇报和咨询会，包括各级政府水资源、水环境主管部门和规划编制部门，参加了GEF海河项目的部分单位，进一步宣传推广GEF海河项目的研究成果。